U0015578

# MONTBLANC

## 萬寶龍鋼筆
## 典藏特輯

## 作者簡介

### 《趣味的文具箱》編輯部
日本文具雜誌第一品牌。專門報導高質感文具。雜誌宗旨為「傳達文具之愛，享受人生之樂」。

## 譯者簡介

### 鄭維欣
輔仁大學翻譯學碩士肄業，1994年起從事翻譯工作。代表作有《羅馬人的故事》系列（三民書局）、《失智症照護基礎篇》、《失智症患者的心理與因應》（日商健思）、《城市的遠見—古川町》（公共電視臺）等。

### 陳妍雯
東吳大學日文系畢業，目前為專職譯者。譯有生活、藝文、社會等領域之書籍與雜誌。

# 感受萬寶龍筆款的輝煌時代

萬寶龍自1906年創立已超過110年，長久的歷史，使這個品牌有著豐富底蘊。一開始以鋼筆製造為主，後開始加入鋼珠筆、自動鉛筆等其他筆款，並開拓皮件、文書配件等產品線，始終如一堅持著精準的設計概念與與最高品質。百年來，萬寶龍面臨多次的危機與轉型，淬煉了白星，使其越發散發光芒。

正因為萬寶龍始終推陳出新，尤其在鋼筆製造上，兼具了實用與美感，且富有話題性，使得全世界鋼筆愛用者，都深深為這個品牌著迷。

而日本知名文具雜誌《趣味的文具箱》（趣味の文具箱）自2004年創刊以來，便持續關注萬寶龍鋼筆的發展。十多年來，累積了許多珍貴的資料報導，是喜愛萬寶龍的讀者不可錯過的內容。也因此日本編輯部將所有報導集結成電子書單行本，於電子書平台中販售（日文）。

而台灣版本則做了一些編輯上的調整：我們將十多年來的報導，以五個篇章結構做分類。除了經典筆款的徹底分析之外，也提供許多古董筆的資訊，其中很多已經不在市面上流通，但是，透過這些圖文的報導，讓我們得以一窺古董筆迷人的姿態。此外，還有週年紀念筆款，以及萬寶龍歷年來新品筆款介紹。雜誌報導雖有時間性，但基於萬寶龍筆款的藝術性與代表性，我們仍將過去的報導都收錄於本書，並在頁碼旁邊註記報導年份，提供各位讀者參考。

很高興能出版此書，請各位與我們一起感受萬寶龍筆款的輝煌時代。

華雲數位《賞味文具》編輯部　敬上

本書中介紹之產品，部分商品為當時限定品，價格或庫存可能變動，請讀者選購前先向店家確認。

# Contents

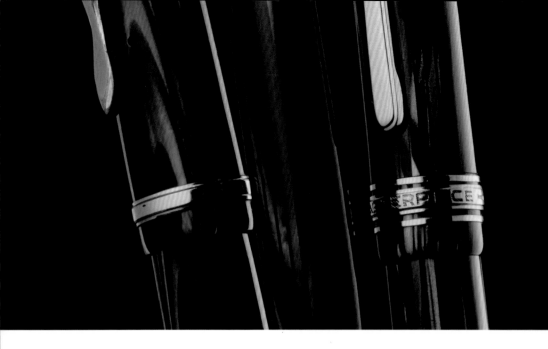

# MONTBLANC

## 高級鋼筆的象徵「萬寶龍」

「萬寶龍鋼筆」長年以來是讓人嚮往的男仕用品。
自 1924 年上市以來，堅持基本款式設計的 Meisterstück，
就算說是代表二十世紀的文具也不過份。

攝影 / 木村真一、北鄉仁、米山信義

1906　德國・漢堡的文具商 Claus Johannes Voss，與柏林的工程師 Wilhelm Dziambor、漢堡的銀行家 Christian Lausen 等三人合資，生產硬質橡膠製的滴入式上墨鋼筆（筆尖由美國進口）。

1908　成立「Simplo Filler Pen」公司。

1909　第一款產品，以黑色硬質橡膠材質、紅色天冠為特徵的鋼筆「Rouge et Noir」上市。另外發售天冠有「白點」記號的安全筆「Diplomat」。

1910　在創業者會議中定案「萬寶龍」品牌名稱。據說命名的來由，是從筆蓋上的白色天冠，聯想到歐洲最高峰——白朗峰山頂上的萬年雪。

1913　採用萬寶龍品牌記號「六角白星」，以後 Simplo Filler Pen 公司所有產品都會加上這個記號。

1924　第一枝「Meisterstück」生產上市。

1930　在 Meisterstück 筆尖刻上代表白朗峰標高的「4810」數字。

1934　公司名稱改為「Montblanc Simplo」。

1935　萬寶龍併購以德國奧芬巴赫為生產據點的皮件廠商。開始生產、銷售文書配件。

1955　「60 Line」產品上市。與既有的 Meisterstück 平行銷售，成果非凡。

1977　登喜路集團 (Alfred Dunhill, Ltd.) 成為萬寶龍的大股東。

1986　發表「THE ART OF WRITING」之廣告口號。開始銷售 Meisterstück 的貴金屬系列「Meisterstück Solitaire Collection」。

1990　萬寶龍精品店一號店在香港開幕。

1992　創立「Montblanc de la Culture Arts Patronage Award」(萬寶龍國際文化獎)。發表第一屆特別限量款藝術贊助系列鋼筆「羅倫佐・德・麥迪奇」和文學家系列「海明威」。

1995　開創了「Meisterstück Leather Collection」產品系列。

1999　發表 Meisterstück 問世 75 週年紀念款。

2000　推出 Meisterstück 以外的第一款 Collection「Bohème」(寶曦系列)。

2003　7 月起發售在透明樹脂製的天冠中浮現白星的新設計筆款「StarWalker」(星際旅者系列)。

2006　萬寶龍成立 100 週年。

2012　發表 Heritage Collection (傳承系列) 筆款。

2014　發表 Meisterstück 問世 90 週年紀念款。

2015　推出 MONTBLANC M 系列

2016　萬寶龍成立 110 週年。

# 創辦人

Claus Johannes Voss

Wilhelm Dziambor

Christian Lausen

# 產品與廣告

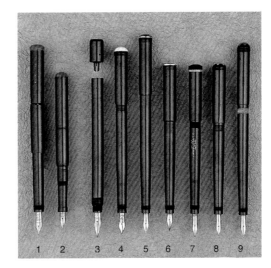

Simplo Filler Pen 公司最早期的鋼筆。以下由左起依序（括弧內是生產期間）。
1 Rouge et Noir No.6 (1908–1910)
2 Rouge et Noir No.4 (1908–1910)
3 Diplomat No.6 (1908–1910)
4 Montblanc No.4 (1910–1914)
5 Simplo–Gold No.4 (1910–1914)
6 Montblanc No.4 (1910–1914)
7 Quail No.4 (1911–1919)
8 Montblanc No.4 (1914–1919)
9 Montblanc No.2 (1914–1919)

公司成立初期，1909 年產品型錄的一部分。「Rouge et Noir」當時的廣告，用少女插圖宣傳「使用這枝鋼筆後，衣服再也不會染到墨水了」。

1912 年時的廣告。標題是「兩個最高峰」。因為白朗峰是阿爾卑斯山脈的最高峰，位在法國和義大利的國界上。

1924 年推出相當於英文 Masterpeace（傑作）的「Meisterstück」（大師傑作系列），上圖是 1929 年的產品型錄。

1935 年的產品型錄。萬寶龍雖然以鋼筆廠家起家，在這時已經走上綜合文具廠商的路線。

# Trademark

1924 年的產品商標

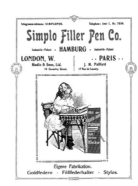
1930 年的產品商標

插圖引用自《The Montblanc Diary & Collector's Guide (JENS ROSLER)》。

主要系列介紹

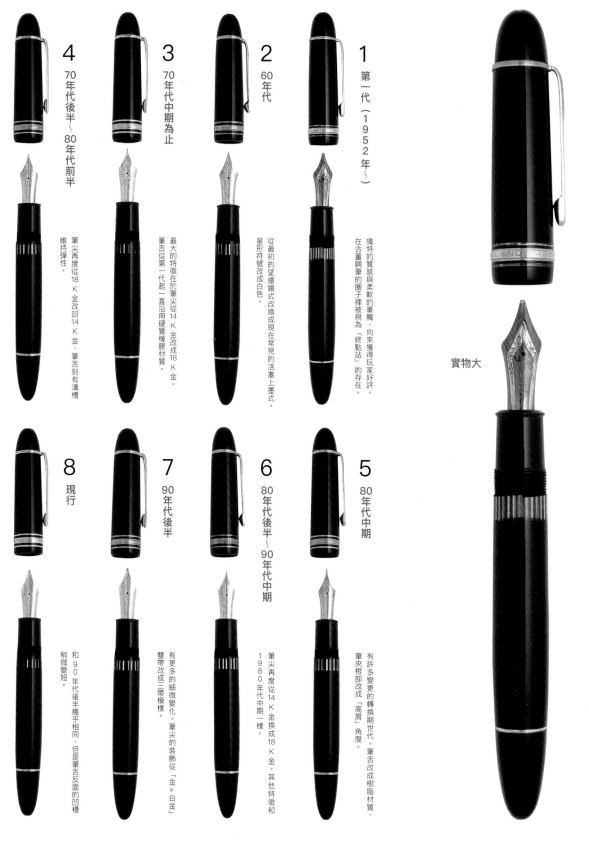

實物大

**4** 70年代後半～80年代前半

筆尖再度從18K金改回14K金，筆舌刻有溝槽維持彈性。

**3** 70年代中期為止

最大的特徵在於筆尖從14K金改成18K金。筆舌從第一代起一直沿用硬質橡膠材質。

**2** 60年代

從最初的望遠鏡式改換成現在常見的活塞上墨式。星形符號改成白色。

**1** 第一代（1952年～）

獨特的質感與柔軟的筆觸，向來獲得玩家好評。在古董鋼筆的圈子裡被視為「終點站」的存在。

**8** 現行

和90年代後半幾乎相同，但是筆舌反面的凹槽稍微變短。

**7** 90年代後半

有更多的細微變化。筆尖的裝飾從「金×白金」雙帶改成三帶模樣。

**6** 80年代後半～90年代中期

筆尖再度從14K金換成18K金。其他特徵和1980年代中期一樣。

**5** 80年代中期

筆夾根部改成「高肩」角度。筆舌改成樹脂材質，有許多更改的轉換期世代。

# Generation of 149

徹底探求具有悠久傳統的
Meisterstück 149 各世代差異！

一提到萬寶龍就會讓人想起有將近80年歷史的「Meisterstück」（大師傑作系列）。這個系列產品的巔峰產品「149」自從1952年誕生以來，已經生產了數十年。以下要介紹的，是經過編輯部親自調查，從第一代到本報導撰寫時的差異所在（主要是外觀上的）。

## 萬寶龍獨創的上墨方式「望遠鏡」機制

包括第一代的149在內，1950年代的146、144、142、644系列產品多半採用望遠鏡式上墨。這個方式是萬寶龍獨創的機制，藉由較細的第1筒進入較粗的第2筒時發生的「扭轉運動」，使活塞上下移動吸入墨水的方式。由於採用兩段式結構（現在主流是一段式），活塞動作距離較長，可以吸入約1.5倍的墨水。在上墨時，確認尾栓是否在特定位置開始空轉，是判斷動作是否結束的方法之一。

筆尖　握位　硬質橡膠　第1筒　筆桿　第2筒　尾栓

筆舌　軟木活塞　第1活塞　第2活塞　轉軸

我們檢討比較了這次調查的萬寶龍149的各代產品（參照下表）。從表中可以發現，在公司經營有巨大變動的1980年代前半到中期為止，有許多部分小改款。被稱作「原版」的第一代和現行產品，有以下列舉的各種變化。另外上墨方式也有不同，第一代採用獨創的望遠鏡式（參照左邊的專欄）。60年代的第二代起改成一般的活塞上墨式。

只不過各世代之間其實沒有明確的區隔，每一代之間會有和緩的轉換過渡期。另外白星的色澤也受到經久變化和個體差異影響。

## 149 各世代差異一覽表！

※ 這份表格是以各世代的筆實際採樣比較製作的。全長和細節可能有個體差異存在，並不表示每個世代的產品一定完全符合這份表格的改款細節，請各位讀者包涵。

| 8 | 7 | 6 | 5 | 4 | 3 | 2 | 1 | 比較重點 |
|---|---|---|---|---|---|---|---|---|
| 2004年 | 1990年代後半 | 1980年代後半～1990年代中期為止 | 1980年代中期為止 | 1970年代後半～1980年代前半 | 1970年代中期為止 | 1960年代 | 第1代（1952年～） | |
| 147mm | 147mm | 148mm | 147mm | 147mm | 147mm | 147mm | 144mm | 套筆蓋時全長（實際測量） |
| | 18K・帶狀 | 18K・中白 | 14K・中白 | 14C・中白 | 18C・帶狀 | 14C・帶狀 | 14C・帶狀 | 筆尖　※裝飾分成帶狀（金・白金・金的三條帶狀）和中白（金・白金兩條帶狀）兩大類。14K金・18K金的標示也有變化。 |
| | | | 樹脂製 | 硬質橡膠製 | 硬質橡膠製 | 硬質橡膠製 | 硬質橡膠製 | 筆舌 |
| | | 弧線 | | 有鰭片溝槽 | | | 直線的 | 筆舌（側面）　※和反面相同地，設計上也有變化。尤其值得注意的是增加溝槽的第4世代（第5代～現行的照片是現行產品）。 |
| | | 高肩 | | | | | 斜肩 | 筆夾　※朝下彎折的轉角部位，初期是圓潤的「斜肩」，後期是明顯的「高肩」。 |
| | | 金屬產品（金） | | | | 樹脂產品 | 金屬產品（鉻） | 筆桿和尾栓之間（活塞導桿）　※第1代是偏白色的金屬，第2代起改成樹脂材質。第5代以後是金色的金屬零件。 |
| | | | | 平滑 | | | 圓潤 | 尾栓環的形狀　※到第2代的1960年代為止，環的外圍顯得圓潤。第3代起開始顯得平滑。 |
| | | | 分離式 | | | | 一體成形 | 握位與筆尖連結部位　※到第4代為止是握位與上端連在一起的一體型。第5代開始是結合環狀零件的分離式。 |
| | 三條螺紋 | | | | | | 四條螺紋 | 筆蓋螺紋數　※螺紋數從第7代開始少了一條，變成只有三個螺紋切口。 |
| | | | | | | 白（以後相同） | 象牙白 | 白星　※第1代（1950年代產品）多半是象牙白色。以後原則上使用純白色。但初期產品講究透明感，越接近現行產品色澤越有霧面質感。 |

# Line Up

## 萬寶龍的產品版本

2004年的萬寶龍鋼筆大致可以分成三個產品線 (Collection)。除了主軸的Meisterstück Collection 之外，2000年新增了Bohème Collection (寶曦系列)，2003年StarWalker (星際旅者系列) Collection也上市了。

## Meisterstück (大師傑作系列)

從創業以來，萬寶龍堅持使用「萬寶龍樹脂」當材料的傳統系列。這種被稱做「高級樹脂」的天然材料，塑造出順手輕便的獨特質感。除了從1920年代起一直沿用的黃金裝飾種類以外，後來又推出了白金裝飾的「Platinum Line」。筆桿基本上是黑色的，但是在「Meisterstück Classique 145」上市時推出了波爾多酒紅色。

### 2004 年 Meisterstück Collection 的產品群

※尺寸數據由編輯部實際測量。

| 子系列名 | 黃金 | 含稅售價 | 白金 | 含稅售價 | 上墨方式 | 套筆蓋長度 | 使用時長度 |
|---|---|---|---|---|---|---|---|
| – | 149 | 71000日圓 | – | – | 活塞上墨式 | 149 mm | 164 mm |
| Le Grand | 146 | 59000日圓 | P146 | 62000日圓 | 活塞上墨式 | 146 mm | 159 mm |
| Le Grand | 147 | 66000日圓 | – | – | 卡匣式 | 147 mm | 160 mm |
| Classique | 145 | 48000日圓 | P145 | 48000日圓 | 兩用式 | 140 mm | 154 mm |
| Mozart | 114 | 39000日圓 | P114 | 41000日圓 | 卡匣式 | 114 mm | 119 mm |

實物大

### Platinum Line

所有裝飾部分全採用白金的產品。從右起分別是P146、P145、P114。

### 卡式墨水 147

萬寶龍146還有一種和活塞上墨式的146尺寸幾乎完全一樣，但採用卡式墨水的147鋼筆。照片下方是拉出了卡式墨水裝填部位的147。上方是已經上墨的146。

Meisterstück Mozart

Meisterstück Classique

Meisterstück LeGrand

Meisterstück

**114**　　**145**　　**146**　　**149**

## Meisterstück
### Solitaire Doué Stainless Steel

用深黑色的樹脂製筆桿，搭配不銹鋼筆蓋的款式。照片中是活塞上墨式的鋼筆（含稅售價82,000日圓）。另外也有兩用式上墨的款式（含稅售價75,000日圓）。

**Hematite Steel**
123,000日圓（活塞上墨式）/ 96,000日圓（兩用式）

**Sterling Silver**
142,000日圓（活塞上墨式）/ 111,000日圓（兩用式）

**Stainless Steel**
111,000日圓（活塞上墨式）/ 92,000日圓（兩用式）

**Doué**
98,000日圓（活塞上墨式）/ 82,000日圓（兩用式）

**Doué Sterling Silver**
98,000日圓（活塞上墨式）/ 82,000日圓（兩用式）

**Carbon Steel**
102,000日圓（活塞上墨式）/ 92,000日圓（兩用式）

**Coral Hommage Wolfgang Amadeus Mozart**
115,000日圓（卡式墨水）

**Citrine**
176,000日圓（活塞上墨式）/ 140,000日圓（兩用式）

## Meisterstück Solitaire
## 尊貴系列

以傳統的Meisterstück外型做基礎，搭配白金、黃金、925純銀等貴金屬的Meisterstück高級產品群。產品名稱帶有「Doué」的，是筆桿使用萬寶龍樹脂的雙色款式。對於覺得整支筆都是黑色的Meisterstück太老氣的人來說，充滿現代形象的Solitaire可能會比較容易上手。左邊是比較有代表性的款式（一律是含稅售價）。

## Bohème
## 寶曦系列

在2003年上市，以「能寫字的裝飾品」作為產品的核心概念。筆夾前端妝點著紅寶石、藍寶石等珠寶，插在襯衫的胸前時，珠光閃閃格外顯得風雅。「Bohème」這個名稱，來自於意為「不受風俗拘束」的「Bohemian」（波西米亞人）。鋼筆在套筆蓋狀態時，嬌小得能藏在掌心裡。把筆蓋套在筆管尾端時，重量均衡良好，可以發揮優良的筆記功能。

**Rouge**
56,000日圓

**Gold plated / Rouge**
164,000日圓

**Noir**
56,000日圓

**Silver / Blue**
133,000日圓

**Golden Line**
53,000日圓

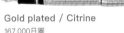

**Platinum Line**
53,000日圓

**Gold plated / Citrine**
167,000日圓

**Silver / Chrystal**
138000日圓

**Steel / Amethyst**
115,000日圓

**Je T'aime Resin**
64,000日圓

## StarWalker
## 星際旅者系列

產品概念是「未來的菁英」。最新產品星際旅者的特徵，是把傳統的六角白星裝在透明的半圓球裡面，讓白星浮在半空中的嶄新設計。內建的膠囊設計可保護上墨系統不受灰塵和乾燥損害，而且對氣壓、氣溫變化有更好的耐受度。

萬寶龍同時推出外觀設計相同的原子筆和FineLiner（內有彈簧結構，更具有緩衝效果的鋼珠筆）。

**StarWalker Resin Line**

結合萬寶龍樹脂和有光澤的金屬零件。白金裝飾的14K金筆尖，墨水採用卡式墨水。含稅售價46,000日圓

# Limited Editions

**每年的新樂趣！**
**文學家系列與藝術贊助系列**

萬寶龍從1992年起，每年會推出限量款式。春季發表、上市的藝術贊助系列讚揚支持文化與藝術發展有功的人物。而秋季發表、上市的文學家系列則向在文學史上留下偉大功勳的著名作家致敬。

在各種限量鋼筆中，最固定受大眾喜好，最受人矚目的就是萬寶龍「藝術贊助系列」和「文學家系列」了。能飽受大眾歡迎的祕訣，在於重現絕版古董筆的外型和產品細節，又巧妙地設計出能顯露致敬對象特質的外觀。不是換個顏色就算了，而是每年推出完全不同的產品概念。

藝術贊助系列原則上以白朗峰的標高為準，限量生產4810支。1995年起另外推出以稀有材質製造的888支限量版。另一方面，文學家系列基本上分成鋼筆和原子筆的單支銷售產品，以及加上Mechanical pencel（自動鉛筆）的三筆套裝禮盒。另外也有像1997年這樣，推出鋼珠筆的年份。書本造型的禮盒更是挑逗玩家的購買欲望。

2003年，本系列是以《海底兩

## Patron of Art Editions
### 藝術贊助者系列

1 Lorenzo de Medici / 1992
2 Octavian / 1993
3 Hommageä Alexander the Great （4810）/ 1998
4 Marquise de Pompadour （4810）/ 2001
5 John Pierpont Morgan / 2004

### 歷年的藝術贊助系列

| 上市年份 | 型號名稱 | 限量 |
|---|---|---|
| 1992 | 羅倫佐·德·麥迪奇 | 4810支 |
| 1993 | 屋大維 | 4810支 |
| 1994 | 路易十四 | 4810支 |
| 1995 | 攝政太子（喬治四世）4810 | 4810支 |
| 1995 | 攝政太子（喬治四世）888 | 888支 |
| 1996 | 賽美拉米斯4810 | 4810支 |
| 1996 | 賽美拉米斯888 | 888支 |
| 1997 | 彼得一世4810 | 4810支 |
| 1997 | 彼得一世888 | 888支 |
| 1997 | 凱薩琳二世4810 | 4810支 |
| 1997 | 凱薩琳二世888 | 888支 |
| 1998 | 亞歷山大大帝4810 | 4810支 |
| 1998 | 亞歷山大大帝888 | 888支 |

| 上市年份 | 型號名稱 | 限量 |
|---|---|---|
| 1999 | 腓特烈二世4810 | 4810支 |
| 1999 | 腓特烈二世888 | 888支 |
| 2000 | 查理大帝4810 | 4810支 |
| 2000 | 查理大帝888 | 888支 |
| 2001 | 龐巴度侯爵夫人4810 | 4810支 |
| 2001 | 龐巴度侯爵夫人888 | 888支 |
| 2002 | 安德魯·卡內基4810 | 4810支 |
| 2002 | 安德魯·卡內基888 | 888支 |
| 2003 | 尼古拉·哥白尼4810 | 4810支 |
| 2003 | 尼古拉·哥白尼888 | 888支 |
| 2004 | 約翰·皮爾龐特·摩根 | 4810支 |

**全球限量11支的藝術贊助系列特別款式**

自從1992年以來，萬寶龍每年會在主要十大國舉辦「萬寶龍國際文化獎」，讚揚對振興文化、藝術有功的人物。10位得獎者可以獲得藝術贊助系列特別款式鋼筆，最後1支則是捐贈給萬寶龍博物館。過去的得獎者中還包括演員仲代達也（1999年）。2004年PIA株式會社總裁董事長矢內廣也得獎了。

右圖是以黃金為底打造的2004年藝術贊助系列「約翰・皮爾龐特・摩根」特別版。白星周圍由小顆的鑽石環繞著。

# Writers Editions
## 文學家系列

1 Hemingway / 1992
2 Agatha Christie /1993
3 Oscar Wilde / 1994
4 Alexandre Dumas / 1996
5 Dostoevsky / 1997
6 Marcel Proust / 1999
7 Charles Dickens / 2001
8 Jules Verne / 2003

### 歷年的文學家系列

| 上市年份 | 型號名稱 | 鋼筆 | 原子筆 | 自動鉛筆 | 鋼珠筆 | 禮盒組 |
| --- | --- | --- | --- | --- | --- | --- |
| | | | 限定數量 | | | |
| 1992 | 海明威 | 20000支 | 30000支 | – | – | – |
| 1993 | 阿嘉莎・克莉絲蒂 | 23000支（※1） | 18000支 | – | – | 7000組 |
| 1993 | 王者之龍 | 3500支（※2） | 2000支 | – | – | 1500組 |
| 1994 | 奧斯卡・王爾德 | 15000支 | 8000支 | 7000支 | – | 5000組 |
| 1995 | 伏爾泰 | 15000支 | 8000支 | 7000支 | – | 5000組 |
| 1996 | 大仲馬 | 15000支 | 11000支 | 4000支 | – | 5000組 |
| 1997 | 杜斯妥也夫斯基 | 16300支 | 7300支 | 2300支 | 6300支 | 700組 |
| 1998 | 埃德加・愛倫・坡 | 14000支 | 12000支 | – | – | 3000組 |
| 1999 | 馬塞爾・普魯斯特 | 17000支 | 16000支 | – | – | 4000組 |
| 2000 | 弗里德里希・席勒 | 14000支 | 12000支 | – | – | 4000組 |
| 2001 | 查爾斯・狄更斯 | 14000支 | 12000支 | – | – | 4000組 |
| 2002 | 法蘭西斯・史考特・費茲傑羅 | 14000支 | 12000支 | – | – | 4500組 |
| 2003 | 朱爾・凡爾納 | 14000支 | 12000支 | – | – | 4500組 |

※1：以銀製的蛇裝飾，蛇眼是紅寶石的款式。另外又生產了4810支以金製的蛇裝飾，蛇眼是藍寶石的版本。

※2：和上述的阿嘉莎・克莉絲蒂一樣，另外生產888支以黃金・藍寶石裝飾的版本。

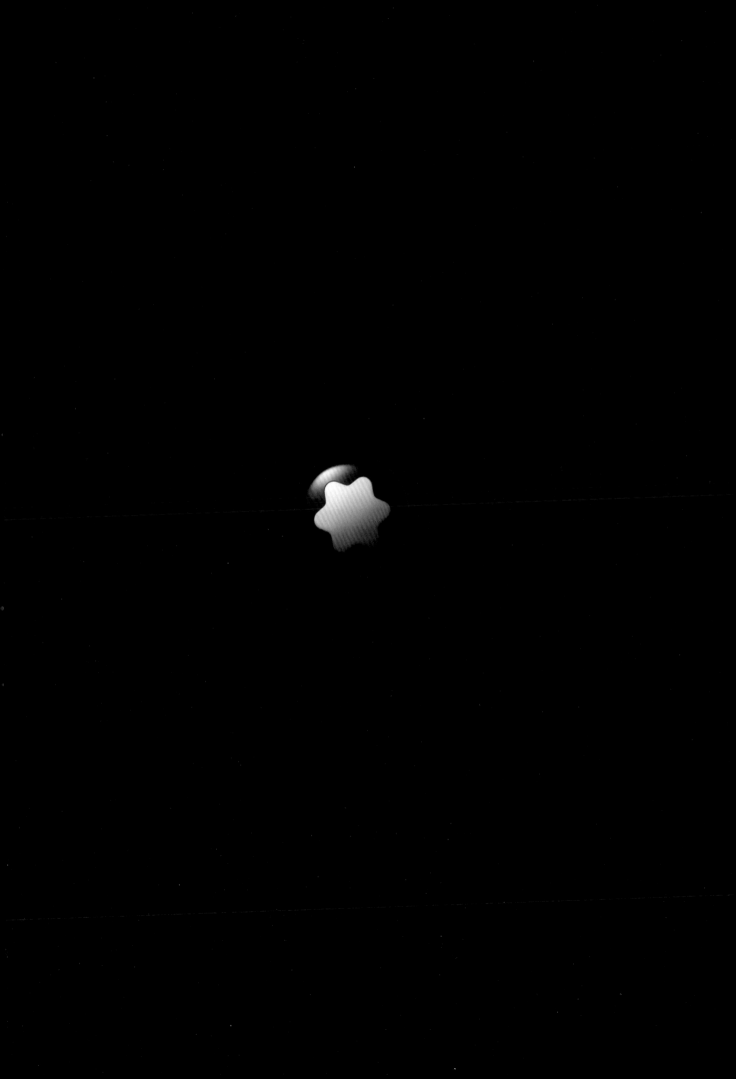

# 萬寶龍
# 經典代表產品

以 149、146 為主的 Meisterstüeck（大師傑作）系列，是所有萬寶龍愛用者必收的筆款。
本篇將探索經典筆款的各項知識，讓我們一窺 149 與 146 的精緻細節。

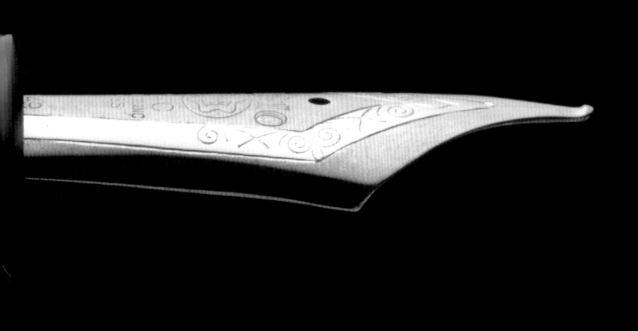

## Details

第一代MONTBLANC 149的版本中，最受人歡迎的是「球形」（Kugel nib, 德文）。

尾栓上刻有型號也是第一代的特徵。在50～60年代的萬寶龍鋼筆上多半刻有型號。

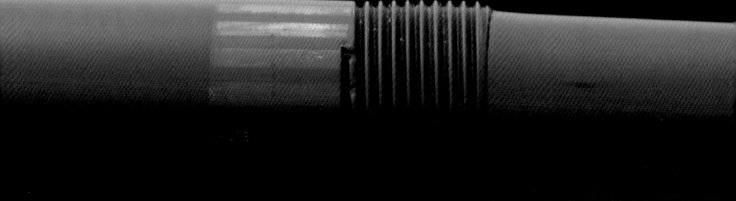

**MEISTERSTÜCK**

# MONTBLANC 149

特別企劃

第一代MONTBLANC 149 ＞進一步 探索！ ＞以及 分解！

在前面章節中，我們比較了MONTBLANC 149各個世代的外觀差異。在本單元之中，
我們打算比較被俗稱為「原版」的第一代149，以及2004年版本之間的結構差異。

攝影／木村真一

# Original

## MONTBLANC 149 – 第一代（原版）

我們分解了第一代MONTBLANC 149，把各個零件照實物大小排列。印著白星的天冠，平時是固定在氣密套的螺絲上。另外，第一代149最大的特徵，就是「望遠鏡活塞上墨式」。這種上墨方式從1952年生產的最初期產品開始，一直沿用到1960年左右。因為驅動活塞前端的閥（活塞頭）的活塞，會像單筒望遠鏡（telescope）一樣分成兩段式伸縮，所以才取這個名字。優點是能吸取的墨水大約是現行產品的1.7倍。

實物大

**Cap Assembly**
筆蓋

**Cap Top**
筆蓋頂端（天冠）

**Clip**
筆夾

**Inner Sleeve**
氣密套

**Cap Sleeve**
筆蓋套管

**Nib**
筆尖

**Feed**
筆舌（反面）

**Feed**
筆舌（正面）

**Sleeve**
套管

**Front Section**
握位

**Barrel**
筆桿

**Piston Mechanisum**
活塞上墨機構

**Turning Knob**
旋鈕（尾栓）

**Barrel Assembly**
筆身

# Modern

## MONTBLANC 149 – 1960年左右～2004年

我們分解了結構跟2004年發行的產品幾乎一樣的1990年代後半的版本，與第一代產品做比較。筆桿和握位與第一代一樣是可以分解的。值得注意的是，天冠和第一代不同，改成從筆蓋套管內側上螺絲固定的結構。筆舌的設計也不一樣。第一代是平坦的硬質橡膠產品，而在1980年代中期，筆舌開始採用樹脂產品。至於上墨方式，現在採用的是一般的「一段式」活塞上墨。不過在最短（收起活塞頭）的狀態下，無法從外型判斷結構上的差異。關於這點我們留到下一頁討論。

實物大

**Cap Assembly**
筆蓋

**Cap Top**
筆蓋頂端（天冠）

**Clip**
筆夾

**Cap Sleeve**
筆蓋套管

**Nib**
筆尖

**Feed**
筆舌（反面）

**Feed**
筆舌（正面）

**Sleeve**
套管

**Front Section**
握位

**Barrel**
筆桿

**Piston Mechanisum**
活塞上墨機構

**Turning Knob**
旋鈕（尾栓）

**Barrel Assembly**
筆身

# MONTBLANC 149上墨結構的差異

MONTBLANC 149第一代內建有特殊的活塞上墨機構「望遠鏡」。接下來我們要比較從1960年左右沿用到2004年最新款式的，一般的活塞上墨機構。

## Modern
### 1960年左右～2004年

1960年左右，萬寶龍把上墨方式從望遠鏡式改換成現在常見的一段式上墨方式。活塞會隨著旋鈕的迴轉運動上下移動，不需要像望遠鏡式那樣空轉或者按照「規矩」。

## Original
### 第一代（原版）

望遠鏡式上墨是有「規矩」的，那就是要「從空轉起，從空轉終」。半途改變旋轉方向，會使得活塞的動作長度改變，吸墨閥無法回歸正確的位置。一旦開始移動活塞，途中絕對不可以改變旋轉的方向。

**Step1**

逆時鐘旋轉旋鈕，活塞隨著旋轉開始移動。

逆時鐘方向轉鬆旋鈕，空轉約4圈半～5圈半。這段期間內活塞不會移動。

**Step2**

伸展到最遠端，閥（活塞頭）抵住筆尾端不再移動的狀態。傳動軸只有一段，和望遠鏡式的兩段式不同。第一代的吸墨量大約3.1～3.4cc，相形之下，現行產品大約2cc左右，80年代則是1.9cc前後（實際測量複數筆的結果），吸墨量較少。

繼續逆時鐘方向旋轉，感到有輕微負荷後，第1活塞往前延伸。

**Step3**

初期型的閥（活塞頭）有軟木塞製和樹脂製兩種

1950年代初期型產品的閥有軟木塞製和樹脂製兩種。軟木塞製的耐久性較差，快則三年左右吸墨效果就會退化。是需要更換的消耗品。

繼續轉動旋鈕，讓第2活塞移動。從上圖的Step2狀態開始，旋轉6圈左右，閥的前端會抵住筆舌尾端的準備。將筆尖插入墨水瓶，順時鐘方向旋轉6圈左右，旋鈕會一度停下，負荷變重。繼續旋轉可以卸除負荷，進入空轉狀態，讓旋鈕回到原本的位置。

---

## 分解作業的差異

理所當然的，鋼筆分解需要專門知識與專用工具。尤其在拆除初期型的握位和上墨機構時需要格外用心，就連專家都有三成的機率把零件拆出裂痕，是難度非常高的作業。簡單來說就是「外行人千萬別模仿」。請注意第一代與現行產品的差異。

## Modern
### 1960年左右～2004年

## Original
### 第一代（原版）

**拆卸筆尖**
和第一代相較，需要更多的工具。照片中正在使用彎柄鑷子拆卸筆尖。

**拆卸上墨元件**
把專用工具插入筆桿和尾栓之間（活塞導桿）旋轉，拆卸上墨元件。

**拆卸筆尖**
多年老化使得握位在拆卸時容易損壞。我們使用專用工具，套上橡膠慢慢地旋轉。

**拆卸筆蓋**
拆卸天冠時不需要工具，也是第一代的特徵。氣密套有時候會使用綠色條紋的材質。

**拆卸筆蓋**
天冠是以螺絲釘固定在筆蓋套管上的。用一字螺絲起子拆下這個螺絲釘。

天冠反面的比較。照片左邊是第一代。右邊安裝有金屬零件的是新型天冠。

**拆卸吸墨閥（活塞頭）**
就算不從尾栓部分拆下整個上墨機構，也可以從握位這邊直接拆下吸墨閥。

攝影 / 高橋 昇

149

# 開高 健 凝望著的
## 14C筆尖

文字 / 足澤公彥

我試著在網路的搜尋引擎，鍵入「開高健＊MONTBLANC」。發現了讓我感到意外的事。誤以為開高健老師愛用的鋼筆是萬寶龍146的人，遠比我想像中來得多。

在電視節目的製作現場巧遇時，我曾經向老師本人請教過，他表示愛用的是149。在神奈川縣茅崎市的開高健紀念館裡，如今還保管著兩支149。

149經過一再地改款，有多種多樣的產品版本。不過說到149「開高健款式」，那就是以70年代後期到80年代前期的筆桿，配上雙色的、14C的、M字筆尖的款式。

在無盡的深夜裡，一再重複著呻吟、沉澱、迸出、腐蝕，精挑細選的詞句，就在開高健老師那圓潤的字跡下，一字一字地填入了稿紙的格子裡。

為了書寫，必須看著筆尖。只是把目光對著筆尖？或者是凝視著筆尖？還是只有低下視線？甚至是怒目圓睜？實情如何，他人不得而知。「我覺得所謂書寫，就是把原野當成斷崖一樣地行走。」留下這句話的開高健老師那孤獨的眼眸，只有這款149「開高健款式」的14C筆尖才知道。

★開高健（一九三〇年～一九八九年）日本知名作家。

# 鋼筆行家選擇的暢銷筆款

希望有一天能擁有、想要一支又一支買來使用的理由在這裡！

萬寶龍是象徵現代鋼筆的品牌，特別受到鋼筆迷的矚目。

近年來，萬寶龍朝綜合品牌方向發展，該公司把鋼筆定位成一種塑造個人風格的工具。

這些思想也展現在筆觸和外型設計上。

在這裡要介紹成為鋼筆代名詞的萬寶龍代表性產品，讓各位讀者感受每一款鋼筆的生產哲學、產品特徵。

希望能藉此提供一些小提示，使各位讀者在選擇鋼筆時，能符合自身的個性與主張。

文字／吉宗史博

profile

吉宗史博

1968年生，神戶市出身。2007年時，已在神戶市內的大型文具店任職14年。就業第二年1995年，神戶大地震後發生後目睹SAILOR（寫樂）鋼筆的長原宣義與川口明弘的鋼筆診所活動。受到長原師傅的技術感動，也在和川口師傅的長談下，瞭解到努力使更多人使用鋼筆的必要性，之後便以此為生活目標。2007年春季離職。同年9月23日開設新的鋼筆專門店。

Pen and message.
神戶市中央區北長狹通5町目1–13ベルピ山手元町1樓（JR元町站西口往北徒步約3分）
〒650–0012
TEL 078–360–1933
http://www.p-n-m.net

萬寶龍的鋼筆會把接觸到紙的感覺確實傳達到手指，有著大方的筆觸。我認為萬寶龍不讓筆觸顯得纖細，是為了避免讓書寫者意識到正在使用鋼筆，讓人集中在書寫的行為上。

這是把鋼筆當成經商工具，而不是以書寫為樂的休閒物品所產生的產品設計觀念吧。從萬寶龍的品牌風格來說，這種觀念也比較合理。

在萬寶龍鋼筆目前的產品群中，149是最古早的型號。已經有50年以上的歷史，也是最能顯現萬寶龍風格的一款鋼筆。

具有強烈個性的極粗筆桿，讓人覺得與其說是握筆，不如說是輕扶著筆，自然地在紙上遊走的感覺。與筆桿緊密相連的大型筆尖筆觸堅硬，具有能承受強烈壓力、長時間使用的耐久性。能讓使用者不在意細節，長時間安心使用，是工具設計上的一項重要條件，而萬寶龍藉由極粗筆桿與大型筆尖實現這項要求。

獻給雖然不是職業作家，但願意盡自己的熱情不斷寫字，希望終生重視書寫的人的鋼筆，這就是萬寶龍149。我認為，149是能夠幫助把書寫當成生活形態的人展現自我、表達強烈主張的工具。

右邊的照片是1950年代剛上市時的149。這是生產超過50年以上的長銷筆款，隨著生產年代不同，各部分有多次的小幅度改款。

長度：套筆蓋時全長約149mm，筆蓋長約71mm，書寫時（僅筆桿約131mm，套筆蓋時約164mm）／粗細：最大直徑約22mm，筆桿直徑約16mm／重量：整體約32g，筆蓋約11g／墨水：活塞上墨式（容量1.5cc）／售價：84,000日圓

# MONTBLANC

Meisterstück

# 149

自從1952年上市以來，一直是萬寶龍「Meisterstück」系列的旗艦產品。
作家一旦集中心力在寫作，會大量且高速地書寫文字，下筆力道也隨之增加。
149的特徵在於，為了顧及大量使用的用戶，採用筆觸較為堅硬的筆尖。

我覺得萬寶龍圓潤沒有邊角的外型，是一種雅致的表現。精緻打磨的筆桿無懈可擊，找不到半點可以挑剔的地方。

也許萬寶龍的筆都合乎這個條件吧，只不過146有著更完美勻稱的表現。如果知道除了外型設計以外，其他條件也有最佳均衡表現的話，我想任何人都會瞭解這是一支更為完美的筆。

146的重量是30g，可能對鋼筆來說是最能夠輕鬆握持的重量。太重會讓手感到疲倦，太輕了則是在寫字時施力壓著筆，還是會造成疲倦。

另外，筆桿直徑13mm，也是最能讓人不必用力握持的適當尺寸。某一家日本文具廠商，和研究機構合作的暢銷原子筆也是這個尺寸，可見這數字是有科學根據的。

146的筆觸沒有149堅硬，甚至於讓人感到有些柔軟。我推測這是因為萬寶龍意識到146和149的使用方式有所不同。有著完美無懈可擊的勻稱外型，精密計算過的重量均衡，以及適當的耐性與柔軟度。一切講究調和的146，是為了採購鋼筆時，注重與個人風格均衡搭配的人特別打造的作品。

長度：套筆蓋時全長約146mm，筆蓋長約71mm，書寫時（僅筆桿約125mm）套筆蓋時約160 mm）／粗細：最大直徑約15mm，筆桿直徑約13mm／重量：整體約30g，筆蓋約10g／墨水：活塞上墨式（容量1.5cc）／售價：71,400日圓（146）、74,550日圓（P146）

# MONTBLANC

### Meisterstück

# 146

在1948年到1949年之間上市（不同資料說法不一）。
在60年代曾經一度停產，在70年代恢復生產。
現行產品稱做「LeGrand」，也是使用金銀鋼鐵等不同材質的Solitaire產品線的基準筆桿。
和149相較之下，筆尖觸感顯得較為柔軟。

# Solitaire

由右起

Meisterstück Solitaire
Silver Fibre Guilloche
特徵是編入玻璃纖維，以活性炭樹脂加工的
Guilloche（海浪紋）紋樣設計。重約49g，
155,400日圓

Meisterstück Solitaire
Doué Stainless Steel
使用和146相同的黑色高級樹脂筆桿，搭配
高品質不銹鋼筆蓋的簡約款式。重約34g，
97,650日圓

Meisterstück Solitaire
Gold & Black
在鍍金材質上，鑲嵌著黑色樹脂加工的直條紋。
重約44g，177,450日圓

# 149

## 出類拔萃的書寫性能與
## 讓人感受強烈信念的擇善固執。

MONTBLANC 149的優越之處，在於毫不妥協的設計與高性能；特別是筆蓋的高度氣密性，一直頗受好評，墨水不容易乾，能夠立刻出墨書寫；運筆的平衡感相當好，即使長時間書寫也不會累；筆尖、筆舌的性能都很高，可以承受較大的筆壓。自1952年發售以來，已超過65年，基本設計卻能持續保持不變，令人驚訝。

**持握感佳的硬質樹脂**

筆桿的樹脂材質非常硬，不易刮傷，能長久保持美麗。質感很好，持握感非常優秀。

**粗筆桿**

能夠自然以適當力道握筆的絕佳粗筆桿。觀墨窗附近的筆身直徑約14mm，文字右方橫線所指的地方，直徑約15mm，稍微膨一些。

**氣密度高的筆蓋**

筆蓋擁有驚人的高氣密度，即使長時間不使用，墨水也不會乾掉。優秀的氣密度能令人感受設計者灌注的熱情。

**彈性佳的筆尖**

筆尖擁有能承受快速大量書寫及高筆壓的彈性。

**供墨能力優良的筆舌**

筆舌能夠輸送高筆速、高筆壓所需的適量墨水，幾乎不會漏墨。

---

### 向專家詢問鋼筆實用上的優點

# 再次探詢 149／146的魅力！

MONTBLANC 149與146，被譽為最高等級的鋼筆，王道中的王道，品質有保證。
而它們真正的實力，以及作為書寫用具究竟有哪些優點呢？讓我們向專家一探究竟。

---

**迎合時代需求的筆尖**

146的筆尖因應時代需求而有所改變，每一支鋼筆的書寫感也各不相同。1950年代較多是非常柔軟的筆尖。

**滿足佔有欲的設計**

外觀粗細及長度的平衡非常好，黑色樹脂及天冠工藝的契合度也十分秀逸。

# 146

## 俊秀的均衡設計
## 成為鋼筆設計基準

MONTBLANC 146誕生於1949年，較149早三年。146比149更小巧，適合日常使用，不限定任何對象。書寫平衡感在全世界都頗受好評，成為日後鋼筆製作的基準。由於146曾在1960年代～1973年，因銷量不敵美國的Parker (派克) 及CROSS (高仕) 而停產，之後才再次復活，因此相較於149，146有迎合時代的細微改變。

**優越的書寫平衡感**

無論是將筆蓋套在筆尾，或是只拿筆桿，146的粗細度、重量感、重心，都令使用者感到非常舒適。觀墨窗附近的筆身直徑約12mm，文字右方橫線所指的地方，直徑約13mm。

文字 /井浦綾子 (編輯部)　攝影 /北鄉仁　報導年份：2016年9月

## MONTBLANC 149作為畫具也非常優秀

**鋼筆畫家　古山浩一先生**

古山浩一先生也是149的愛用者之一。他表示：「我經常將149作為畫具使用，即使連筆用力，筆也不曾損壞過。我認為149是支底蘊極深的筆。」

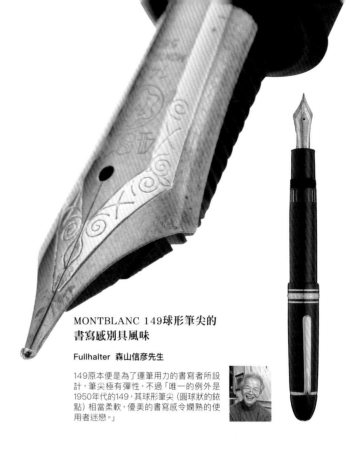

## MONTBLANC 149球形筆尖的書寫感別具風味

**Fullhalter　森山信彥先生**

149原本便是為了運筆用力的書寫者所設計，筆尖極有彈性，不過「唯一的例外是1950年代的149，其球形筆尖（圓球狀的銥點）相當柔軟，優美的書寫感令嫻熟的使用者迷戀。」

「他們對於製作出世界第一的產品感到非常自豪，全公司都貫徹了這樣的思想。」

1970年～1980年代，於萬寶龍的日本代理商鑽石產業負責品質管理，曾與德國總公司接觸的「Fullhalter」店主森山信彥先生如此說道。

1993年，森山先生創立Fullhalter鋼筆店，約有10年左右沒有再接觸萬寶龍的鋼筆，因此無法比較現行產品，即使如此，他仍認為：

「不可改變的東西就不會改變。在149身上，能強烈感覺到萬寶龍的意念。至今它仍是持續活躍於市場的現行產品，從1950年代起便從未更改外形、持續製作至今的物品，我想是非常少見的。」

如果有人認為149的名聲太大，感覺高不可攀而不願嘗試的話，就太可惜了。

「由於歷史悠久，筆尖也會順應時代而變化，即使在同一時期生產，每一支鋼筆也會有所差異。我個人喜歡1950年代的球形筆尖149，以及1970～80年代間少見的軟筆尖146。不一定適合每個人；能不能遇到合適的筆也要碰運氣。總之還是自己親手握看看最好啊！不妄自斷定，人生才會更加豐富。」

**現行146**
白星的六角凹處較尖，展現俐落形象。

**1960年代的146**
白星的六角凹處較平緩，呈現柔和形象。

除了筆尖以外，有一些細節也因應時代的變化而有少許不同。例如天冠的白星標誌（上方照片）、筆尖的裝飾、筆夾的角度及前端設計、觀墨窗的顏色等。這些細節組合起來，改變了鋼筆整體的形象，也成了辨別製造時期的依據。

## 70～80年代的MONTBLANC 146也有筆尖非常柔軟的鋼筆

**Fullhalter　森山信彥先生**

釋放多餘力道，只需順應筆尖彈力書寫的舒暢感，是鋼筆的醍醐味。「1970～80年代的146，也有少數筆尖非常柔軟的筆。由於較難駕馭，因此很挑使用對象，但若適合的話，書寫感一定令人感動。」

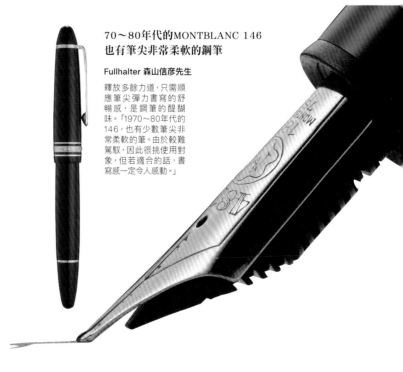

## 為何推薦149
## 原因在於「值得信賴」

小野鋼筆 小野妙信先生

當有人問道哪支鋼筆最好，便想回答：「有錢的話就買149，錢不夠就請存錢買149吧。」小野鋼筆的小野妙信先生便是如此支持149。「推薦的原因，第一是高可信度，只要經過仔細調整，便能完全順應使用者的各種要求。筆桿的粗度恰到好處，持握時能夠自然地使力；材質高級，所以質感非常好，沒有過多裝飾的寬裕設計也很不錯。因為我自己十分喜愛，已經不再使用別支鋼筆了。」

為了避免愛用38年以上的149與客戶委託的鋼筆混淆，在筆蓋及筆桿上均刻印了姓名（左方照片）。維修報告書等無法手寫的文件，也必定會在文末加上親筆簽名（右方照片）。

小野鋼筆是2011年11月開設於大阪谷町的鋼筆專賣店。店長小野妙信先生在2010年之前，於萬寶龍客服中心擔任調整筆尖的工作，長達約33年之久。現在與夫人美千子女士一起經營店面。

## 146十分合我的手
## 使用超過35年也未曾修理過

小野鋼筆 小野美千子女士

一同經營鋼筆店的夫人小野美千子女士，是資歷超過35年的146愛用者。「對我來說149太大支，Pelikan M800又太輕盈，146的尺寸及重量都非常合適。我的筆從未故障過，對它愛不釋手。」

文字／井浦綾子（編輯部）　攝影／幸田太郎　報導年份：2016年9月　030

**萬寶龍 Meisterstück**
# 149

自1952年誕生以來，149便始終持續生產販售。除了筆尖雕刻、飾環、筆夾為鍍金（Gold-Coated）的基本款之外，另有鍍玫瑰金及鉑金的款式。

共同資訊：加筆蓋約149mm・筆身直徑約15mm・重量約33g・活塞上墨式・18K金筆尖EF、F、M、B、BB、OM、OB、OBB

實物大

**鍍金 149**　鋼筆：106,920日圓（含稅）

**鍍玫瑰金 149**　鋼筆：106,920日圓（含稅）

**鍍鉑金 149**　鋼筆：112,320日圓（含稅）

**149專用筆架**

有鍍黃金、玫瑰金及鉑金3種款式。
各65,880日圓（含稅）

**萬寶龍**
# Meisterstück LeGrand (146)

146現在的名稱為「LeGrand」，與149一樣，有黃金、玫瑰金、鉑金3種鍍層，也有專用卡式墨水管的旅行筆。2016年推出以霧面加工的極黑筆款，為期間限定製造。

共同資訊：加筆蓋約146mm・筆身直徑約13mm・重量約25g・活塞上墨式・14K金筆尖EF、F、M、B、BB、OM、OB、OBB（極致黑為F、M尖）

實物大

**鍍金 LeGrand**　鋼筆：79,920日圓（含稅）

**鍍玫瑰金 LeGrand**　鋼筆：79,920日圓（含稅）

**鍍鉑金 LeGrand**　鋼筆：84,240日圓（含稅）

**鍍鉑金 LeGrand**　旅行鋼筆：84,240日圓（含稅）

**Ultra Black（極黑）LeGrand**　鋼筆：97,200日圓（含稅）

\ Special Guest /

**森睦**

2005年12月創立鋼筆研究會「WAGNER」。目前仍持續推廣鋼筆知識及實際保養的活動。部落格「鋼筆評論房」(万年筆評価の部屋)。

**村上彰**

鋼筆研究會「WAGNER」會員。閱讀《趣味的文具箱》後,熱衷於研究Meisterstück 149各年代的演進。部落格「鋼筆的迷走」(万年筆の迷走)。

# MONTBLANC
# Meisterstück 149
# 各個年代的零件演進

類比且機械化,以物理化學現象作用的鋼筆,構造相當深奧,令人興味盎然。由各種角度來探討鋼筆結構的「解剖講座」,將要講解名品「149」60年來的變遷。

企劃・撰文:森睦

## 比較的零件 (A～J與34～35頁一覽表的項目連動 / a,b參閱左頁)

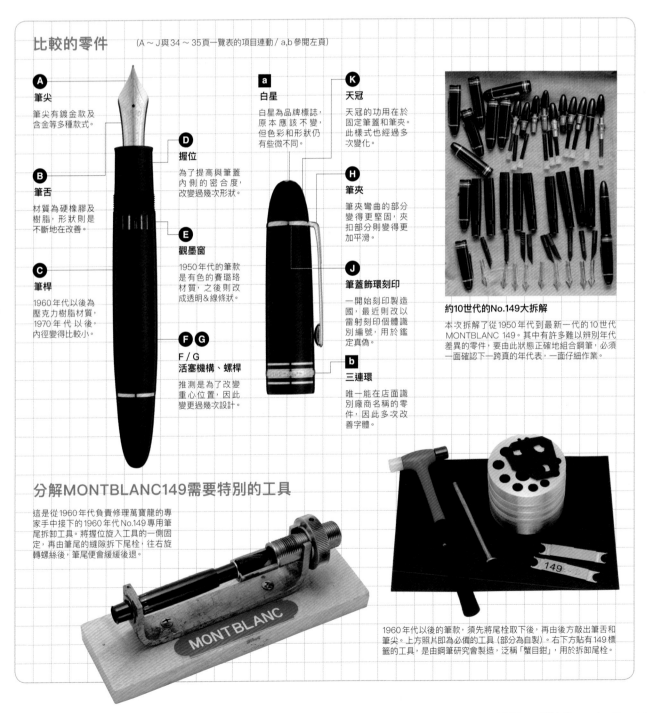

**A 筆尖**

筆尖有鍍金款及合金等多種款式。

**B 筆舌**

材質為硬橡膠及樹脂,形狀則是不斷地在改善。

**C 筆桿**

1960年代以後為壓克力樹脂材質,1970年代以後,內徑變得比較小。

**D 握位**

為了提高與筆蓋內側的密合度,改變過幾次形狀。

**E 觀墨窗**

1950年代的筆款是有色的賽璐珞材質,之後則改成透明&線條狀。

**F／G 活塞機構、螺桿**

推測是為了改變重心位置,因此變更過幾次設計。

**a 白星**

白星為品牌標誌,原本應該不變,但色彩和形狀仍有些微不同。

**K 天冠**

天冠的功用在於固定筆蓋和筆夾。此樣式也經過多次變化。

**H 筆夾**

筆夾彎曲的部分變得更堅固,夾扣部分則變得更加平滑。

**J 筆蓋飾環刻印**

一開始刻印製造國,最近則改以雷射刻印個體識別編號,用於鑑定真偽。

**b 三連環**

唯一能在店面識別廠商名稱的零件,因此多次改善字體。

**約10世代的No.149大拆解**

本次拆解了從1950年代到最新一代的10世代MONTBLANC 149。其中有許多難以辨別年代差異的零件,要由此狀態正確地組合鋼筆,必須一面確認下一跨頁的年代表,一面仔細作業。

## 分解MONTBLANC149需要特別的工具

這是從1960年代負責修理萬寶龍的專家手中接下的1960年代No.149專用筆尾拆卸工具。將握位旋入工具的一側固定,再由筆尾的縫隙拆下尾栓,往右旋轉螺絲後,筆尾便會緩緩後退。

1960年代以後的筆款,須先將尾栓取下後,再由後方敲出筆舌和筆尖。上方照片即為必備的工具(部分為自製)。右下方貼有149標籤的工具,是由鋼筆研究會製造,泛稱「蟹目鉗」,用於拆卸尾栓。

Meisterstück 149 的龐大筆身，經常令人誤以為是萬寶龍高級鋼筆的老大哥，但其實它是系列中最晚登場的鋼筆。

1949 年 144 與 146 誕生，隔年 1950 年開始生產 142，而 149 則遲至 1952 年才開始製造。

對比 1961 年至 1973 年間停止生產的 146，傳說 149 在 1952 年以後，便一直沒有改變款式，持續生產至今。

現今所有的 149 愛好家都知道，149 的差異可以分為三個世代：1950 年代、1960 年代、以及 1970 年代以後。

這次甚至追溯到每一個組成 149 的零件，針對其中的變遷調查了一番。到底 149 是如何變化的呢？又是為何要改變呢？

想知道喜歡之人過去的一切，即使有些黑暗的部分也沒關係……村上彰先生抱著這樣的心情，將 149 陸續收集齊全，他整理好的內容刊載於下一頁。

蓋著筆蓋時，只能靠天冠的白星，與筆蓋飾環（參閱下一段）、筆夾及筆尾的飾環（活塞機構的一部分）來辨別，不過取下筆蓋後，便能從筆尖、筆舌、觀墨窗、握位等辨別細微的差異。

這次則更進一步，連筆舌、筆尾螺桿、天冠及筆蓋的接合方式也仔細探究。

要完全拆解 1950 年代和 1960 年代的 149，需要特殊工具，因此由我來代為拆解。1970 年代以後的筆款則由村上先生負責。右頁右下方的便是村上先生這次使用的工具。

鋼筆研究會製作了 100 個拆卸筆尾的蟹目鉗，149 和 146 筆尾裝設的軸承是相同的，因此兩者都能使用。敲擊台則是由國外網購而來，尖端磨平的五吋釘和握位護具則是村上先生的自製品，用於幫助由筆尾敲出筆尖和筆舌。這種拆解方式是「FULLHALTER」的老闆森山信彥先生所傳授的。

為什麼 149 會有如此細微的變化呢？我們可以斷言這是為了改善機能及降低成本。筆夾的強度升級、活塞機構改善書寫時的平衡，筆舌則是在防範漏墨方面不斷地改良。看得見的外觀提升了品味，至於看不見的內側，最大的變化是出現基部雙孔。另外，天冠內側的設計變更，推測應該是為了使筆夾較不易脫落。

149 還有一個神話，就是越古老的筆款越好！不過回溯了改良的歷史，會發現每個時代的 149 確實具有當時須改善的缺失。

雖然在了解缺失的前提下使用 149，也是一種愛筆的方式，但若是打算平常便使用，還是選擇最新的筆款最好。

149 之所以能以「鋼筆之王」的美譽得到眾多作家的愛戴，真正的原因或許並非「維持不變」，而是實際接納使用者的意見而「持續變化」。

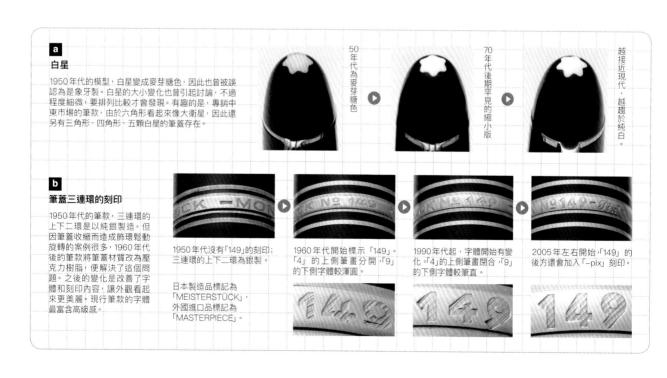

**a 白星**

1950 年代的模型，白星變成麥芽糖色，因此也曾被誤認為是象牙製。白星的大小變化也曾引起討論，不過程度細微，要排列比較才會發現。有趣的是，專銷中東市場的筆款，由六角形看起來像大衛星，因此還另有三角形、四角形、五顆白星的筆蓋存在。

50 年代為麥芽糖色

70 年代後期罕見的縮小版

越接近現代，越趨於純白。

**b 筆蓋三連環的刻印**

1950 年代的筆款，三連環的上下二環是以純銀製造。但因筆蓋收縮而造成飾環鬆動旋轉的案例很多，1960 年代後的筆款將筆蓋材質改為壓克力樹脂，便解決了這個問題。之後的變化是改善了字體和刻印內容，讓外觀看起來更美麗。現行筆款的字體最富含高級感。

日本製造品標記為「MEISTERSTÜCK」，外國進口品標記為「MASTERPIECE」。

1950 年代沒有「149」的刻印；三連環的上下二環為銀製。

1960 年代開始標示「149」。「4」的上側筆畫分開，「9」的下側字體較渾圓。

1990 年代起，字體開始有變化。「4」的上側筆畫閉合，「9」的下側字體較筆直。

2005 年左右開始，「149」的後方還會加入「-pix」刻印。

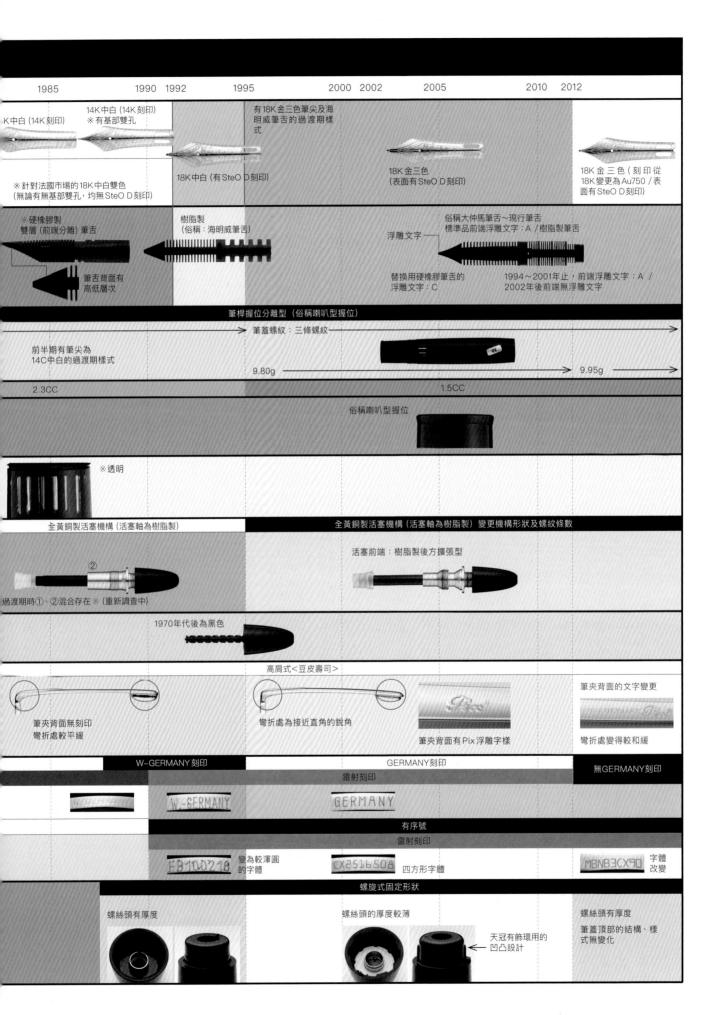

1985　1990　1992　1995　2000　2002　2005　2010　2012

K中白 (14K刻印)

14K中白 (14K刻印)
※有基部雙孔

有18K金三色筆尖及海明威筆舌的過渡期樣式

18K金三色（刻印從18K變更為Au750／表面有SteO D刻印）

※針對法國市場的18K中白雙色（無論有無基部雙孔，均無SteO D刻印）

18K中白 (有SteO D刻印)

18K金三色（表面有SteO D刻印）

※硬橡膠製雙層（前端分離）筆舌

樹脂製（俗稱：海明威筆舌）

俗稱大仲馬筆舌～現行筆舌
標準品前端浮雕文字：A／樹脂製筆舌

浮雕文字

筆舌背面有高低層次

替換用硬橡膠筆舌的浮雕文字：C

1994～2001年止，前端浮雕文字：A／
2002年後前端無浮雕文字

筆桿握位分離型（俗稱喇叭型握位）

筆蓋螺紋：三條螺紋

前半期有筆尖為14C中白的過渡期樣式

9.80g　9.95g

2.3CC　1.5CC

俗稱喇叭型握位

※透明

全黃銅製活塞機構（活塞軸為樹脂製）

全黃銅製活塞機構（活塞軸為樹脂製）變更機構形狀及螺紋條數

活塞前端：樹脂製後方擴張型

過渡期時①、②混合存在※（重新調查中）

1970年代後為黑色

高肩式＜豆皮壽司＞

筆夾背面的文字變更

筆夾背面無刻印
彎折處較平緩

彎折處為接近直角的銳角

筆夾背面有Pix浮雕字樣

彎折處變得較和緩

W-GERMANY刻印　GERMANY刻印　無GERMANY刻印

雷射刻印

W-GERMANY　GERMANY

有序號

雷射刻印

FB100218　變為較渾圓的字體

CX2516508　四方形字體

MBNB3CX90　字體改變

螺旋式固定形狀

螺絲頭有厚度

螺絲頭的厚度較薄

天冠有飾環用的凹凸設計

螺絲頭有厚度
筆蓋頂部的結構、樣式無變化

# MONTBLANC 149 各年代零件演進表

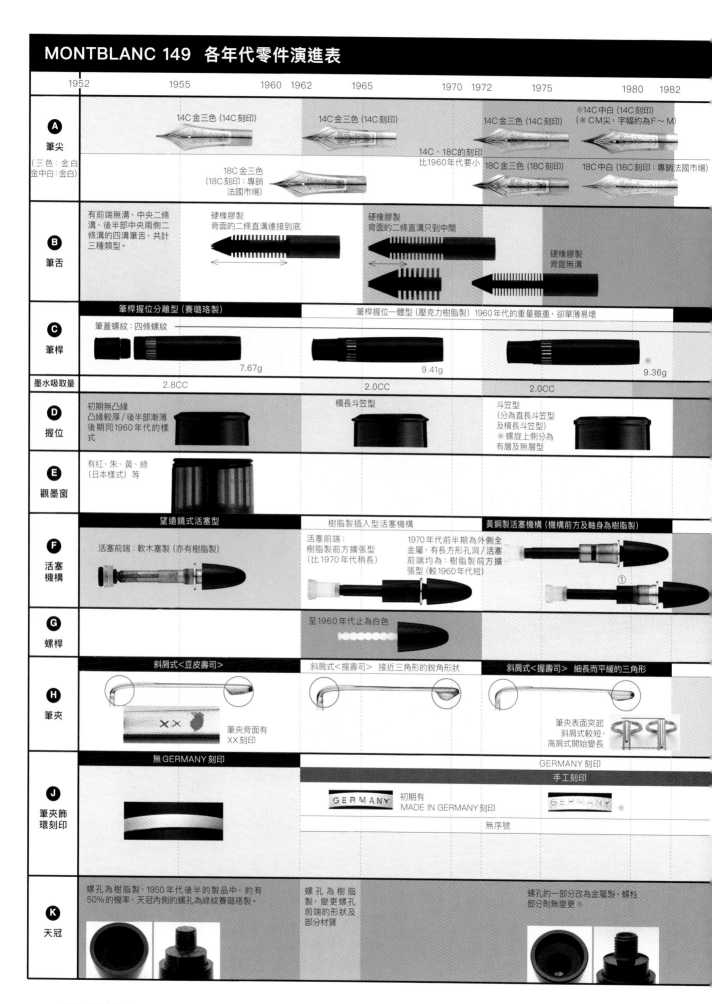

| | 1952 | 1955 | 1960 1962 | 1965 | 1970 1972 | 1975 | 1980 1982 |
|---|---|---|---|---|---|---|---|

**A 筆尖**
（三色：金白
金中白：金白）

14C金三色 (14C刻印)　14C金三色 (14C刻印)　14C金三色 (14C刻印)　※14C中白 (14C刻印)（※CM尖，字幅約為F～M）
18C金三色 (18C刻印：專銷法國市場)
14C、18C的刻印比1960年代要小
18C金三色 (18C刻印)　18C中白 (18C刻印：專銷法國市場)

**B 筆舌**

有前端無溝、中央二溝、後半部中央兩側二條溝的四溝筆舌，共計三種類型。
硬橡膠製　背面的二條直溝連接到底
硬橡膠製　背面的二條直溝只到中間
硬橡膠製　背面無溝

**C 筆桿**

筆桿握位分離型 (賽璐珞製)　筆蓋螺紋：四條螺紋
筆桿握位一體型 (壓克力樹脂製) 1960年代的重量雖重，卻單薄易壞
7.67g　9.41g　※ 9.36g

**墨水吸取量**　2.8CC　2.0CC　2.0CC

**D 握位**
初期無凸緣　凸緣較厚/後半部漸薄　後期同1960年代的樣式
橫長斗笠型
斗笠型 (分為直長斗笠型及橫長斗笠型)　※螺旋上側分為有層及無層型

**E 觀墨窗**
有紅、朱、黃、綠 (日本樣式) 等

**F 活塞機構**
望遠鏡式活塞型　活塞前端：軟木塞製 (亦有樹脂製)
樹脂製插入型活塞機構　活塞前端：樹脂製前方擴張型 (比1970年代稍長)
黃銅製活塞機構 (機構前方及軸身為樹脂製)　1970年代前半期為外側全金屬，有長方形孔洞/活塞前端均為：樹脂製前方擴張型 (較1960年代短)　①

**G 螺桿**
至1960年代止為白色

**H 筆夾**
斜肩式<豆皮壽司>　筆夾背面有XX刻印
斜肩式<握壽司> 接近三角形的銳角形狀
斜肩式<握壽司> 細長而平緩的三角形　筆夾表面突起斜肩式較短，高肩式開始變長

**J 筆夾飾環刻印**
無GERMANY刻印
GERMANY刻印　手工刻印
GERMANY 初期有 MADE IN GERMANY刻印　GERMANY ※　無序號

**K 天冠**
螺孔為樹脂製，1950年代後半的製品中，約有50%的機率，天冠內側的螺孔為綠紋賽璐珞製。
螺孔為樹脂製，變更螺孔前端的形狀及部分材質
螺孔的一部分改為金屬製，螺杜部分則無變更※

※以作家開高健先生使用的款式為示範。除了筆尖粗細外，還須滿足全零件齊全的條件，只有筆尖種類或只有年代符合，也不能稱為開高模式/切換年代純屬推測。2014年以後的款式為假設。
報導年份：2013年9月

## 探索鋼筆的普遍性與變遷

領先在旗艦商品149之前，
萬寶龍 146早在1940年代後半誕生。
問世以來，146不但明確彰顯萬寶龍的風格，
更作為鋼筆的象徵，受到許多人愛用。

攝影 / 平野愛

# MONTBLANC 146

## 2005 Line-up

### 2005年的146和衍生款式

**146**
Meisterstück LeGrand含稅售價：59,000日圓
14K金筆尖的基本款式。

實物大

### 其他與146同尺寸的款式

※ P146為Meisterstück，其他產品屬於Meisterstück Solitaire Collection

**P146**
Platinum Line LeGrand含稅售價：62,000 日圓
筆蓋尾端的三連環、筆夾等裝飾部位鍍白金的LeGrand。

**23346**
Doué 不銹鋼含稅售價：82,000 日圓
筆尖是18K金（以下所有Solitaire Collection都一樣）。
筆桿使用高級樹脂（Precious Resin）。

**14146**
Doué 含稅售價：98,000 日圓
筆蓋材料是鍍金黃銅，刻有極細的直條圖樣。

**1461**
Doué Sterling Silver含稅售價：98,000 日圓
筆蓋使用925純銀製作。三連環和筆夾使用鍍金的銀打造。

**23546**
Carbon Steel含稅售價：102,000 日圓
碳纖維製的筆蓋。筆桿和三連環是不銹鋼。筆夾鍍有白金。

**23846**
StainlessSteel II 含稅售價：111,000 日圓
全不銹鋼製作。筆蓋有雷射雕刻的格子紋樣。

**23246**
Haematite Steel含稅售價：123,000 日圓
以氧化鐵形成的礦物「赤鐵礦」作為筆蓋外層裝飾的款式。

**23646**
Pure Silver含稅售價：131,000 日圓
925純銀製。以粗細凹凸各有變化的直條紋作為外觀點綴。

**1468**
Sterling Silver含稅售價：142,000 日圓
不只是筆蓋，連筆桿也使用925 純銀的高級款式。

**23767**
Citrine含稅售價：176,000 日圓
筆桿和裝飾部位鍍金，筆蓋是塗上樹脂加工過的Citrine（黃水晶）。

# Professional User

## 讓我學會如何與鋼筆相處的
MONTBLANC 146

鳥海忠

鳥海忠的簡介，以及MONTBLANC 74的介紹請參照83頁。

在我二十七歲到三十二歲的五年間，我尋找技能在149，握在手上就是覺得粗糙的稿紙上手寫主播新聞稿，最後找到的是60年代萬寶龍兩位數系列的74號鋼筆，這款鋼筆讓我感到心滿意足，也因此更加佩服鋼筆，又買下了後續的經典系列。我也使用了表現不錯的Pelikan（百利金）、Parker（派克）、SHEAFFER（西華）、LAMY（拉米）等外國品牌鋼筆撰寫新聞稿。不過在短期之內，我還沒有遇到筆觸能超越74的鋼筆。在萬寶龍品牌裡，還有另一支吸引我的鋼筆，那就是146。

146現在叫做「Meisterstück」。以前叫做「Masterpiece」。兩個詞都是「傑作」的意思，只不過Masterpiece是英文，Meisterstück是德文。

我對於74的筆尖柔軟度、墨流順暢度，以及筆桿的粗細均衡都感到滿意。尤其筆桿粗細對我的手掌來說剛剛好，而我覺得146有點太粗。偶爾在文具店或阿美橫町挑選鋼筆時，也有機會試寫146，但始終沒有購買。

可是在多次拿起146，寫下我的名字鳥海忠，也就是我最常用的文字之後，有一點讓我感受到這是一支好筆。那就是大型合金筆尖的優越韌性、彈力。那種比74還要堅韌、柔軟的感覺漸漸籠絡了我的心。

問題在於筆桿的粗細。我使用卡尺測量過，74的直徑是11mm，146則是12.9mm。差距不大，可是我就是在意這點差距，就這樣蹉跎地放過146。

後來不記得是什麼機會，我起心動念想要先買一支146，於是買下了146的中字（M尖）。使用後不覺得筆桿粗細有什麼問題。確實比74粗，但這也沒什麼不好。拿在手上時，能看看我手上的鋼筆。

昭和63年（1988年）秋天，我在光文社出版了《講究的文具》（こだわり文房具）一書。當時在萬寶龍日本代理商「鑽石產業」任職的森山信彥先生閱讀後，特別來拜訪我。他希望幫我調整鋼筆。

我照著森山先生的指示，在他面前來回寫了十幾次自己的名字。森山先生仔細觀察後，帶走幾支我的鋼筆，要幫我調整筆尖。過一陣子，146回到我手上時，試寫146，書寫感真的像是為了我重新打造過一樣。之後我又買進了146，這次我買的是粗字筆尖（B尖）。

後來，森山先生獨立創業，成為鋼筆專門店「FULLHALTER」的店主。

森山先生在鑽石產業任職時，擔任萬寶龍鋼筆的調整工作，經手過上萬支鋼筆。另外，他也曾經前往萬寶龍的漢堡總公司，參加筆尖調整研習。聽說當時總公司的幹部對森山先生的優越技術感到驚艷，還下令「以森山為模範」。

森山先生發展出使用粗字（B尖）或極粗字（BB尖）筆尖磨平邊角，改造成柔順的中字（M尖）筆尖，任何角度都能順暢書寫的森山式調整法。

我也曾經請森山先生幫我將一支146的BB筆尖，也就是極粗字筆尖調整成森山式筆尖。結果不禁讓我感歎，鋼筆竟然能這樣毫無阻力地在紙上滑動，好像文字不是我寫的，而是從筆尖自然湧出的一樣。

我開始使用146，又請森山先生調整筆尖之後，理解到維持鋼筆性能的訣竅。那就是要日常使用、大量書寫，偶爾請專家調整。

我瞭解到天下沒有一支鋼筆的書寫感是人人通用的。筆尖的書寫感會隨使用者而異，每個人有每個人的最佳鋼筆。這應該是其他文具不可能有的特性吧。

現在我有五支146，一支將146筆桿和筆蓋的改為925純銀的萬寶龍1468。這些年來我前後買過差不多七十支鋼筆，在其中我最喜愛的無疑是146。

### 第一代的全長有明顯的個體差異

在1950年~60年代生產的款式裡，製造過程有一大半是手工作業，所以產品間常常出現手工產生的個體差異。146的第一代有明顯的個體差異，這次用來評比的三支第一代鋼筆，全長各有1~2mm的差距。我們推測這是最終調整時，在研磨過程中產生的誤差。

## 1950's

1949年時，創生在1924年，成為萬寶龍鋼筆代名詞的「Meisterstück」造型全面翻新。以被形容為「魚雷型」的輪廓造型，推出146和144 (142在1950年，149在1952年上市)。

# Generation

### 再度挑戰！
### 探索MONTBLANC 146的世代差異

我們在前面章節試著調查萬寶龍Meisterstück最大型鋼筆149的改款變遷過程。在本篇，我們嘗試比較中型鋼筆146的各個世代。現存的古董筆是長期使用的實用品，很可能在修理、調整時更換過零件，世代間的變化沒有149那麼明確。不過後來我們發現，146可以大致區分成四個世代，而現行產品又回歸到50年代的造型了。

特別致謝 / MORI Mutsumi, TANIGAWA Midori, FURUYAMA Kouichi, SHIMADA Shuuichi, SAHARA Minoru, TARUSAWA Kimihiko
攝影 / 北鄉仁

### 空白的1960年代

1960年，Meisterstück 146、144、142這三款產品停止生產，另外推出被稱為「經典設計」的兩位數系列產品（詳細參照77頁）。1974年，恢復生產146 (144在1979年恢復生產)。也就是說，在146的生產紀錄中，有一段十四年的空白期間。

## 1970's

正確來說是146剛恢復生產時的1974年款式。尾栓比50年代款式長，整支筆的兩端顯得更尖銳。筆尖初期使用「18C」，後期改為「14C」。

## 1980's

和上列的70年代款式的分界不明顯，但是在80年代，筆尖的標示從「14C」換成了「14K」。

## 2005年

90年代起的現行款式。筆尖的裝飾、樸素的筆蓋環刻印、觀墨窗的條紋模樣等等，各方面的設計模仿50年代的第一代產品。

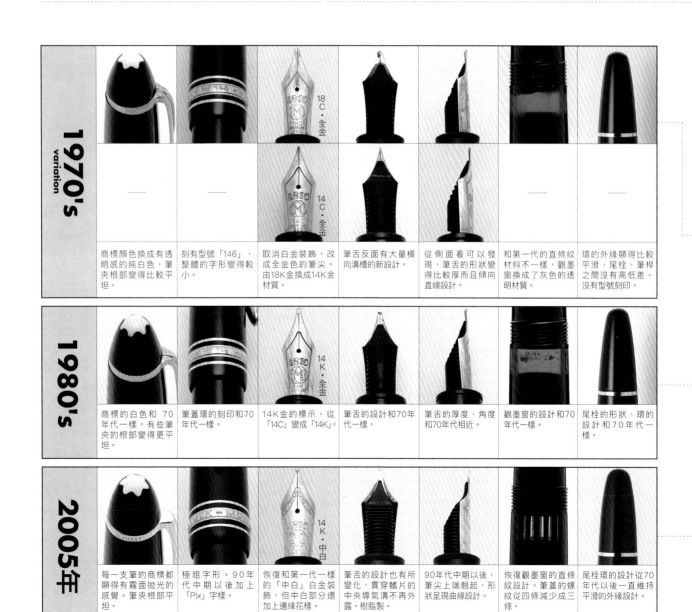

| | 白星＆筆夾根部 | 筆蓋環的刻印 | 筆尖·正面 | 筆舌·反面 | 筆尖·筆舌側面 | 觀墨窗 | 尾栓環與刻印 |
|---|---|---|---|---|---|---|---|
| **1950's** variation | 第一代特有的象牙白色。筆夾根部的厚度有時候會不一樣。 | 字體較寬，有明顯的刻印。後期開始刻有「146」的型號標示。 | 中央部分有白金裝飾的「中白」。某些款式的「M」字設計會有所不同。 | 中央有兩道排氣溝的設計。硬質橡膠製。 | 筆舌較薄。某些款式採用這個時代特有的球形銥點。<br>球型銥點的形狀，會從筆尖朝上側翹起。 | 可以觀測墨水顏色跟剩餘容量的觀墨窗上，有著條紋花樣。 | 環的外圍線條圓潤。除了型號以外，使用球型銥點的筆會刻有「KOB」＊刻印。 |
| **1970's** variation | 商標顏色換成有透明感的純白色，筆夾根部變得比較平坦。 | 刻有型號「146」，整體的字形變得較小。 | 取消白金裝飾，改成全金色的筆尖。由18K金換成14K金材質。 | 筆舌反面有大量橫向溝槽的新設計。 | 從側面看可以發現，筆舌的形狀變得比較厚而且傾向直線設計。 | 和第一代的直條紋材料不一樣，觀墨窗換成了灰色的透明材質。 | 環的外緣顯得比較平滑，尾栓、筆桿之間沒有高低差。沒有型號刻印。 |
| **1980's** | 商標的白色和70年代一樣。有些筆夾的根部變得更平坦。 | 筆蓋環的刻印和70年代一樣。 | 14K金的標示，從「14C」變成「14K」。 | 筆舌的設計和70年代一樣。 | 筆舌的厚度、角度和70年代相近。 | 觀墨窗的設計和70年代一樣。 | 尾栓的形狀、環的設計和70年代一樣。 |
| **2005年** | 每一支筆的商標都顯得有霧面拋光的感覺。筆夾根部平坦。 | 極粗字形。90年代中期以後加上「Pix」字樣。 | 恢復和第一代一樣的「中白」白金裝飾，但中白部分還加上邊緣花樣。 | 筆舌的設計也有所變化，貫穿鰭片的中央導氣溝不再外露。樹脂製。 | 90年代中期以後，筆尖上端翹起，形狀呈現曲線設計。 | 恢復觀墨窗的直條紋設計。筆蓋的螺紋從四條減少成三條。 | 尾栓環的設計從70年代以後一直維持平滑的外緣設計。 |

＊球型銥點的原文為Kugel nib。

# 146的筆尖

# MONTBLANC

### Meisterstück 146

在大家熟悉的Meisterstück系列中，146相當受到品牌愛好者歡迎。筆尖從EF到OBB一共有八種可選擇。
14K金筆尖，EF、F、M、B、BB、OM、OB、OBB，
73,500日圓

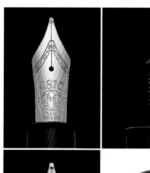

14K金筆尖。形狀比較扁平，但堅硬又具有復原力。

---

## *Column*

### 系列四種款式的印象

在Meisterstück系列之中，各種款式間不只是筆尖尺寸不同，形狀也有少許的差異。149的筆尖比較扁平，合金比例偏硬，適合大量書寫的人。145則稍微軟了一點。體型嬌小的114的筆尖彎曲率較高，觸感偏硬。除了筆桿的粗細以外，筆觸也是挑選筆時的重要條件之一。

149　　　　　146

145　　　　　114

---

## *Variation*

早年的萬寶龍筆尖比較傾向於三角研磨，但最近的筆尖不同。EF～M採用圓形研磨，B以上則比較類似方形研磨。B以上的筆尖顯得比較有稜有角，和LAMY鋼筆是同樣的傾向。

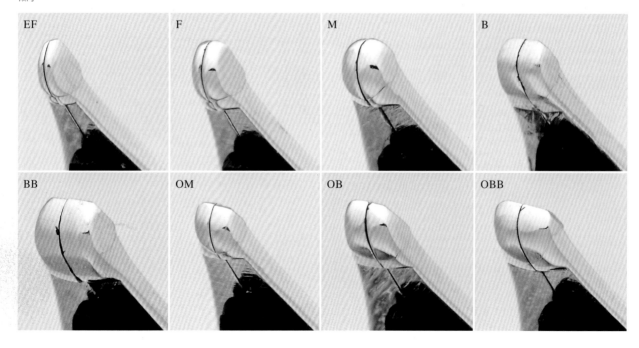

| EF | F | M | B |
| BB | OM | OB | OBB |

# 萬寶龍與它的
# 愛用者們

常年使用並接觸萬寶龍鋼筆，深深為作工品質一流的高級鋼筆讚歎與癡迷。

作為萬寶龍技師，他們將告訴你我，這些鋼筆的迷人之處。

經營此道超過30年
老練的筆尖研磨技師
長年愛用的銀筆桿萬寶龍

愛用品

**MONTBLANC
MEISTERSTÜCK 1468**

這是「FULLHALTER」的森山信彥
先生使用約20年的萬寶龍鋼筆。原
本是幾乎全銀製的MONTBLANC
1468，在經過修理筆尖、更換筆蓋
之後，和原本的模樣已經有很大的
差異。筆尖和筆舌與個人調製的深綠
色墨水相融合，醞釀出一種獨特的風
格。

# 森山信彥

FULLHALTER 店主（報導刊登當時 64 歲）

會在持續使用下漸漸接近物主的理想

在現在這個時代，別處找不到這種工具了

Profile
森山信彥

1945年生於北海道・札幌市。1977年，在當時的萬寶龍進口商鑽石產業就職。之後經手鋼筆筆尖調整工作。1993年獨立，在東京・大井町開設「FULLHALTER」。

這是成為「FULLHALTER」形象色彩的綠色墨水。「原本我就喜歡綠色。70年代時我使用的是萬寶龍的綠色。後來萬寶龍改推英國賽車綠色，我就換成使用百利金的綠色了。趁著自己開店的機會，我試著調出自己喜歡使用的色彩。」很遺憾的由於其中添加了不適合鋼筆使用的墨水，故此為非賣品。

在一年之中，鋼筆最活躍的就是寫賀年卡時了。為了寫出宛如毛筆的筆致，讓文字更有風味，森山先生使用的是自己調整過筆尖的鋼筆。每年大概要寄出五百張左右，全部都是用鋼筆手寫的。

愛用的鋼筆＆墨水

| 支數 | 到這年紀已經搞不清楚了 |
| --- | --- |
| 挑一支最愛的吧 | 銀筆桿的 MONTBLANC 1468 |
| 喜歡的墨水 | 自己調製的綠色 |

我們向森山先生借來兩支長期使用的鋼筆，仔細觀察筆尖的形狀。「很久以前為了自己使用調整過，之後順著自己的書寫角度慢慢磨耗成這個樣子。大家可以參考，當作長年熟成的一個基準。」

**MONTBLANC
MEISTERSTÜCK 1468**

**MONTBLANC
MEISTERSTÜCK 1468**

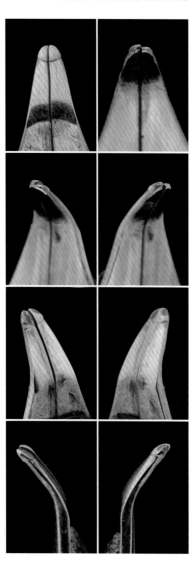

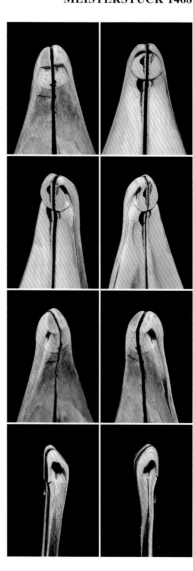

森山先生喜歡和筆尖一樣、長期使用後能夠培育出風味的銀筆桿。所以他愛用MONTBLANC 1468。這支筆連續使用約有十年，途中修理過筆尖、更換過筆蓋，變成今天這個造型。為了能在賀年卡上寫書法，筆尖彎折成個人專用的角度。

這是送給學生時期打工認識，到現在還有往來的學長，充滿紀念性意義一支筆。後來學長把筆尖摔歪了，鋼筆又回到森山先生手上。筆尖重新調整可以使用的狀態。「因為是自己要用的，能寫就好，沒有多費力修理。所以才會變成這個形狀……」

森山先生是熱愛鋼筆、擁有絕佳技術的筆尖研磨技師。當然賀年卡和店裡的保證書也全都是手寫的。最近10年來他使用的是銀筆桿的萬寶龍。筆尖前端向他借來觀察筆尖。我們順著森山先生的書寫角度磨耗，呈現出特別的形狀。在森山先生心目中，鋼筆的魅力所在是……

「筆尖在使用下漸漸研磨，接近物主理想中的筆尖形狀。鋼筆必須在物主使用下逐漸熟成，優點不會馬上發現。慢慢地在不知不覺中，確實地越來越好。在現在這個時代，別處找不到這種工具了。鋼筆可以使用一輩子，小心使用的話甚至於可以傳承給孫子。」

凡是購買鋼筆，就可以領到店裡發行的保證書。當然這也是使用綠色墨水手寫的。

# 森山信彥的研磨技術

研磨技師能觀察使用者的書寫角度，研磨出最佳的筆尖角度。以下要介紹這種技術的範例。我們使用百樂的CUSTOM 74（BB尖），重新研磨出三角、圓形、方形等筆尖。研磨時不只是能配合方便書寫的角度，也可以將筆尖研磨成能在紙上寫出想要表現的線條。

「對工匠和職業體育選手來說，原則都是一樣的。就是要講究如何從自己的動作中排除多餘的施力。這點對寫字用的工具來說也是相同的。最能夠放鬆力量的工具是毛筆。可是毛筆不容易控制也不容易攜帶。鋼筆能夠像毛筆一樣放鬆力道寫字，而且筆尖有適當的硬度，可以在施力的狀況下使用。當手習慣了之後，自然會放鬆力量，姿勢變得漂亮，字體也就自然地美麗了。而且持續使用鋼筆寫字，字跡會漸漸放鬆地接近當事人的個性。因為鋼筆也是能夠把物主的個性反映在紙上的工具。一旦能顯露出個人風格的話，寫字好不好看也就沒多大問題了。從這角度來說，鋼筆和其他的書寫工具有明顯的差異，我會愛上鋼筆的最大的理由也就在這裡。我想我的工作，就是幫助鋼筆盡可能及早接近物主的理想。」

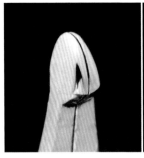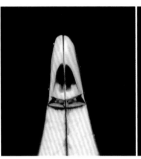

### 三角研磨

從幾乎呈球狀的筆尖細細研磨的成果。如果再研磨得更細，可以磨成F或EF的筆尖。這種研磨法的特徵是，和市售的EF筆尖比起來銥點較長，能在紙上順利書寫的容許角度範圍更寬。

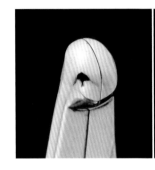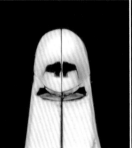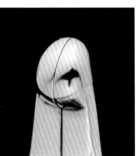

### 圓形研磨

對於筆桿的傾斜角度、迴轉角度的容許範圍較寬，適合大多數人的研磨方法。書寫筆觸順暢，縱、橫線的粗細幾乎相同。

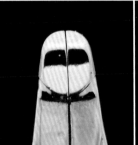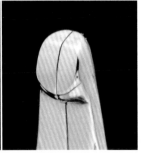

### 方形研磨

因為銥點朝橫向延展，對於筆桿扭轉角度的容許範圍較小。邊角打磨的角度獨到，幾乎沒有卡紙的感覺。橫線細、直線粗，可以寫出具有鋼筆風格的線條。

---

**FULLHALTER**
東京都品川區東大井5-26-20
アクシルコート大井仙台坂1F
（從JR大井町站徒步約5分）
TEL / FAX：03-3471-7378
營業時間：平日11:00～17:00
週六日假日9:00～15:00
公休日：週二・三

森山先生會配合使用者的握筆方式與角度重新研磨筆尖。所以基本上要面對面觀察使用角度後才售出鋼筆（尤其針對初次到訪的客人）。http://www.fullhalter.jp

### 追求最佳筆觸的人聚集的店
### FULLHALTER

第一次購買鋼筆的人最應該探訪的一家店。森山先生會在店裡暢談鋼筆真正的魅力、使用建議、遇到適合自己的筆尖時的快感等。熱心引導初學者，對於鋼筆愛好者來說，是個能悠閒漫談的沙龍空間。在「FULLHALTER」購買的鋼筆可以免費接受調整服務。

圖／文
古山浩一

# 鋼筆高手

萬寶龍
修理技師　小野妙信

有錢就買149，沒錢的話，存錢買149！

**Profile**

古山浩一

1955年出生。職業畫家。使用鋼筆描繪著獨特的世界觀。出身於筑波大學研究所藝術專科。曾經出版記載著支持鋼筆文化的人物紀錄的《鋼筆高手》（万年筆の達人，枻出版社）、與世界級鋼筆蒐藏家角南雅道共同著作的《鋼筆編年史》（万年筆クロニクル，枻出版社）《四支海明威·實錄鋼筆的故事》（4本のヘミングウェイ·実錄万年筆物語，Green Arrow出版社）《快樂鋼筆畫入門》（樂しい万年筆画入門，枻出版社）《背包高手》（カバンの達人，枻出版社）等多本著作。

http://www.entotsu.net

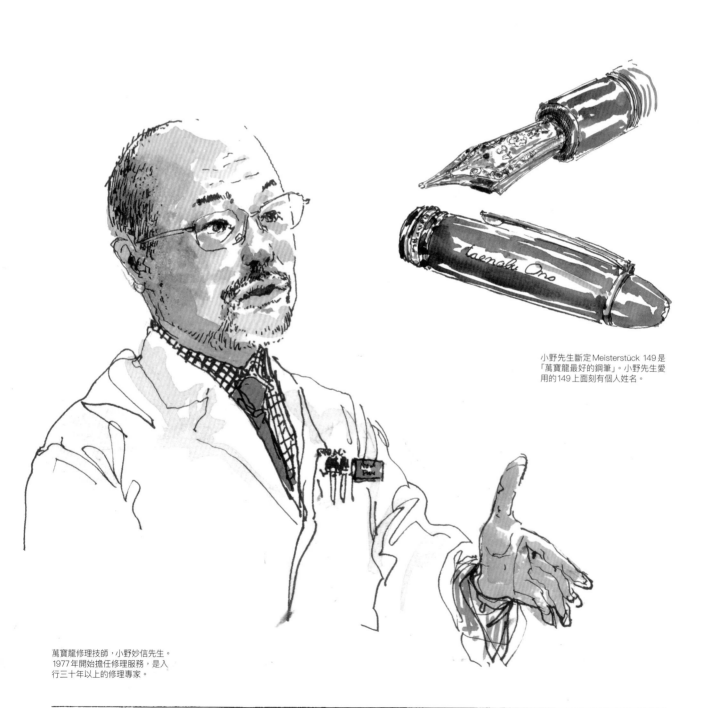

小野先生斷定Meisterstück 149是「萬寶龍最好的鋼筆」。小野先生愛用的149上面刻有個人姓名。

萬寶龍修理技師，小野妙信先生。1977年開始擔任修理服務，是入行三十年以上的修理專家。

萬寶龍從2009年開始，推出在全日本巡迴舉辦的維修服務「MEET THE MEISTER」。舊款的鋼筆也在服務對象之中，對於使用者來說，真是苦等多年的好消息。

這項服務的修理技師是小野妙信先生。小野先生早年任職於萬寶龍進口代理商「鑽石產業」，年資極深。在萬寶龍經營狀況激烈變動的三十年裡，始終堅持著身在萬寶龍的職業生涯。

小野先生出生在大阪。中學時代是個熱衷於游泳、滑雪的運動好手。尤其喜好滑雪，畢業後前往北海道就讀畜產相關的大學。在北海道迷上了山路滑雪，一到冬天就泡在山上捨不得離開。畢業後回到大阪，在食品公司就業。當時經濟景氣，工作非常忙碌，連享受休假的餘力都沒有。小野先生決心尋找週休二日的公司轉行，最後找上鑽石產業。據說當年競爭激烈，五十人裡只有一個人能成功應徵。這一年是1976年，小野先生二十六歲。

進入鑽石產業大阪營業所後，小野先生被分發到販賣促進課，第一件工作是調查九州以外的西日本地區萬寶龍經銷店。在這之前沒有正確的萬寶龍經銷店地區分布圖，小野先生是第一個弄清楚西日本地區哪裡銷售哪些萬寶龍產品的人物。這份工作非常吃力，通常出差行程是三天兩夜，在特急列車會停車的地方下車後，必須四處走訪文具店。一來要調查每家商店銷售的萬寶龍產品種類，再來還要帶著展示用樣本指導店家擺設方法。

可是當時的店主認為自己比較懂鋼筆，「臭小子！你懂什麼！」常常當面給他難堪。不過在這景氣良好的時代，工作結束後常常會大家齊聚暢飲。在現在這種繁忙的人際交流，在現在這個時代很難想像。而且在這經濟高度成長期之中，文具是很暢銷的商品。小野先生曾經接過一萬支一萬日圓原子筆的訂單，三千支左右的訂單也很常見。訂單一來，公司內就必須不分部門，抽調人手協助包裝，在忙碌之中依舊充滿活力。

一年後公司內部募集轉調修理部的人員。覺得業務工作疲於奔命的小野先生馬上跳出來應徵了。所謂的命運，是很有趣的事情。現在萬寶龍修理技師的代表人物，在當年並非照自己的意思走進這個工作行列

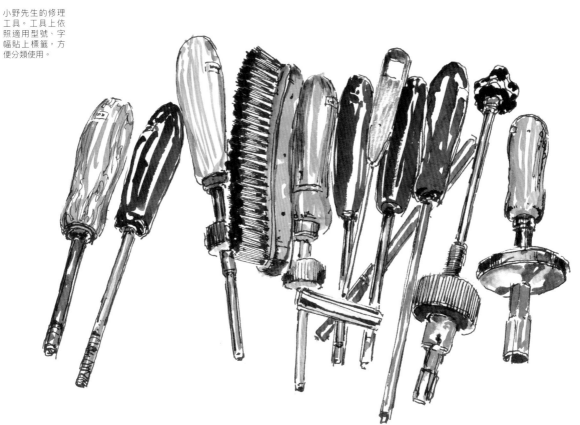

小野先生的修理工具。工具上依照適用型號、字幅貼上標籤，方便分類使用。

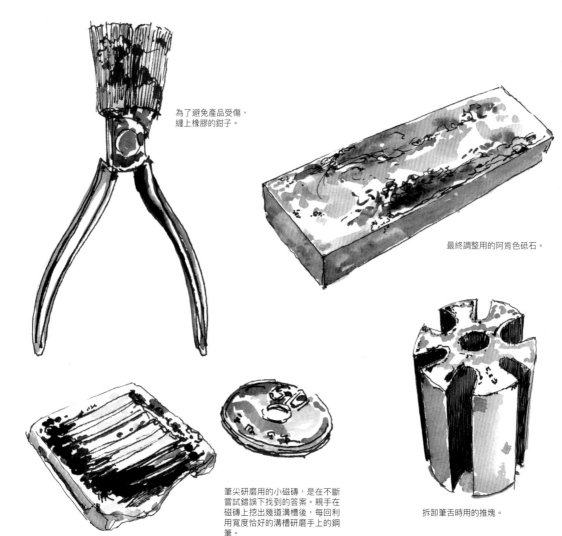

為了避免產品受傷，纏上橡膠的鉗子。

最終調整用的阿肯色砥石。

筆尖研磨用的小磁磚，是在不斷嘗試錯誤下找到的答案。親手在磁磚上挖出幾道溝槽後，每回利用寬度恰好的溝槽研磨手上的鋼筆。

拆卸筆舌時用的推塊。

的。當然小野先生對調整工作完全外行。最初經手的工作，是各式鋼筆的分解與組裝。之後才接手送修品的翻修，負責不良零件的更換與清洗。再來才輪到筆尖拗折的修復訓練。公司會教導基本的處理方法，但是每個案例的狀況各有不同，因應方法必須靠自己在實驗中自行研究。

如果以為修理部只要負責修理就好，那可是誤會大了。這個部門同時也要應對顧客的要求、期望、諮詢。在顧客之中，不乏提出無理難題的人。對這種客戶，必須一再說明維修工作的能力所及範圍，直到對方理解。也有些顧客會提出不合常理的要求，設法滿足這種客人的經驗，使得小野先生獲得徹底的磨練。「我覺得，在緊迫的條件下精確完成調整的經驗是有必要的。如果想要在顧客的深切期待下精準的完成工作，自己心底沒有一套對鋼筆調整的標準的話，那是應付不過去的。從這個角度來說，年輕的調整師有必要讓客人狠狠的操練操練。」當時是鋼筆的鼎盛時期，包括原子筆在內，每個月送修的產品大約有一千支。一天平均必須完成五十支的修理工作。有些只要

更換零件或清洗就可以完成，但有些在顧客嘗試自行修理之下，已經嚴重變形。這種狀況的筆一樣要在當天完成維修。因此必須徹底省略多餘的步驟，迅速找出要點，精確地動手修理。小野先生的修理速度向來受人肯定，這也是長年磨練之下獲得的成果。

小野先生在進行調整時還有另一個準則，那就是絕對不會回絕顧客的期望。以他的地位，大可以表示「鋼筆的研磨就是該這樣！」轉而要求「應該這麼使用。」但是小野先生認為，這是不該說的話。因為「鋼筆是給人使用的工具。不應該是人去配合工具，而是工具要配合人。把客人的嘴堵住了，自己就再也不會成長了。我就算遇到難題，也不會說不幹。所以就算碰到客人提出非常困難的要求，只要那還在我的能力範圍內，我會表示：沒辦法立刻做到，但一定會設法解決，請把東西寄放在我這裡，給我一點時間。每次遇到顧客給我出難題，我就會想：好啊，那我來想辦法解決。」

和小野先生暢談時，常常會出現「自我成長」這個詞彙，這是一流工匠共通的語彙。要創造新的作品、開創新的境地

時，由於會否定過去的成果，必須讓自己持續處在不安定的地位。這是很痛苦的事情，因為每個人都期望趨吉避凶，輕鬆度日。然而得來穩定，也就失去展翅飛翔的空間。據說小野先生直到八年前才認為自己已經成為獨當一面的工匠，到現在他仍然在追求更進一步的調整技術。

儘管如此，無論多麼盡力，調整師也只能做到百分之九十五。最後百分之五必須由物主自己長期使用，培訓出自己的筆尖。調整師無法展現對物主的鋼筆，才能展現對物主來說百分之一百二十的筆觸。符合了個人習慣的鋼筆，會是當事人的寶物。小野先生說：「到了這個階段的鋼筆，絕對不可以借人用。父母、兄弟、老婆小孩都不行。真的想把借人用的話，我建議另外買一支出借專用的。」

我們向小野先生請教調整筆尖的基本工程。「首先，筆尖朝上，把鋼筆垂直立在桌面上。再來依序檢查筆尖前端、中段、根部有沒有扭曲。之後檢查從中縫到通氣孔這段筆尖有沒有對齊。排除這些部位的變形問題後，調整已經完成百分之五十了。另外筆尖前端的銥點研磨，基本上不要磨出左右對稱的對角。每一個筆尖都有自己的個性，要根據這些特性，配合客人的寫字力道與角度調節。」

小野先生的調整工具，為了因應種類繁多的萬寶龍產品，多年來也衍生了大量的庫存。另外他還自己改裝鉗子，在前端捲上橡膠。讓我們更覺得有趣的，是研磨筆尖用的，帶有溝槽的方形扁平石片。原來這其實是一塊磁磚。磁磚上的溝槽，也是小野先生自己挖出來的，每次磨筆尖時都會挑選最適合的溝槽進行研磨。他表示，在經過無數次的嘗試之後，這塊磁磚是最理想的結果。這真是個盲點，大出我們的意料。筆尖研磨的最後整修，使用的砥石是阿肯色石。據說完工時把筆尖在這上頭輕輕一抹，整個筆觸會變得順暢無比。原來筆尖調整的工作，功夫是這樣深奧。

如果要談論小野先生這個人，那他多采多姿的休閒活動是不可或缺的。小野先生不會把工作帶回家。在工匠之中，有許多人一熱衷起來，就不論身在公司或家庭，直到完工才會醒過來。而小野先生有趣的地方在於，他明確表示「鋼筆是我的工作」。相對的，他會投入全部心神的興趣相當多。例如方才提過，他在學生時代熱衷於山路滑雪。然而在大阪郊區，這是不可能的事情，而人工滑雪場已經不能滿足他的要求。所以他轉移目標，三十多歲時開始玩遊艇、高爾夫球。到了三十八歲時，又迷上了釣日本白鯽魚。這也是一門深奧的學問，光是準備釣竿就耗費不少心力，名人級工匠的釣竿價錢更是讓人吃不消。後來又開始假餌海釣活動，休假時常常到車程兩、三小時遠的地方，搭船釣上一整大的魚。

同時他又迷上了觀看文樂（傳統人偶戲）。他對於文樂的興致非常高昂。原本小野先生就喜歡購買歷史書籍，如今更是把買得到手的文樂相關文獻都買了下來。他還加入了文

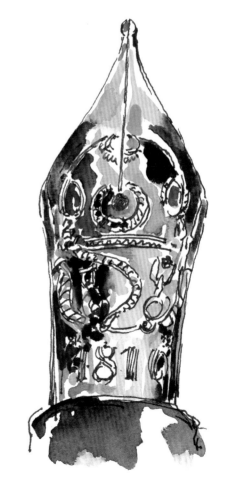

2003年的作家系列「朱爾・凡爾納」是他愛用的鋼筆之一。

樂會，每次有公演活動時，不坐在最好的位置看戲就不甘心。預約購票通常從10點整開放購票，小野先生會拉著老婆、女兒一起下水打預約電話。他和女兒的電話一秒鐘可以撥通電話，太太的電話需要兩秒。於是他讓太太在9點59

分58秒開始撥號，自己和女兒在59秒時開始撥號。每次預約買票時都要這樣搞上一回，要是拍成電影的話，應該會是很有趣的畫面吧。

我們又向小野先生詢問，什麼是最好的鋼筆了。「那就是149了。大型筆尖的彈力、

由左起是作家系列：海明威（1992年）、阿嘉莎・克莉絲蒂（1993年）、大仲馬（1996年）。

筆桿重量、粗細、材質、筆尖與筆蓋的氣密性、墨水容量等，幾乎不會漏墨水等，每一項條件的均衡都非常完美。所以只要有客人問我什麼樣的鋼筆比較好，我都會回答說，有錢就買149，沒錢的話，就存錢買149。149就是這麼樣無懈可擊的鋼筆。」

當然小野先生常用的鋼筆也是149。現在使用的鋼筆已經有三十年歷史了，可是外觀光亮，完好如初。雖然沒有新品的光澤，但是具有長期使用產生的美感。小野先生說「鋼筆一定要放在筆袋裡面保管。這一來可以避免刮傷，二來可以避免墜落或遺失等意外。更重要的是這延長了筆的壽命。」另外小野先生建議我們購買F尖和B尖兩支鋼筆。因為F尖和B尖的用途和使用方式不同，如果想體會鋼筆的好

處，最好能各擁有一支。

當我們問小野先生，除了149以外還有沒有喜歡的鋼筆時，他毫不思索地回答是羅倫佐・德・麥迪奇（藝術贊助系列1992年推出的第一支紀念筆）。遺憾的是在發售當時價位已經高達20萬日圓以上，沒有足夠的財力蒐集。他另外還喜歡海明威、阿嘉莎・克莉絲蒂、大仲馬、朱爾・凡爾納等作家系列的產品。

幸好有小野先生這樣的人存在，才能讓萬寶龍鋼筆的愛好者，擁有最佳的個人用筆。

「高手」　Profile

小野妙信

1950年出生在大阪。1977年起擔任萬寶龍筆記用具的維修服務。長年下來經手修理的筆高達數十萬支。2009年起加入萬寶龍修理診所「MEET THE MEISTER」，在全日本巡迴服務。

萬寶龍修理診所
「MEET THE MEISTER」

2009年開始營運的萬寶龍維修服務。由小野先生擔任「師傅」負責修理。2010年開始正式在日本各地巡迴舉辦。鋼筆修理部分，僅限於萬寶龍產品。在保證期間內攜帶保證書到場的話，原則上免費維修，只有需要更換零件時會收費。

（編注：此服務已終止，小野先生也已離職，自行開設「小野鋼筆」店 [p.30]。）

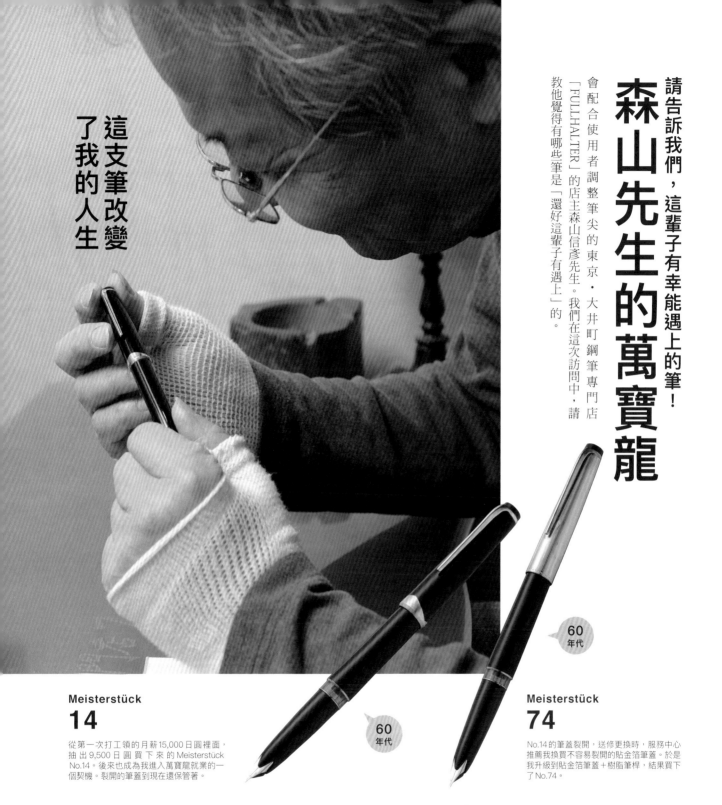

# 請告訴我們，這輩子有幸能遇上的筆！
# 森山先生的萬寶龍

會配合使用者調整筆尖的東京·大井町鋼筆專門店「FULLHALTER」的店主森山信彥先生。我們在這次訪問中，請教他覺得有哪些筆是「還好這輩子有遇上」的。

## 這支筆改變了我的人生

**Meisterstück**
## 14

從第一次打工領的月薪 15,000 日圓裡面，抽出 9,500 日圓買下來的 Meisterstück No.14。後來也成為我進入萬寶龍就業的一個契機。裂開的筆蓋到現在還保管著。

60年代

**Meisterstück**
## 74

No.14 的筆蓋裂開，送修更換時，服務中心推薦我換買不容易裂開的貼金箔筆蓋。於是我升級到貼金箔筆蓋＋樹脂筆桿，結果買下了 No.74。

60年代

成為鋼筆調整師已有三十六年。現在回頭想想，有幾支鋼筆給我造成的影響，比我當時感受到的還深厚。

首先是大學三年級時，我開始到照相館打工。我一心想著要「有一技之長」、「買下終生受用的東西」，用第一筆薪水買了 Meisterstück 14。我會選擇萬寶龍，是因為到郵局買集郵用的郵票時，看到一個女人用手帕包著萬寶龍 22 Bordeaux，很珍惜地使用。我非常受到那支筆吸引，這個經驗讓我感受到「惜福愛物，是很美好很重要的事情」。

大約十年後，我這支 14 的筆蓋裂開了，我到萬寶龍的服務

森山信彥
**Moriyama Nobuhiko**

1945 年生於北海道·札幌市。
1977 年，在當時的萬寶龍進口商鑽石產業就職。之後經手鋼筆筆尖調整工作。1993 年獨立創業，在東京·大井町開設鋼筆專門店「FULLHALTER」。

### Meisterstück
## 72改

進入鑽石產業就業以後，把50年代的原子筆天冠移植到No.72上，切割握位，讓整個筆尖外露的個人加工作品。原本送給了朋友，後來朋友過世，又回到我手上，讓人很感慨的一支筆。

**60 年代**

### Meisterstück
## 142

這也是一起打工的學長送我的筆。和50年代萬寶龍的柔韌筆尖，及60年代兩位數系列的圓錐造型都不一樣，我一下子就愛上了。

**50 年代**

### Monterosa
## 042

喜好鋼筆的學長送我的一支筆。還記得那天好開心、好開心。下班走到看不見照相館的地方以後，我忍不住打開包裝，一路看著鋼筆走回家。

Monterosa 042 也是我第一支刻意要調整筆尖的鋼筆。通氣孔下的拗痕是當時造成的痕跡。

**90 年代**

### Meisterstück
## 1468

「FULLHALTER」開店後，送給打工時期的學長的925純銀製146。
後來學長摔壞了筆，又送回到我手上來。外觀沒擦過就直接收起來保管，所以長了一點黑鏽。

**50 年代**

**50 年代**

642的筆尖，後來請久保工業所的久保幸平先生幫我換成大型銥點。

### Meisterstück
## 642 · 644

我迷上了50年代的萬寶龍，尤其喜歡的是綠色條紋筆桿的款式。642、644的金色筆蓋和筆桿的對比很美麗，我一直珍惜著這兩支筆。

中心求助。這次訪問讓一年來找不到工作的我有機會進入萬寶龍代理商就業，多年後又衍生出鋼筆店FULLHALTER。這是讓我獲得終生職業，改變命運的一支14。

剛進公司時，萬寶龍進口商並未調整筆尖。我第一次自己試著研磨這支14的筆尖，調整書寫時的筆觸，這一場經驗也造就了現在的我。

送我Monterosa 042和Meisterstück 142，和我一起打工的學長，讓我學會收到別人贈送的鋼筆的喜悅。我收到鋼筆時真是快樂得飛上了天。也想和學長一樣，把鋼筆送給別人。送禮的經驗讓我知道，互相分享價值可以讓喜悅倍增。也是這兩支筆，讓我接觸到50年代鋼筆的美麗，以及筆觸柔軟的筆尖。

一路回顧下來，現在留在手邊的鋼筆，每一支都有一段人情故事。到這把年紀都還不放手，也就證明了這些都是「幸好這輩子有遇上的筆」吧。每一支鋼筆，都和支持我的人生的「人」有關聯，是無可取代的存在。

# 萬寶龍的
# 古董筆

萬寶龍的筆具結合了實用性與藝術性，在經過長久的時間考驗後，仍能保持一定的品質。

在本篇將看到的，不僅是經典款二手筆，還有不少市面上已幾近消失的筆款，保證是讓人讚歎的絕版逸品。

# MONTBLANC 110年的名品列傳

這個較其他筆款大了一輪的白星標誌及筆夾，主要用於Meisterstück及限量品等高級筆款，可以說是傳說中的白星標誌。於1906年創業同時開發的Rouge et Noir系列，今年迎來第110年，傳說中的白星標誌也因此復甦。

1908年，萬寶龍的前身Simplo Filler Pen Company，打造出一款筆蓋印有紅色標誌的鋼筆，並將品牌名稱命名為「Rouge et Noir」；長久以來廣受愛戴的萬寶龍，極具歷史意義的鋼筆就此誕生。之後萬寶龍便立足於業界龍頭之位，2016年更是迎來創業110週年。曾經歷兩次世界大戰的萬寶龍，究竟是如何跨越苦難的時代，持續不斷地製造鋼筆呢？趁此時機，讓我們透過千姿百態的名品，一同回溯、縱覽萬寶龍這110年的浩瀚歷史。

萬寶龍涉獵廣闊、底蘊深奧；一說到萬寶龍，有此經典筆款便不能不提。本次除了整理出代表性筆款的中古價格之外，也會介紹一部分高價品，希望讓各位體會到鋼筆於各個世代的進化與流行，以及傳承下來的傳統。

Meisterstück
No.25
Safety
Stöffhaas
1924年

Writers系列
Agatha Christie
1993年

Heritage Collection
Rouge et Noir
Special Edition
2016年

文字／藤井榮藏　攝影／北鄉仁
產品協力：EuroBox　※各價格為2016年9月當時，EuroBox的含稅定價。
報導年份：2016年9月

# 1910～1930年代 (戰前)

萬寶龍在戰前開發了擁有按壓式、望遠鏡式等獨特上墨機構的鋼筆。

### No.6 Rouge et Noir 安全筆
### 1911年　1,250,000日圓

這支No.6 Rouge et Noir製造於1911年，萬寶龍公司登記「MONTBLANC」商標之後。鋼筆為旋轉式，特色是天冠上無圖樣的紅色標誌以及單螺紋。屬於超級珍稀品。

### No.6　波紋紅　滴入式上墨
### 1920年左右　590,000日圓

滴入式上墨的鋼筆因製造期間不滿10年，留存數量極少，而波紋紅的No.6更是珍藏等級的逸品，市場價格也高昂出眾，是收藏家嚮往的珍品。

### No.12　安全筆　1922年　1,400,000日圓

萬寶龍最大的安全筆筆款。雖然不算實用，不過從收藏家的角度來看，是等同於Rouge et Noir的極致鋼筆。筆尖的長度為5公分，尺寸超乎一般規格。

### Meisterstück No.25　安全筆　STÖFFHAAS
### 1924年代後期　390,000日圓

於文具店STÖFFHAAS販售的筆款，刻有STÖFFHAAS的Logo，白朗峰標誌的內側則刻有首字母「S」。

### No.4　珊瑚紅　望遠鏡式　1924年
### 530,000日圓

拉開筆尾，將手指塞入筆尾的孔洞中，往前一推便能壓縮橡皮活塞，放開手指，橡皮活塞便會回縮並吸入墨水。因為類似Chilton鋼筆的上墨方式，所以又稱為氣動式 (Pneumatic)。

### No.4　安全筆　14K純金
### 1920年代後期　880,000日圓

對萬寶龍收藏家來說，此筆款是無論如何都想入手的逸品。純金製的筆蓋及筆身，均以手工雕刻精緻的紋樣。S (Sarastro) 字樣的刻印，代表萬寶龍的正統鋼筆。

### Meisterstück No.25　酒紅色
### 1929年　430,000日圓

同為單色系的筆款中，酒紅色亦屬特別出眾的顏色。通常為收藏家之間私下交易，行蹤十分隱密，是極少出現在中古市場的珍奇筆款。

### Meisterstück No.L30　黑&珍珠白
### 1931年　470,000日圓

筆蓋頂端有如魚雷般流線造型的筆款，因為僅製造幾年，所以非常稀少。其中想找尋有L記號的奢華筆款更是難上加難。另外也有天冠為黑色的筆款。

### Meisterstück No.40　珊瑚紅
### 1931年　390,000日圓

此筆款僅於1931年至1935年間製造，之後的製造地便轉移至丹麥。德國製的筆款，筆蓋相當直；丹麥製的則為圓錐狀。

# 以年表縱覽開創新紀元的筆款

### 1920年
### 拉桿式

拉桿式的筆款約於1922年左右導入，不過製造期間非常短，1930年便停產。款式有如照片中鍍金屬及七寶燒的豪華筆款、波紋硬質橡膠筆款等。

### 1920年
### 旋轉式鉛筆

旋轉式的鉛筆於1920年起開始製造，構造相當簡單，只要旋轉筆尾，便能將筆芯自連結筆尾的鐵芯管中推出。初期為硬質橡膠製。

### 1911年
### 滴入式上墨

滴入式上墨的筆款於1911年開始製造，爆發第一次世界大戰時暫時停產，直到1920年之後才又再度生產。早期波紋紅的筆款數量幾乎等於零，照片為1920年左右的產品。

### 1910年左右
### 最初期的安全筆

將收納在筆桿中的筆尖旋轉出來使用的安全筆，誕生於1910年。由於不會漏墨，相當安全，因此命名為安全筆（Safety）。最初期的天冠是無圖樣的白色或紅色。照片中的No.2是1910年左右最初期的筆款。

白色無圖樣的天冠為1914年以前，尚未有白星標誌的最初期筆款。

### 1908年
### Rouge et Noir

Rouge et Noir是Simplo Filler Pen Company時代開發的第一個品牌名稱，鋼筆也別具歷史意義。最初的筆尖為按壓式，照片則是1911年的旋轉式。

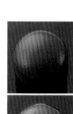

上方照片的無圖樣紅色標記，為Simplo Filler Pen Company時代的第一個商標；下方照片的星形標誌則是1914年以後的商標。

### 萬寶龍
### 有許多的副牌

萬寶龍有許多類似副牌或店牌，（將店名作為品牌名稱）的筆款，也就是現在所謂的代工品牌（OEM）。與許多店家，例如DIPLOMAT、REFLEX、TATRA等都有合作。

---

### 1975年
### Noblesse系列
### （貴族系列）

Noblesse系列始於1975年，直到1981年停產為止，共推出六種款式，在日本的銷量也不錯。擁有適度彈性的筆尖，很適合書寫日文。

### 1971年
### Traditional 系列
### （傳統系列）

進入1970年代後，內部構造更加簡化的Traditional系列便登場了。筆身雖承襲1960年代的風格，不過筆尖較硬一些。1980年代則延續為Classique系列。

Traditional系列的筆尖，變得較大且硬。

### 1960年
### 二位數系列 Meisterstück

二位數系列是由1950年代以前的舊型號搖身一變，以都會風格的嶄新外形再度登場。上墨方式也採用全新的機構，較以往的筆尖更容易使用得多。

二位數系列的筆尖為有護套的翼尖，多為軟質筆尖。

### 1952年
### Meisterstück
### No.149

14X系列最大支的No.149，初次登場是在No.146發售三年後的1952年。當時採用望遠鏡式活塞上墨的筆款，吸墨量可高達3.3CC。

### 1951年
### 金屬筆蓋的
### Meisterstück

樹脂筆身搭配金屬筆蓋的鋼筆，於1951年初次登場。黑色筆身主要銷往國內市場，綠色、灰色等彩色筆身基本上均銷往海外。

### 1940年
### 戰後型
### Meisterstück
### （No.146）

現今眾所周知的尖頂天冠及獨特流線外形的筆身，誕生於1949年。最初為146及144，後繼筆款為142及149。現代的14X系列依舊承襲這種外形，是至今難以撼動的旗艦筆款。

展望點綴萬寶龍 110年歷史的歷史性筆款。這裡的年份為各鋼筆首次發售的
年份（照片為同時期的同型筆款）。

┤ 1930 ├

### 1936年
### 望遠鏡式

望遠鏡式活塞雖然是
較其他廠商慢一步推
出的活塞上墨機構，
不過優點在於較大
的吸墨量。主要用於
Meisterstück系列；
一般的活塞上墨機構
則是1934後才推出。

### 1934年
### Pix 鉛筆

按壓尾栓部分
就能推出筆芯的
按壓式鉛筆，於
1934年登場。名
稱的由來來自於
按壓時會發出
的特殊聲響。到
1970年為止已
生產多種款式。

### 1929年
### 按壓式

按壓式上墨為萬
寶龍獨家的上墨
機構，主要用於
Meisterstück系列。
筆身上刻有「CHEF
D'OEUVRE」刻印的
為專銷法國的外銷
品。

### 1924年
### 壓泵式（氣壓式）

使用軟木塞活塞的
壓泵式，似乎是與氣
壓式（氣動式）同時
開發的上墨方式。由
於構造複雜，因此無
法量產，是支夢幻鋼
筆。

### 1924年
### Meisterstück
### （大師傑作系列）

第一支Meisterstück
誕生於1924年。由
於銷往美國、法國、
義大利等國家，名稱
也有Masterpiece、
Chef d'oeuvre、
Capolavolo等不同
念法。

### 1921 ～ 1938 年 ASTORIA

原萬寶龍的員工離職自立後創立的筆廠，產品評價相當好，非
常受歡迎。1932年由萬寶龍將其收購。

### 1919 ～ 1947 年 STÖFFHAAS

STÖFFHAAS文具店是萬寶龍第一家
共同經營的店，店裡的書寫用具均為
萬寶龍製造。

┤ 2010 ├   2006
100周年   ┤ 2000 ├   ┤ 1990 ├

### 2013年
### Heritage
### Collection
### （傳承系列）

傳承系列1912
是將1912年誕
生的旋轉式安
全筆革新後，
重新復甦的
筆款。筆夾及
白星標誌均搖
身一變為嶄新
的樣式。

### 2006年
### 100週年
### 紀念筆款

復刻1906年開
發當時的Rouge
et Noir（滑動
式），可說是極
具歷史意義的筆
款。

### 2000年
### Bohéme
### Collection
### （寶曦系列）

寶曦系列為2000
年開始發售的系
列，包含Rouge、
Marron、Noir等色
彩繽紛的款式。

### 1999年
### 75週年紀念筆款

為紀念Meisterstück
誕生75週年，於1999
年發售的筆款。除了
有價值數百萬日圓的
純金製筆款，還有
149、146、計時碼錶
等多種款式，種類超
過數十種。

### 1996年
### Donation Pen
### （音樂家贊助系
### 列）

為了對古典音樂界
有貢獻的藝術家表
示敬意，推出一系
列的限量品。銷售
所得的一部分作為
捐贈。

### 1992年
### Writers 系列 /
### Patron of Art 系列
### （文學家系列 / 藝術
### 贊助系列）

讚頌擁護、推廣文化藝
術的人士的「藝術贊助
系列」，以及頌揚在世
界文學方面有貢獻的
偉大作家的「文學家系
列」，均始於1992年。

### 1989年
### Meisterstück
### Fineline

18K金製Meisterstück
1467與1988年發售的
1497一樣，均為「大
師傑作」系列的頂峰。
1980年代末期時，其他
廠商也不落人後，一起
推出黃金製的高價品。

### 2015年
### MONTBLANC
### M

將馬克·紐森的理念
「時尚與未來的永
恆優雅」具現化的
鋼筆。將筆身水平
擺放時，萬寶龍的
白星標誌會自動對
齊筆蓋。

### 2003年
### StarWalker
### Collection
### （星際旅者系列）

特色是裝設在天
冠的圓頂，以及
漂浮於圓頂的白
星標誌，是相當
革新的筆款。

### 1998年
### Generation
### （世代系列）

替代持續至1993
為止的經典系列，
筆身也承襲經典系
列的設計，沒有太
大的變化。

**III.Solitaire No.B 石青藍　1932年**
570,000 日圓

於經濟大恐慌時期製作的低成本筆款，也稱為III.Solitaire。在「MONT BLANC」文字的兩端，刻印著III字樣。石青藍的筆款極為珍稀，市場價格也相當高昂。

**No.L53 黑色＆珍珠白鉛筆　1932年**
170,000 日圓

與Meisterstück No. L30成對的鉛筆，由於製造年限極短，因此所剩數量也非常稀少。另外也有天冠無圖樣的款式，均為收藏家垂涎的極珍稀筆款。

**No.333-1/2 珍珠紅　1935年　250,000 日圓**

333-1/2雖為普及款，不過現在中古市場上出現的幾乎都是黑色筆身的筆款，照片中的大理石紋樣筆款極為稀少，市場價格也大幅高漲。

**Meisterstück No.124S 大麥紋＆線條**
**1935年　300,000 日圓**

筆蓋及筆身的表面有大麥紋及線條紋樣加工。刻印在序號後的「S」字樣，代表德語Schraffiert（線畫）的首字母。線條紋樣的「S」筆款極為稀少。

**No.324 孔雀石綠　1935年　260,000 日圓**

324原本為普及款，不過若是超稀少的孔雀石綠筆款，市場價格便一躍而上。按鈕式上墨，將筆尾的尾栓取下後，按壓金屬按鈕便能吸入墨水，是超珍稀筆款。

**Pix No.72G PL 鉛筆　1936年　108,000 日圓**

Pix鉛筆雖然為數不少，但No.72G PL白金筆款，卻是難能一見。此型號為1936年製，有Platinum Line條紋樣的稀少筆款，使用的筆芯為1.18mm。

**No.234-1/2 珍珠褐　1937年　260,000 日圓**

No.234-1/2珍珠褐筆款大約只生產3年，因此留存數量非常少。深淺分明的褐色與珍珠白交織相映，是支非常美麗的鋼筆。上墨方式為活塞上墨。

**Meisterstück No.138　1938年**
300,000 日圓

白星標誌非設置於天冠上，而是在筆蓋正面的極稀少異類鋼筆。《Collectible Stars》一書中也有介紹同款的No.126，根據作者的說法，目前僅存數量只有3支。可能是量產原型?!

**Meisterstück No. L139G　1941年**
380,000 日圓

Meisterstück No. L139被譽為王道中的王道，限量版海明威也以此筆款為原型。望遠鏡式活塞上墨，吸墨量高達3.6CC，相當傲人。

**No.326 黑綠 Chevron（V字紋）1944年左右**
380,000 日圓

寬幅的直線呈V字交錯的特殊紋樣，稱為Chevron（V字紋），是西班牙製的獨家款。推測製造於終戰前的非常時期，數量極少，因此價格也格外高昂。

# 1940～1950年代 (戰後)

戰爭結束後，隨著新科技的發展，鋼筆也隨之變革；新舊風格同時存在，亦為此時代的特色。

## No.334 1/2 黑色 1948年 38,000日圓

中古市場上較為常見的筆款，有單環、雙環、無環的不鏽鋼筆尖等各種款式。旋轉式上墨，適合作為萬寶龍古董鋼筆的入門筆款。

## Meisterstück No.146 黑色 1949年 108,000日圓

1949年登場的Meisterstück筆款，幾乎採用柔軟的筆尖。這種柔軟有韌度的彈性筆尖，甚至有人稱之為「極致的筆尖」。愛用者非常多。

## Meisterstück No.144 綠條紋 1949年 290,000日圓

即使同樣是條紋 (線條)，樣式也千差萬別，不會有一模一樣的圖案。特別是這種線條平行且顏色分明的樣式，更是極為珍稀，市場價格也較一般的條紋筆款更高昂。

## Meisterstück No.144 銀色大麥紋 1949年 330,000日圓

純銀製的Meisterstück非常少見，雖然另有貴金屬款式的筆，不過此為筆蓋上有萬寶龍標誌刻印的原廠正品，900鎳銀製。

## Masterpiece No.142 灰條紋 1952年 190,000日圓

在歐美國家，像這樣的直條紋樣稱之為striated。142灰條紋僅生產7年，數量是條紋筆款中最少的，不過人氣非常高。

## Meisterstück No.149 1952年 290,000日圓

這支No.149是14X系列最大的筆款，材質為賽璐珞。觀墨窗有長、短二種；上墨方式為望遠鏡式，較為獨特，不過習慣後便容易上手。

## Masterpiece No.142/No.172 K套組 綠條紋 1952年 290,000日圓

由深淺分明的綠色線條交織而成的賽璐珞筆身，相當華青美麗。筆身上刻有Made in Germany字樣的是外銷品，還刻有印度進口貿易公司JB的商標。此為筆盒裝的豪華版二件套組。

## Pix No.172 淡綠色 1952年 83,000日圓

這種近似艾草綠的奇妙綠條紋，名為淡綠色 (Palegreen)，是條紋筆身中相當稀少的顏色。此筆款是與14X系列鋼筆成套的鉛筆，就等級而言，可說是最高級的Pix鉛筆。使用1.18mm筆芯。

## No.115 灰條紋 原子筆 1958年 65,000日圓

灰色深淺分明的條紋紋樣，格外美麗。只有天冠是無圖樣的灰色，不過這才是此筆款的原創正品。使用方式是滑動筆夾中央的拉桿。

## No.246 紅色V字紋西班牙製 1950年代 360,000日圓

V字紋的筆款只有西班牙製，沒有德國製。筆身為賽璐珞製，有紅、藍、綠三種顏色；另外有有觀墨窗及無觀墨窗的筆款。此筆款極為珍稀。

### Meisterstück No.744
純金　1951年
430,000日圓

金屬部分全為14K純金製，相當奢華的Meisterstück筆款。所有零件均有585字樣的刻印，保證書上也有記錄744 Gold585，是蓋有銷售店章的貴重品。

### Meisterstück No.742N
包金　大麥紋
1951年
138,000日圓

74X系列的所有筆款製造年數都非常短，是很珍貴的存在。這支742N大麥紋僅生產六年，搭載擁有適當彈性的翼尖。

### Meisterstück No.644N　黑色　1954年
118,000日圓

644N黑色的生產年數僅有3年，非常地短。筆尖有名為「球形筆尖」的圓球狀銥點，照片中的這支筆筆觸非常纖細柔軟。有Masterpiece字樣刻印的是外銷品。

### Meisterstück No.642N　綠條紋　1954年
168,000日圓

642N彩色筆身的鋼筆均為外銷品，筆蓋口刻有Masterpiece刻印。此筆款是鍍金筆蓋搭配條紋筆身的夢幻逸品，筆蓋為滑動嵌合式 (slip on)。

### No.246　虎眼紋　1950年
250,000日圓

由於紋樣近似老虎的眼睛，因此稱為虎眼紋。虎眼紋非常受歡迎，但比起線條更接近木頭年輪的紋樣。

### Pix No.272K　虎眼紋　1952年　78,000日圓

這支短版的Pix鉛筆是與246鋼筆成套的筆款。在型號的橫向右側，刻印著德語中表示短版之意的詞彙Kurz的首字母K。

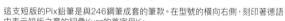
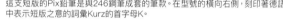

### No.264　黑色　1954年　43,000日圓

這支筆款的生產年數也只有3～4年，非常地短，因此現存數量極少。鋼筆多為較其他筆款更軟的筆尖，很適合喜愛軟質筆尖的愛好者。筆蓋為旋開式。

### No.216　珊瑚紅　丹麥製　1955年　85,000日圓

萬寶龍自1935年起，開始於丹麥製造。而21X系列筆款是20X系列在1934年停產後，引入的後繼款；216則是此系列最大的筆款。

### No.256　黑色　後期型　1957年　98,000日圓

25X系列的所有筆款都僅維持不到3年便結束了生命。雖然是平衡感佳的人氣筆款，但狀態良好的鋼筆卻非常少。此為後期型，觀墨窗為藍色，KM尖。

### No.254　酒紅色　1957年　35,000日圓

25X系列搭載著筆觸柔軟，別名「烏賊尖」的翼尖。照片中的筆筆蓋有傷痕。

### Monte Rosa 042G　灰色
1954年　33,000日圓

以學生等年輕世代為目標族群的筆款，另有鍍金筆。特色是仿白星標誌的飾環。

### No.252　綠色　1957年　45,000日圓

這支筆是25X系列最小的筆款，觀墨窗為藍色的後期型。四種顏色中，灰色和綠色並列為珍稀色。保存狀態很好。

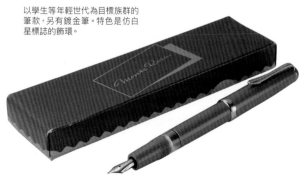

# 1960年代

進入1960年代後，萬寶龍的產品也產生驟變。容易上手的
結構、嶄新的風格等，各方面都迎來了變革。

**Meisterstück No.92 14K　純金條紋　1960年**
**250,000日圓**

1960年代，型號為二位數的筆款，俗稱二位數筆款。92為二位數筆款中等級最高的14K純金筆身，各個零件也分別刻印著代表14K金的585字樣。

**Meisterstück No.94 18K　純金　大麥紋　1961年**
**330,000日圓**

筆蓋環雖然標示德文「MEISTERSTÜCK」，不過筆夾上有MADE IN GERMANY刻印的筆款其實是外銷品。純金筆款中，有大麥紋雕飾的筆款特別稀少。

**Meisterstück No.82　包金　1960年**
**58,000日圓**

二位數系列的鋼筆大多為柔軟的筆尖，特別是個位數為2的小型筆款，多數是軟質筆尖。大約幾十支筆中有一支的比例，筆尖更是異常柔軟。

**Meisterstück No.72　酒紅色　1960年**
**48,000日圓**

型號中的7代表鍍金筆蓋，個位數數字則表示尺寸，這裡的2即為小型之意（4代表大型）。在日本銷售時，2作為女性用，4為男性用。筆的狀態非常好。

**Meisterstück No.74/No.75/No.78　黑色　3件套組**
**1960年　128,000日圓**

72、74等金色筆蓋及樹脂製的筆款，比高一等級的全鍍金筆款人氣更高，其中74的人氣更是出類拔萃。數字5表示筆芯的粗度（0.92mm），8代表原子筆。

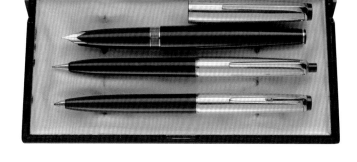

**Meisterstück No.14　灰色　1960年**
**35,000日圓**

二位數系列的彩色筆身筆款，基本上均為外銷品。似乎是因為德國國內以黑色為主流，彩色筆身的銷量並不佳。灰色與綠色並列為珍稀色。

**Meisterstück No.12　酒紅色　1960年　33,000日圓**

12在Meisterstück系列中的等級最低。Meisterstück通常搭載18C的筆尖，較低等的普及筆款則為14C。黃色觀墨窗上也有Meisterstück刻印。

**No.24　綠色　1960年　30,000日圓**

24為普及筆款。普及筆款的筆尖為14C，觀墨窗為藍色；雖然拆解很簡單，但也容易造成筆尖銥點錯位或握位破損，所以並不建議拆解，重新組裝也需要技巧。

**No.22　黑色　1960年　38,000日圓**

22和24同樣都是普及筆款，不過22是小型尺寸。這支鋼筆有銥點為圓球狀的球形筆尖，雖然球形筆尖並非軟質筆尖，但照片中的這支筆卻特別柔軟。

**No.23 黑色 1960年頃 50,000日圓**

這支23雖然也有在日本販售，但由於沒有資料，因此詳細資訊不明。筆蓋的紋樣是由五條線向上呈放射狀散開，非常特殊。筆桿和22相同，是十分奇妙的筆款。

**No.32 灰色 1961年 25,000日圓**

普及筆款中等級最低的筆款。十位數字為3的廉價筆款均為旋開式筆蓋，筆尖為小型的彈性筆尖（Intarsia Nib），大部分偏硬。

**Meisterstück No.146 革新款 (Transition Model)**
**1960年左右 140,000日圓**

146於1960年左右曾暫時中止生產，再次復活約在超過10年後的1973年左右。這支146製造於這兩段時期之間，混合了1950年代與1960年代款式的零件，屬於原型級的筆款。

**Meisterstück No.149 18C 1960年代中期**
**98,000日圓**

活塞機構的墊圈只有一面磨圓，是1960年代生產的樣式。此一時代的活塞機構為氣壓式，筆尖多富有彈性、比一般筆尖柔軟；顏色為18C的金、白、金三色。

# 1970年代

進入1970年代後，萬寶龍導入了卡式墨水管及吸墨器。鋼筆的型態也搖身一變，進入了新時代。

**No.1286 白金 750 1971年**
**270,000日圓**

白金（White Gold）製的1286是1970年代的最高等級筆款。所有的零件，甚至是筆夾，都有750字樣刻印。更高級的還有鉑金（Pt.）款，不過還未曾出現在中古市場上。

**No.1886 白金 750 原子筆 1971年**
**170,000日圓**

1286鋼筆套組中的原子筆。僅於1971年至1973的3年間生產，是極為罕見的筆款。與1286有同樣的刻印。

**No.1266 銀色 1971年 49,000日圓**

銀製的1266，是Traditional系列中人氣最高的筆款。筆尖為白金製。

**No.1246 鍍金 1971年**
**45,000日圓**

與1266一樣是Traditional系列（傳統系列）的高級筆款之一。1970年後期時的價格為24,900日圓，等級幾可匹敵Meisterstück 149的價格28,000日圓。筆尖均為硬質尖。

**No.224 霧面黑 1975年**
**15,000日圓**

筆蓋、筆桿、握位均以霧面塗層加工，持握感佳，屬於實用性鋼筆。作家松本清張也曾使用這支鋼筆一段時期。筆尖為14K金，微硬，活塞上墨式。

**Noblesse No.1147 包金 1975年**
**15,000日圓**

1147是1975年推出的Noblesse系列（貴族系列）第一支鋼筆，也是1970年代居於萬寶龍產品代表性地位的一款。筆尖同時存在偏硬及柔軟的款式，照片中的鋼筆是微硬筆尖。

**No.0121 黑色 1970年左右**
**15,000日圓**

1960年代及1970年代之間生產的Transition Model，據說1970年左右有少量販售。Meisterstück等級，握位及筆尖（18C）可與二位數系列的筆款互換。

**Meisterstück No.149　1970年代中左右**
78,000日圓

從14C中白雙色筆尖、無縱溝的筆舌、斜肩的一體型筆夾等樣式，可以推測這支149是1970年代中期左右製造的筆款。有適度彈性的柔軟筆尖，非常受歡迎。

# 1980～1990年代

進入1980年代後，以貴金屬打造的高級品或限量筆款也逐漸增多。在這段時期，鋼筆一口氣高級品化。

**Meisterstück No.144　酒紅色　1984年**
28,000日圓

繼1982年推出黑色筆身後，於二年後的1984年發售了酒紅色，定價為25,000日圓。這是第一支非活塞上墨式的Meisterstück鋼筆，不過價格意外地比貴族系列還低。

**Meisterstück No.1467　18金製　細字　1989年**
650,000日圓

Meisterstück 1467與1497並駕齊驅，為此一時代的雙雄。生產至1993年為止，1994年後以12149（鉑金製）及1469（18金雙色）替代而停產。重量為57公克。

**Meisterstück No.146　酒紅色　1992年**
58,000日圓

一開始的名稱是「146 Meisterstück 紅色」，1996年起改名為「146 LeGrand 酒紅色」。2000年左右停產，不過評價相當好，至今依然大有人氣。

**Patron of Art Lorenzo de' Medici（藝術贊助系列 羅倫佐·德·麥迪奇）　1992年　570,000日圓**

藝術贊助系列的第一支鋼筆，優美而高雅，無論哪一方面都還沒有能超越它的鋼筆，人氣名列第一。由8位工匠職人製作，因此有8種紋樣。Lorenzo de' Medici在此一系列中的價格也是相當超群。

**Writers Edition Hemingway（文學家系列 海明威）**
1992年　270,000日圓

自1992年發售以來，海明威系列中的人氣居高不下，其他筆款難以望其項背。除了筆尖外，包含筆蓋在內的所有零件均以梨地噴砂加工，匠心獨具。

**Meisterstück Solitaire No.1465 Vermeil　1994年**
110,000日圓

筆身是在純銀基底上以黃金鍍層的Vermeil（銀鍍金）筆款。筆桿表面以鑽石切割工法雕琢的極細條紋，洋溢高級感。筆身有重量感。

**Meisterstück Solitaire No.22146**
**Tsar Nicholas I 世（尼古拉一世）　1997年　180,000日圓**

以黃金鍍925銀的Vermeil（銀鍍金）筆款。筆蓋使用尼古拉一世的妻子亞歷山德拉所愛的孔雀石綠。22146與20146 Ramesses II（拉美西斯二世）一樣稀少。

**Meisterstück 誕生75週年紀念**
**No.114 Mozart（莫札特）　1999年　88,000日圓**

這支鋼筆是自Meisterstück的發售年1924年起算，於迎接75週年的1999年發售的限量筆款。天冠的白星標誌為珍珠貝母製，筆夾為玫瑰金鍍層，限量1924支。

高尚貴氣的大理石＆鉑金＆條紋

# 古典萬寶龍
# 誘人的彩色紋樣筆身

大理石紋樣的萬寶龍鋼筆初次登場，約在1911年左右，當時的筆身還是斑紋橡膠（硬質橡膠）製。進入1920年代後期後，色澤美麗的賽璐珞問世，萬寶龍也為各種筆款導入不同的色彩紋樣。

這邊列舉的大理石＆條紋樣式的鋼筆，均是由1920年代至1950年代間生產的製品蒐集而來。幾乎網羅了所有代表性的筆款。其中有些筆款極具研究價值，雖然並不是所有的筆款在市場上都有明訂的價格，不過可以說這也是萬寶龍的特色。

總而言之，賽璐珞筆身由複雜色彩交織而成的特有紋樣，絢麗多姿，令人目不暇給，難以轉移目光。

Vintage
MONTBLANC

Marbled
Platinum
Striped

文字／藤井榮藏（EuroBox）
攝影／北鄉仁
報導年份：2014年9月

# 繽紛的彩色紋樣種類

古典萬寶龍的彩色紋樣，可分為「大理石」、「白金」、「條紋」三大類。「大理石」是指銀灰色×黑色的年輪紋樣；而不同於直線般清晰的直條紋，帶有層級狀紋樣的橫條紋，歐美國家通常稱之為「Striated」，不過此處統稱為「條紋」。

---

**大理石**

**No.C III 石青藍 (帶白色)**
1934～35年　290,000日圓

雖然是正處於經濟大恐慌時期所製作的低成本筆款，但石青藍筆款的剩餘數量卻非常少。此款也稱為「III.Solitaire」筆款，筆身的Logo兩端有III的字樣。

---

**No. A III 珍珠＆黑色 大理石**
1932～34年　140,000日圓

「III.Solitaire」筆款，沒有金屬飾環，天冠的商標也不是嵌入式而是陰刻式，極力降低成本。這些鋼筆筆尖的△記號內，可以看見A、B、C等刻印。

---

**224 綠色 大理石**
1935～43年　230,000日圓

製造時雖然是二線品，但在古董鋼筆中，224 綠色大理石的評價可是非常地高。深綠色的色澤，不會褪色，是支非常美麗的鋼筆。

---

**白金**

**224 白金 銀灰色**
1935～43年　170,000日圓

此筆款登場於1930年代初期，由銀灰色與黑色形成，乍看之下宛如樹木年輪般的紋樣稱為「鉑金」。賽璐珞製的筆身，在萬寶龍眾多筆款中也是非常搶眼的存在。

---

**條紋**

**Masterpiece 146 淡綠 條紋**
1949～60年　290,000日圓

雖然同樣是綠色條紋，不過類似艾草綠的奇妙淡綠色，在綠色條紋筆款中，也是數量稀少的貴重品。飾環上的標示是英文「MASTERPIECE」。

---

**Masterpiece 146 綠色 條紋**
1949～60年　320,000日圓

許多綠色條紋的筆款，白色部分會特別顯眼，不過這支筆的條紋是直線排列無交錯，因此白色的部分較少。筆蓋和筆桿同是如此簡約紋樣的筆非常罕見。

---

**246 咖啡色 條紋 (虎眼)**
1950～54年　270,000日圓

這款暱稱為「虎眼」(Tiger Eye) 的筆款，特色是彷彿樹木縱切時的年輪紋樣。因為曾在電影《永遠的三丁目之夕陽》(ALWAYS 三丁目の夕日) 中登場，因此人氣非常高。

---

**246 灰色 條紋**
1950～54年　250,000日圓

240系列有咖啡色及灰色，歐美國家以Stripe或Striated (條紋) 稱之，二種都屬於條紋筆身。特色是不同於140系列的大片紋樣。

---

**Masterpiece 644 綠色 條紋**
1954～56年　180,000日圓

淺綠色與深綠色複雜地交織融合，形成美麗的條紋花樣。相較起來，是深淺較為顯眼、艷麗的條紋筆身。搭配金色筆蓋，相互輝映。

---

取材協力 / EuroBox　※各價格為2014年9月當時，EuroBox的含稅定價。
報導年份：2014年9月

# 多種上墨機構同時存在的
# 1908年～1930年代

萬寶龍自1908年開始量產以來，開發了各式各樣的上墨機構並量產化。從黎明期開始到1930年代為止，彩色紋樣筆身的上墨機構可謂琳琅滿目。這裡所舉的都是代表性的上墨方式，其中有不久便消失的，也有持續至今的，表現出各個時代的需求，十分有趣。

當時存在的上墨機構（★＝參考下述）

滴入式　　　　　　　★按鈕式 (Push Button)
★安全式　　　　　　★按壓式 (Push Knob)
拉桿式　　　　　　　★活塞式
★壓泵式（氣壓式）　　★望遠鏡式

## 安全式

萬寶龍自創業初期就有的代表性上墨方式，也導入於最初的量產品中。由於不會漏墨，因此命名為安全式。使用時，先將筆桿內吸滿墨水的筆尖旋出。

**原型 紅&黑 硬質橡膠**
**1910年代　150,000日圓**

擁有看不出是量產品的Logo，推測應是原型。

## 壓泵式（氣壓式）

基本上是指壓的方式，近似於Sheaffer（西華）的著陸式 (Touchdown)。也稱為「氣動式」(Pneumatic)，不知為何很快便消失了。上墨方式是將筆尾拉出，再一口氣往下壓，吸入墨水。

**4F 紅&黑 硬質橡膠**
**1924年左右　參考品**

連萬寶龍總公司也僅留存幾支的珍貴逸品。

## 按鈕式

基本構造與Parker (派克)的按鈕式完全相同。壓下金屬棒，筆桿內的橫片便會擠壓墨囊，於回彈時吸入墨水。

將筆尾的尾栓取下，便能看見按鈕。

**324 石青藍（帶白色）**
**1935～37年　270,000日圓**

雖然不是Masterpiece系列，但石青藍筆款的市場價格相當高。

## 按壓式

基本上與按鈕式一樣，不過不用取下尾栓。輕輕壓下筆尾，筆桿內的橫片便會擠壓墨囊，於回彈時吸入墨水。

只需要上下按壓筆尾，便能吸飽墨水。

**25 Masterpiece 綠色大理石**
**1939～43年　230,000日圓**

丹麥萬寶龍自傲的Masterpiece系列。天冠較高。

## 活塞式

這種取下尾栓的活塞上墨方式，長期採用於1930年～1950年。活塞為軟木塞製，因此每隔幾年就必須更換。

**333-1/2 橫條紋藍色**
**條紋 原型**
**1935年左右　280,000日圓**

橫條紋筆款均為原型筆款，從未在市場上出現，是珍藏逸品。

## 望遠鏡式

萬寶龍於1936年開發的獨家構造，兩段式伸縮的軸心近似於Telescope（望遠鏡），因此得名。在活塞上墨方面被百利金超越的萬寶龍，據傳將以開發凌駕於百利金的活塞上墨機構當作終極目標。結構複雜的活塞式，優點在於能吸入大容量的墨水。原本主要用於Masterpiece系列，不過236等二線筆款也會使用。

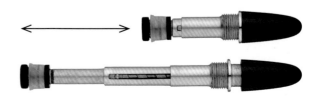

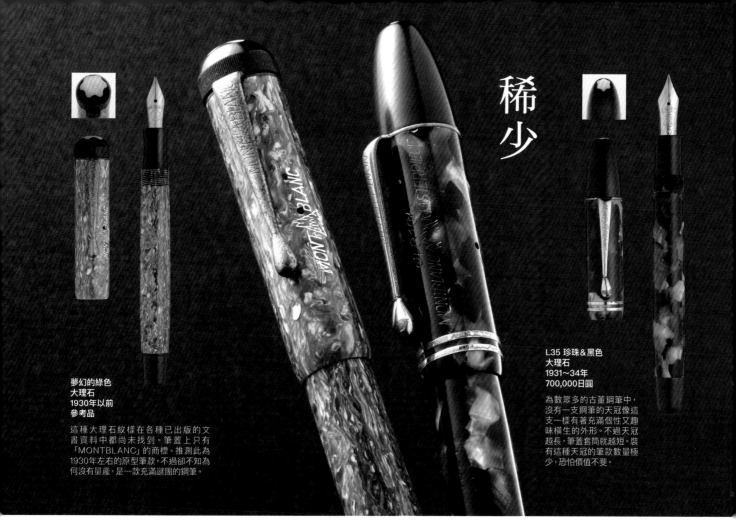

稀少

夢幻的綠色
大理石
1930年以前
參考品

這種大理石紋樣在各種已出版的文
書資料中都尚未找到。筆蓋上只有
「MONTBLANC」的商標。推測此為
1930年左右的原型筆款，不過卻不知為
何沒有量產，是一款充滿謎團的鋼筆。

L35 珍珠&黑色
大理石
1931~34年
700,000日圓

為數眾多的古董鋼筆中，
沒有一支鋼筆的天冠像這
支一樣有著充滿個性又趣
味橫生的外形。不過天冠
越長，筆蓋套筒就越短。裝
有這種天冠的筆款數量極
少，恐怕價值不斐。

## 彩色紋樣筆款的筆尖及Logo樣式

### 筆尖的刻印

筆尖有表示雙色、尺寸的阿拉伯數字、英文字母、14C、14Karat等各式各樣的刻印。
基本上印在筆尾No.的個位數數字會刻印在筆尖上。也有不少是刻印象徵萬寶龍的白
星標誌。

筆款No.20專用
筆尖，稍大。

有底線的T字十分
少見。

刻印二顆白星，相
當獨特。

此款經常出現於
III.Solitaire筆款
或普及品。

No.222、322、
333-1/2用，數量
稀少。

丹麥製25用，德
國出貨。

140系列專用筆
尖，素色中白。

585的刻印始於第
二次世界大戰前。

246用。刻有Karat
（歐洲標示）。

羽翼尖始於1956
年左右。

### 筆蓋上的MONTBLANC Logo

越舊型的筆款，筆蓋及筆身均有刻印的似乎越多。MONT與
BLANC之間繪有白朗峰的筆款也很多，不過山的外形有些微
妙的不同。

### 筆身的商標標示

除了部分例外之外，筆身有刻印的筆，大多為第二次世界大戰
前的製品。其中也會標示白星或產品序號。

# 1920年代~1950年代的 Meisterstück

Meisterstück第一號發售時間是在1924年;而大理石紋樣的Meisterstück則是在數年後的1927年左右才登場。雖然種類已限縮到一定程度,依然有相當多的款式存在。這邊介紹的是1920年代至1950年代間的製品,可以說網羅了所有經典的代表筆款。

**原型　1930年左右　參考品**

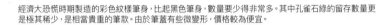

這支鋼筆由丹麥的萬寶龍工廠 (ALFRED T. ØBERG) 生產,是最早期的橫條紋鋼筆。雖然沒有詳細的資料,不過可以推測此筆款並無量產。

**20 孔雀石 綠色　1929~34年　140,000日圓**

經濟大恐慌時期製造的彩色紋樣筆身,比起黑色筆身,數量要少得非常多。其中孔雀石綠的留存數量更是極其稀少,是相當貴重的筆款。由於筆蓋有些微變形,價格較為便宜。

**128PL 鉑金 銀灰色　1935~37年　450,000日圓**

鉑金筆款中最大、最高級的鋼筆。大片生動的年輪紋樣,可說是最符合鉑金之名的Masterpiece筆款。這支筆款沒有Logo或刻印。

**124PL 鉑金 銀灰色　1935~37年左右　240,000日圓**

此系列的鉑金筆身中,倒數第二小型的鋼筆。每支筆的紋樣都不同,濃淡分明的紋樣,顯得格外美麗。

**146 綠色 條紋　1949~60年　310,000日圓**

條紋筆身中,146是最受歡迎的筆款。這種款式自1949年初次登場以來,便成為萬寶龍公司旗艦筆款的基礎。

**144 綠色 條紋　1949~60年　240,000日圓**

無法拍出完整的筆身,甚是可惜。有些部分相較之下綠色較深,有些部分則是白色較多,是一款色調濃淡交錯的美麗鋼筆。

**142 灰色 條紋　1952~58年　190,000日圓**

條紋筆身中尺寸最小,也是最後發售的筆款。這支筆也一樣,深綠色及白灰色交錯分明,非常美麗。上墨機構為望遠鏡式活塞。

**644N 綠色 條紋　1957年~　180,000日圓**

色調深沉的橫條紋樣中,隱約可窺見些微的咖啡色,是非常美麗的條紋筆身。金屬筆蓋與綠色條紋的組合也相當時尚。

# Pix的彩色紋樣筆款

目前市面上看到的大理石紋樣Pix筆款，多為第二次世界大戰後的製品，戰前的製品相當難以入手。

**71PL 白金 銀灰色**
1936～37年　85,000日圓

銀灰色的年輪紋樣非常顯眼美麗。筆身上刻有「Fabbricata in Germania」刻印，是專銷義大利市場的出口品。

**672 綠色 條紋**
1952～58年　68,000日圓

黃綠色調的條紋筆身非常少見，淺色部分有著近似金色的奇妙光芒。

**672 綠色 條紋**
1952～58年　68,000日圓

正面的紋樣是典型的條紋，不過左右的紋樣竟宛如鳥的羽翼一般，是陰陽色調相當分明的筆。

**272 咖啡色 條紋**
1950～54年　60,000日圓

與其說是虎眼紋，應說是木紋較貼切。筆身上下對稱的木紋紋樣，非常美麗。

**172 綠色 條紋**
1952～58年　65,000日圓

深綠色與近似銀色的光芒重疊交織，形成鮮明而艷麗的紋樣。

**72G PL 鉑金 銀灰色**
1936～37年　83,000日圓

珍貴的鉑金銀灰色Masterpiece筆款，彷彿流動般的年輪紋樣美麗迷人。

# 丹麥筆款

丹麥萬寶龍開始生產大理石紋樣的鋼筆，是在1930年左右。因種類稀少，所以相當珍貴。

**246 淺綠色 大理石　1941～54年　88,000日圓**

特色是宛如冰裂紋 (Crack Ice) 的大型斑紋。是丹麥筆款的典型筆款之一。

**25 Masterpiece 綠色 大理石　1939～43年　230,000日圓**

於丹麥萬寶龍工廠生產的珍貴Masterpiece之一。特色是12角筆身及高挑的天冠。

**226 深綠色 大理石　1941～54年　78,000日圓**

深綠色中透出閃著晶亮光輝的淡綠色，形成不可思議的奇妙色澤。圓錐形的天冠十分有趣。

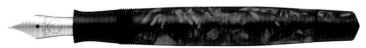

**224 深綠色 大理石　1941～54年　68,000日圓**

此筆款在筆身上有刻印的筆相當稀少。是深綠色大理石的典型；按尾上墨式 (Button filler)。

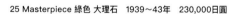 

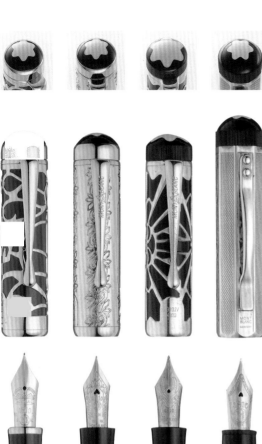

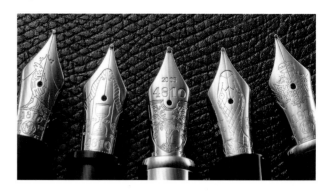

## MONTBLANC
**Patron of Art Editions & Writers Editions**

多少錢能入手？中古市場可買到的玩家憧憬限量筆款

# 萬寶龍
# 藝術贊助與文學家系列

限量鋼筆一向受歡迎，其中更是令愛好者長年著迷不已的，就屬萬寶龍的「藝術贊助系列」（Patron of Art）及「文學家系列」（Writers Edition）。這次便要來為大家驗證有哪些鋼筆還可能入手、需要多少預算等。限量品與近年推出的筆款不同，大多是已從市場上消失的稀有商品，因此價格也高人一等。入手方式有網路平台、拍賣會等，須從中古市場這個特殊的地方購買、有成千上萬的精品存在，也算是鋼筆世界的常態。然而事實是現在的中古市場，由於日圓貶值的關係，使得海外匯率偏高，因此日本國內流通的商品，價格反而要低廉得多。

## Patron
## of Art Editions

### 藝術贊助系列

頌揚優秀藝術贊助家的限量品。萬寶龍文化財團自1992年以來，每年都會支援及頒發「萬寶龍國際文化獎」獎項，給各國對藝術文化有貢獻的後援者，並贈予藝術贊助系列鋼筆的高級筆款作為副獎品。

### 歷代筆款（★＝本次介紹筆款）

| | 年份 | 筆款 |
|---|---|---|
| ★ | 1992 | Lorenzo de' Medici（羅倫佐·德·麥迪奇） |
| ★ | 1993 | Octavian（屋大維） |
| ★ | 1994 | Louis XIV（路易十四） |
| ★ | 1995 | Prince Regent（攝政王） |
| ★ | 1996 | Semiramis（賽美拉米斯） |
| ★ | 1997 | Peter I the Great（彼得一世） |
| ★ | 1997 | Catherine II the Great（凱薩琳二世） |
| | 1998 | Hommage à Alexanderthe Great（亞歷山大大帝） |
| ★ | 1999 | Friedrich II（腓特烈二世） |
| | 2000 | Charlemagne（查理大帝） |
| ★ | 2001 | Madame de Pompadour（龐巴度侯爵夫人） |
| ★ | 2002 | Andrew Carnegie（安德魯·卡內基） |
| | 2003 | Nicolaus Copernicus（尼古拉·哥白尼） |
| ★ | 2004 | John Pierpont Morgan（約翰·皮爾龐特·摩根） |
| ★ | 2005 | Pope Julius II（羅馬教宗儒略二世） |
| | 2006 | Sir Henry Tate（亨利泰德爵士） |
| | 2007 | Friedrich Heinrich Alexander（亞歷山大·馮·洪德） |
| ★ | 2008 | François I（法蘭梭瓦一世） |
| | 2009 | Max von Oppenheim（馬克斯·歐本漢） |
| | 2010 | Elizabeth I（伊莉莎白一世） |
| | 2011 | Gaius Cilnius Maecenas（蓋烏斯·梅塞納斯） |
| | 2012 | Joseph II（約瑟夫二世） |
| | 2013 | Ludovico Sforza（米蘭大公爵盧多維科·斯福爾札） |
| | 2014 | Henry E. Steinway（亨利·史坦威） |

### Patron of Art
### 系列用的筆盒

此系列用的筆盒，相較於耀眼奪目的鋼筆，是相當簡樸高雅的木製筆盒。外側印有肖像或王冠，是筆盒的焦點。

---

**1995**
**Prince Regent**
**（攝政王）**

當時 225,000 日圓
中古 190,000 日圓

王冠是向英國王子（後喬治四世）致敬。透過鏤空雕刻顯露出的藍色非常豔麗。洗鍊的美感獲得公認好評。狀態良好。

---

**1994**
**Louis XIV**
**（路易十四）**

當時 225,000 日圓
中古 170,000 日圓

與有著太陽王稱號的路易十四非常相襯的耀眼華麗筆身，但因過於豪華而難以使用的關係，日本似乎有些低估它的價值。試筆程度。

---

**1993**
**Octavian**
**（屋大維）**

當時 225,000 日圓
中古 270,000 日圓

以羅馬皇帝命名的筆款。有如蜘蛛絲般的圖樣，靈感是來自 Vintage MONTBLANC。繼「Medici」之後的高人氣筆款，狀態良好。

---

**1992**
**Lorenzo de' Medici**
**（羅倫佐·德·麥迪奇）**

當時 225,000 日圓
中古 570,000 日圓

藝術贊助系列的第一號鋼筆。兼具優美、高雅等優點，至今尚無能超越它的鋼筆，人氣始終位居第一，市場價格也十分超群。狀態良好。

---

聯絡資訊／EuroBox　文字／藤井榮藏　攝影／北鄉仁

※各「當時」為發售時的本體價格，「中古」為2015年9月 EuroBox 的含稅銷售價格。價格雖有考量到各鋼筆的狀態，不過亦在某種程度上反映目前的市場價格。
報導年份：2015年9月

**2008**
**François I**
（法蘭索瓦一世）

當時 307,000 日圓
中古 210,000 日圓

優雅氣質中，流
露出王公貴族風
情的鋼筆。在華
麗的藝術贊助系
列中，是少見的
懷舊設計。僅試
筆。

**2005**
**Pope Julius II**
（儒略二世）

當時 260,000 日圓
中古 190,000 日圓

羅馬教宗儒略二
世熱愛藝術，支
援著許多藝術
家。以白色長袍
為圓型的奶白色
筆身，令人感覺
到清廉潔白的形
象。試筆程度。

**2004**
**John Pierpont**
**Morgan（約翰·**
**皮爾龐特·摩根）**

當時 260,000 日圓
中古 190,000 日圓

摩根財團的創
立者摩根，也是
一位藝術品收藏
家。令人聯想到
樂器的設計，或
許是瞄準了藝術
愛好者的心。稍
微偏重；試筆程
度。

**2002**
**Andrew Carnegie**
（安德魯·卡內基）

當時 240,000 日圓
中古 190,000 日圓

這支鋼筆洋溢著
濃濃的新藝術
運動氣息，這也
是對藝術培育
有重大貢獻的卡
內基所熱表的活
動。
評價兩極的筆
款。試筆程度。

**2001**
**Madame de**
**Pompadour**
（龐巴度侯爵夫人）

當時 250,000 日圓
中古 190,000 日圓

筆身設計表現凡
爾賽宮殿的優雅
宮廷生活；是支
宛如在侯爵夫人
喜愛的白色麥森
瓷器上描繪花朵
的優美逸品，很
受女性歡迎。試
筆程度。

**1999**
**Friedrich II**
（腓特烈二世）

當時 280,000 日圓
中古 190,000 日圓

在限量品中少數
採用安全（旋轉）
機構的鋼筆，墨
水的更換則是採
用與一般安全筆
不同的卡式墨水
管。稍微使用過。

**1997**
**Catherine II**
**the Great**
（凱薩琳二世）

當時 250,000 日圓
中古 190,000 日圓

玫瑰金鍍層的華
麗裝飾，表示對
俄國女皇的敬
意。與彼得一世
大帝是與同時發
售的凱薩琳二世
成對的鋼筆。適
合收藏用；試筆
程度。

**1997**
**Peter I the Great**
（彼得一世）

當時 250,000 日圓
中古 190,000 日圓

華麗的裝飾象徵
俄國皇帝的昌隆
氣勢。彼得一世
大帝是與同時發
售的凱薩琳二世
成對的鋼筆。適
合觀賞用的鋼
筆。試筆程度。

**1996**
**Semiramis**
（賽美拉米斯）

當時 225,000 日圓
中古 190,000 日圓

以亞述帝國傳說
中的女王「賽美
拉米斯」為主
題的鋼筆。鑲著
大紅色七寶燒的
纖細工藝，宛如
寶石般美麗，在
女性間也很有人
氣。試筆程度。

## 藝術贊助系列中
## 還有高級版「888」系列

限量888支的高級版鋼筆，均為18K純金製品。筆身也鑲有貴重寶石，奢華得耀眼奪目。是適合用於欣賞的鋼筆。

高級版的筆盒是直角四方形，中央上側裝飾著浮雕皇冠，內部也相當豪華。

**1995**
**Prince Regent (攝政王)**
**限量版888**

當時 1,000,000 日圓
中古 730,000 日圓

限量版和普通版的外觀雖然相同，不過金屬部分的材質是使用18K純金，筆蓋的皇冠鑲有鑽石和紅寶石，天冠的白星標誌則是珍珠貝母，極致奢華。未使用狀態。

普通版「4810」的金屬部分為銀鍍金，刻有銀925的刻印。

## 文學家系列的魅惑三件套組也萬分迷人

除了海明威以外的文學家系列，都有鋼筆、原子筆、鉛筆的三件套組（也有四件套組）。製造序號相同。

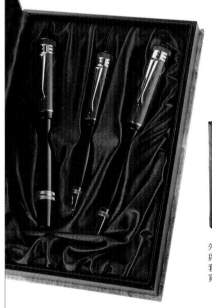

外觀及基本設計都與單品一樣，不過套組用的筆盒稍微寬一點。

## 矚目細節之美！

藝術贊助及文學家系列使用的材質，有樹脂、金屬、貴重寶石等，種類繁多。將各個筆款主題相關的事物，分別以純熟精湛的工匠技藝，展現在細緻的工法上。

**羅倫佐‧德‧麥迪奇的雕刻**

因為由八位工匠手工雕刻，因此共有八種圖樣。基本圖樣雖然相同，但細節的樣式卻是八人八色。

**賽美拉米斯的鏤空雕刻**

由精密的鏤空雕刻，與鑲在筆身上的大紅色七寶燒交織而成的精緻工藝，使鋼筆宛如寶石般美麗。

**阿嘉莎‧克莉絲蒂的蛇之眼**

鑲在銀色與銀鍍金蛇眼上的紅寶石及藍寶石熠熠生輝，彷彿要強行將人拉進神祕的世界。

**大仲馬的大理石紋樣**

大理石紋樣是以大理石為意象設計。雕刻著羽毛筆的筆蓋飾環重疊著筆身的模樣，好似古代文物一般。

# Writers
## Editions

### 文學家系列

此系列是為了讚頌過去對世界文學有重要貢獻的作家,將由作家的人生、作品等得來的靈感表現在鋼筆上,自1992年以來,每年秋季都會發表新品。日本作家之中,誰能最早出現在這個系列,也十分令人期待。除了海明威以外,都是鋼筆、鉛筆、原子筆的三件套組,最近也推出鋼珠筆。

### 歷代筆款(★=本次介紹筆款)

| | | |
|---|---|---|
| ★ | 1992 | Hemingway(海明威) |
| ★ | 1993 | Agatha Christie(阿嘉莎·克莉絲蒂) |
| ★ | 1993 | Imperial Dragon(王者之龍)(針對亞洲市場) |
| ★ | 1994 | Oscar Wilde(奧斯卡·王爾德) |
| ★ | 1995 | Voltaire(伏爾泰) |
| ★ | 1996 | Alexandre Dumas(大仲馬) |
| ★ | 1997 | Dostoyevsky(杜斯妥也夫斯基) |
| ★ | 1998 | Edgar Allan Poe(埃德加·愛倫·坡) |
| ★ | 1999 | Marcel Proust(馬塞爾·普魯斯特) |
| ★ | 2000 | Schiller(席勒) |
| ★ | 2001 | Charles Dickens(查爾斯·狄更斯) |
| ★ | 2002 | F. Scott Fitzgerald(法蘭西斯·史考特·費茲傑羅) |
| ★ | 2003 | Jules Verne(朱爾·凡爾納) |
| ★ | 2004 | Franz Kafka(法蘭茲·卡夫卡) |
| ★ | 2005 | Miguel de Cervantes(米格爾·德·塞凡提斯) |
| ★ | 2006 | Virginia Woolf(維吉尼亞·吳爾芙) |
| ★ | 2007 | William Faulkner(威廉·福克納) |
| ★ | 2008 | George Bernard Shaw(蕭伯納) |
| ★ | 2009 | Thomas Mann(湯瑪斯·曼) |
| ★ | 2010 | Mark Twain(馬克·吐溫) |
| ★ | 2011 | Carlo Collodi(卡洛·科洛迪) |
| ★ | 2012 | Jonathan Swift(強納森·史威夫特) |
| | 2013 | Honoré de Balzac(歐諾黑·德·巴爾札克) |
| | 2014 | Daniel Defoe(丹尼爾·狄福) |

### 專用筆盒的色彩以筆身為靈感

筆盒是以書本為形象設計的紙製書本型,非常適合文學家系列,書背上側印有作家的簽名。封面的圖樣則是以作家的作品為靈感所設計。內層有海綿、天鵝絨、棉絨等多種款式。

---

**1994**
**Oscar Wilde**
**(奧斯卡·王爾德)**

當時85,000日圓
中古105,000日圓

由於主播久米宏在《報導站》(報道ステーション)節目上使用此筆款的原子筆,使這款筆掀起討論。鋼筆的人氣也非常高。狀態良好。

**1993**
**Imperial Dragon**
**(王者之龍)**

當時92,000日圓
中古220,000日圓

1993年版的第三款筆,是專銷亞洲市場的限量品;生產數量只有5000支,數量稀少,因此市場價格也高。另外也有888支18K純金的版本。

**1993**
**Agatha Christie**
**(阿嘉莎·克莉絲蒂)**
**(銀鍍金)**

當時125,000日圓
中古210,000日圓

同時發售的銀鍍金版只有4810支,數量稀少,因此市場價格也較高,但似乎喜愛銀色版本的人比較多。狀態良好。

**1993**
**Agatha Christie**
**(阿嘉莎·克莉絲蒂)(銀)**

當時125,000日圓
中古210,000日圓

以蛇來象徵懸疑小說家的構想,是為了令人感到謎團及神祕感,十分有趣。由於電影的評價相當高,使得這款鋼筆在中古市場的人氣也極高。狀態良好。

**1992**
**Hemingway**
**(海明威)**

當時80,000日圓
中古265,000日圓

自發售以來人氣便居高不下,甚至有一段時期,在拍賣會上是以40萬日圓的高價出售。購買時的重點是確認梨地花紋的狀態。稍微使用的程度。

**2003**
**Jules Verne**
**（朱爾‧凡爾納）**

當時 100,000 日圓
中古 110,000 日圓

以朱爾‧凡爾納的代表作《海底兩萬里》為主題設計。靈感來自於青海波紋樣的筆身非常美麗，人氣很高。不蓋筆蓋時，書寫的平衡感相當好。狀態良好。

**2002**
**F. Scott Fitzgerald**
**（法蘭西斯‧史考特‧費茲傑羅）**

當時 100,000 日圓
中古 88,000 日圓

筆身的裝飾藝術風格，令人懷想起費茲傑羅生活的 1920 年代。純白而清新的氣質，相當受女性歡迎，不過有變色的傾向。僅試筆。

**2001**
**Charles Dickens**
**（查爾斯‧狄更斯）**

當時 110,000 日圓
中古 88,000 日圓

銀色加上英國綠的組合雖然時尚，但因筆蓋較重，不太適合會撐著筆前方寫字的書寫者使用。試筆程度。

**2000**
**Schiller**
**（席勒）**

當時 110,000 日圓
中古 90,000 日圓

使用天然材質琥珀製成的筆蓋，加上黑色高級樹脂的筆身，感覺非常時尚。有一定的人氣；鉛筆只包含在三件套組中出售。

**1999**
**Marcel Proust**
**（馬塞爾‧普魯斯特）**

當時 110,000 日圓
中古 165,000 日圓

此筆款與麥迪奇一樣有著八角形的銀色筆身，非常受歡迎。使用時筆蓋也是以螺旋方式旋入筆尾。狀態良好。

**1998**
**Edgar Allan Poe**
**（埃德加‧愛倫‧坡）**

當時 105,000 日圓
中古 93,000 日圓

此款鋼筆以沉穩的午夜藍搭配維多利亞時代的金色裝飾，受到廣泛年齡層的喜愛，十分有人氣。有極小的使用痕跡。

**1997**
**Dostoyevsky**
**（杜斯妥也夫斯基）**

當時 99,000 日圓
中古 93,000 日圓

厚實且設計洗鍊的正統派鋼筆，相當有人氣。三件套組只生產700組，其中鉛筆的單品評價非常高。傷痕極小。

**1996**
**Alexandre Dumas**
**（大仲馬）**

當時 98,000 日圓
中古 98,000 日圓

此筆款有大仲馬（上方照片）及小仲馬（誤植版）二種版本，在市場上小仲馬的價格稍微偏高。以狀態良好與否作為購買基準較恰當。傷痕極小。

**1995**
**Voltaire**
**（伏爾泰）**

當時 85,000 日圓
中古 78,000 日圓

筆蓋的天冠以伏爾泰生活的時代所流行的洛可可風格裝飾，相當耀眼。雖然設計沉穩高雅，卻意外地不怎麼受歡迎。試筆程度的高級良品。

**2012**
Jonathan Swift
（強納森·史威夫特）

當時 120,000 日圓
中古 90,000 日圓

仿格列佛帽子的
筆蓋設計十分有
趣，但使用時，
筆蓋並不能插到
筆尾上。試筆程
度。

**2011**
Carlo Collodi
（卡洛·科洛迪）

當時 120,000 日圓
中古 105,000 日圓

以《木偶奇遇記》
為主題，筆身充
滿各種有趣的設
計，例如好似皮
諾丘鼻子的筆尾
等。筆蓋稍微有
重量。試筆程度。

**2010**
Mark Twain
（馬克·吐溫）

當時 120,000 日圓
中古 105,000 日圓

筆身設計表現馬
克·吐溫生活在
密西西比州時的
情景。整體的平
衡感良好，不過
47g 稍嫌偏重。
筆身較 149 細一
點。試筆程度。

**2009**
Thomas Mann
（湯瑪斯·曼）

當時 128,000 日圓
中古 105,000 日圓

以黑色高級樹脂
為底，搭配銀色
線條的裝飾藝術
風格筆款。簡約
的設計評價非常
好。幾乎是未使
用的狀態。

**2008**
George
Bernard Shaw
（蕭伯納）

當時 128,000 日圓
中古 88,000 日圓

設計主題為戲劇
《賣花女》
(Pygmalion)
（《窈窕淑女》的
原作），以賣花
女孩為形象設計
的筆身重 62g，
粗且沉重，不適
合攜帶外出。試
筆程度。

**2007**
William
Faulkner
（威廉·福克納）

當時 128,000 日圓
中古 88,000 日圓

以近代美國文學
巨擘為形象的時
尚設計。平衡感
尚可，不過因金
屬部分較多，故
有些微沉重的感
覺。試筆程度的
完美品。

**2006**
Virginia Woolf
（維吉尼亞·吳爾芙）

當時 110,000 日圓
中古 85,000 日圓

以女性小說家為
主題，整體的設
計也強烈表現出
女性氣質。打褶
設計的筆身容易
持握，平衡感也
很好。狀態良好。

**2005**
Miguel de
Cervantes
（米格爾·德·塞凡
提斯）

當時 100,000 日圓
中古 88,000 日圓

筆桿上的飾環及
筆蓋的設計靈
感，來自於《唐·
吉軻德》中的風
車翼。雖然有重
量感，稍微偏長
且偏長，但平衡
感非常好。試筆
程度。

**2004**
Franz Kafka
（法蘭茲·卡夫卡）

當時 100,000 日圓
中古 78,000 日圓

以小說《變身》
為主題的設計。
中央往兩端逐漸
變細，表現變化
的感覺。限量品
是非常少見的吸
墨器式。傷痕極
小。

# 從1900年到1980年代
# 萬寶龍人氣古董筆入門款

## 編輯部推薦的焦點款式

現代找不到的柔軟筆尖、讓人心生嚮往的早年設計、激勵蒐集興致的夢幻作品。歡迎大家進入充滿魅力的古董鋼筆世界，仔細賞玩品味。
在這裡要從東京‧銀座的古董鋼筆專門店「EuroBox」的現有商品中，介紹適合古董筆入門者購買，流通率也比較高的萬寶龍產品。

採訪協助／EuroBox　攝影／北鄉仁

---

# MONTBLANC

### 萬寶龍

—

萬寶龍古董筆的特性，可說全集中在深奧無窮的筆尖上了。有的韌性十足，有的筆觸纖細柔軟，只要說得出來，不怕找不到想要的鋼筆。

### 無可替代
### 146

這是1950年代的Meisterstück之一，筆尖柔軟纖細，出類拔萃。那纖滑又舒適的感觸，深深吸引著萬寶龍迷，是無可挑剔的絕品。
1950年‧80,000日圓

1950年代初期型星形商標全採用象牙白色。

60年代兩位數系列的特徵在於有護套覆蓋的筆尖。有人把這種筆尖稱作蝴蝶筆尖。

### 觸感纖細的翼尖
### 72 Black

萬寶龍古董筆之中最受大眾歡迎的一個款式。這種筆尖被稱做翼尖，觸感柔軟又纖細，據說只要喜歡萬寶龍的人，最後一定會買上一支。金色與黑色的對比顯得精緻誘人。1960年代‧45,000日圓

翼尖最大的特徵是大幅擺動時也不會往兩側权開。

### 韌性極佳的翼尖
### 256 Black

翼尖的筆觸是這款產品的最大關鍵。缺點是筆蓋材質有些脆弱，但是筆觸的美好可以彌補這項缺陷。其中尤以球形筆尖更是受到萬寶龍迷的重視。
1950年代‧88,000日圓

### 最適合萬寶龍入門者
### 320 Classique Black

這款鋼筆適合初次接觸萬寶龍古董筆的人。價格親民。筆尖偏軟，可以充分感受萬寶龍古董筆的感觸。卡水、吸墨器兩用式。
1970年代‧12,000日圓

# MONTBLANC
## on
# 1960's

象徵1960年代的名品

## 萬寶龍兩位數系列的一切

在古董筆圈子裡，萬寶龍也是最受歡迎的品牌之一。

常常聽到有人表示「尤其1950年代的最棒了，焦糖色小白花很有雅趣！」

不過，萬寶龍不愧是萬寶龍。在名筆成群的50年代後，1960年代又發展出充滿工藝精神的質感，

結構又更簡明容易維修的「兩位數系列」。

自從1924年，第一支Meisterstück上市以來，至本報導刊載時已約莫80年。萬寶龍在這段期間推出了許多種鋼筆。34年除了拉桿式、按鈕式等當時市面常見的型態以外，還推出了活塞上墨式鋼筆。設計也全面翻新，型號名稱開始使用三位數編碼系統。

Meisterstück在49年大幅改款，到52年一共推出了142、144、146、149等四種尺寸，進入產品的黃金期。當時的筆特別講究格調，鋼筆採用墨水吸入量較多、結構較複雜的望遠鏡式上墨，到今天還非常受人歡迎。可是50年代同時也是原子筆急遽遭受人矚目的年代。到了1960年，除了149以外的Meisterstück竟然全數落入停產的命運。

我們接下來要注意的，是在這種環境背景下，於60年代誕生的系列。最大的特徵在於有護套的筆尖、偏向直線的外型輪廓、方便分解・修理的簡易結構。由於型號編碼系統的主流從三位數變成兩位數，這個系列被後人稱作「兩位數系列」。

---

## Genealogy

### 兩位數系列的前身與後繼款式

身為重榮譽的工匠集團，萬寶龍的工匠們用創造50年代名品的雙手，再創造了兩位數系列。這是絕妙融合傳統風采與工藝合理性，完成度極高的鋼筆，直到現在都不斷吸引著更多愛用者。

**254**

**50年代** ▼

50年代的特徵是天冠和筆夾等金屬零件呈現曲線外型。在鋼筆產品方面，50年代初期推出俗稱「烏賊筆尖」的柔軟翼尖。

**22**

**60年代** ▼

象徵著60年代，有護套的翼尖

正面　　背面　　側面

和50年代最大的差異在於用護套保護的筆尖，以及被稱做「cardinal's hat＝樞機卿（羅馬天主教的紅衣主教）帽」的筆蓋外型。整體來說產品輪廓偏向直線設計。

**0221**

**70年代** ▼

兩位數系列在1969年到70年之間陸續停產。不過在70年又沿用22或12的筆尖，生產了0121、0221等過渡期產品。

**221**

0121、0221產品壽命很短，在71年又出現121、221產品。有外觀霧面處理、搭配金筆蓋、卡式墨水上墨等多種產品，成為中級產品系列的核心。

---

↓左頁是90・80號，右頁是70號產品的介紹。當時的產品稱呼也十分有趣，例如「Meisterstück」寫成「Masterpiece」、翼尖稱做「翅膀型筆尖」（wing nib）、尾數是4和2的款式分別稱做「標準型」、「細型」等。由於筆蓋上有「姓名雕刻用區域」，我們推測這是後期的產品型錄（詳細參照79頁）。

### 趕快來看當年樸實剛毅的產品型錄！

編輯部獨力取得了1960年代的產品型錄。打開封面一看，是萬寶龍的歷史介紹，之後是畫著插圖的產品介紹頁。每一樣產品都有精細的插圖，頗有雅興。封底上印有當時的日本總代理店「鑽石產業」的名稱。

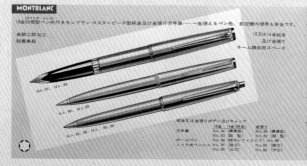

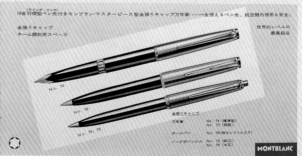

在當時的編碼系統中，第一個數字代表等級或裝飾的種類，第二個數字則是筆的種類或性能。尾數2和4的鋼筆之間，全長差距約有7mm（尾端套筆蓋狀態則相差約10mm）。型號名稱會刻在筆蓋環上。

**# ex.74**

| 數字 | | 材料（筆桿×筆蓋） | 裝飾 | 筆尖（鋼筆） |
|---|---|---|---|---|
| 1 | （10開頭） | 樹脂×樹脂 | 山型（主教）環 | 18K金 |
| 2 | （20開頭） | 樹脂×樹脂 | 雙環 | 14K金 |
| 3 | （30開頭） | 樹脂×樹脂 | 單環 | 14K金／14K金裝飾的鋼尖 |
| 7 | （70開頭） | 樹脂×金箔（金屬） | -- | 18K金 |
| 8 | （80開頭） | 全金箔（金屬） | -- | 18K金 |
| 9 | （90開頭） | 全金（金屬） | -- | 18K金 |

| 數字 | 種類 | 型態 |
|---|---|---|
| 2 | 鋼筆 | 小型 |
| 4 | 鋼筆 | 大型 |
| 5 | 鉛筆 | 0.92 mm筆芯 |
| 6 | 鉛筆 | 1.18 mm筆芯 |
| 7 | 原子筆 | 拉桿式※ |
| 8 | 原子筆 | 拉桿式 |
| 9 | 原子筆 | 按壓式 |

※拉桿末端有防滑刻痕的類型

**Variation** 各個號碼代表的種類差異如下。

山型（主教）環　　雙環　　單環

以上是第一位數字為1、2、3（10開頭、20開頭、30開頭）的筆蓋根部金箔裝飾版本。若是鋼筆則代表筆尖的等級差異。

尾數5的0.92 mm（照片左）和尾數6的1.18 mm（照片右）筆芯。這種被稱做Pix的按壓式自動鉛筆有非常堅固的結構。

原子筆採用撥動在筆夾中間的拉桿，讓筆芯進出筆桿的拉桿式設計。初期產品尾數7，在拉桿末端有防滑刻痕（照片左）。尾數8的產品省去這道設計（照片右）。不過在中古市場可以同時見到這兩種產品。

**Variation** 各個號碼代表的種類差異如下。

**P** 基本上採用活塞上墨式，但有部分產品採用卡式墨水。名稱後加P字的代表是卡式墨水產品。

**S** 在30開頭的產品中可以找到名稱後加S字的銀筆蓋款式。

**D** 筆尖刻有「D」字代表是複寫用（Carbon Copy）筆尖。書寫觸感會比翼尖產品硬。

↓左頁是10號，右頁是20號產品的介紹。中間跨頁的是大型鋼筆149。右頁以小字印刷的顏色版本介紹有「⋯⋯除黑色以外，另外有酒紅色、碧綠色、淡灰色⋯⋯」不過參照海外文獻，某些資料把酒紅色稱做burgundy、碧綠色簡稱做green，淡灰色也只有稱做gray。

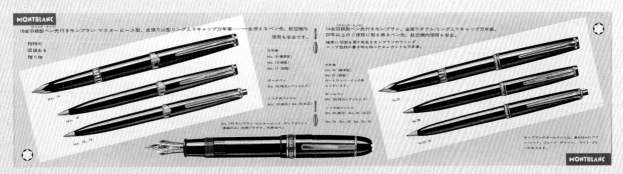

# #90 / Solid Gold
## 全金製的最高級產品

90號開頭的款式，是筆桿、尾栓和筆蓋都用貴金屬打造的高檔次商品。一般認為這種獨特韻味的質感，以及精巧的手工，在現代無法重現（若可能也是萬分昂貴）。筆桿的材質分成14K金和18K金兩種（鋼筆筆尖一律是18K金），18K金的材質比較厚，黃色的色調也比較深。

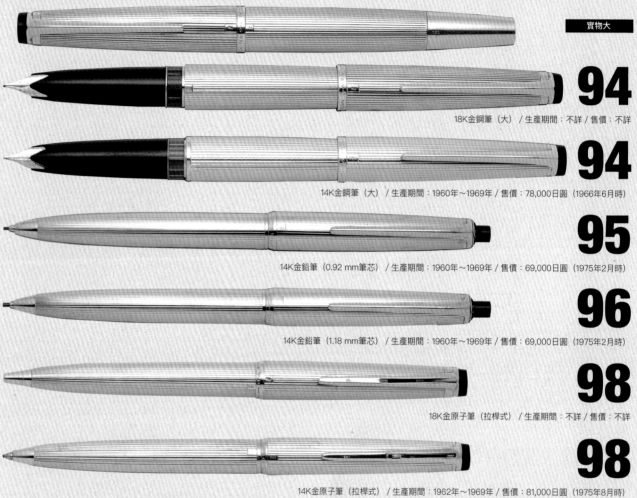

**實物大**

### 94
18K金鋼筆（大）/ 生產期間：不詳 / 售價：不詳

### 94
14K金鋼筆（大）/ 生產期間：1960年～1969年 / 售價：78,000日圓（1966年6月時）

### 95
14K金鉛筆（0.92 mm筆芯）/ 生產期間：1960年～1969年 / 售價：69,000日圓（1975年2月時）

### 96
14K金鉛筆（1.18 mm筆芯）/ 生產期間：1960年～1969年 / 售價：69,000日圓（1975年2月時）

### 98
18K金原子筆（拉桿式）/ 生產期間：不詳 / 售價：不詳

### 98
14K金原子筆（拉桿式）/ 生產期間：1962年～1969年 / 售價：81,000日圓（1975年8月時）

## Design Variation
### 90號產品的版本變化

全金製的90號產品基本上採用的是直條紋樣，不過18K金產品有波浪型的高低條紋款式存在。另外14K金產品有白色K金的版本存在。這些都是很稀有的。

### 94
18K金高低條紋鋼筆（大）/ 生產期間：不詳 / 售價：不詳

### 95
18K金高低條紋鉛筆（0.92 mm筆芯）/ 生產期間：不詳 / 售價：不詳

### 95
14白K金鉛筆（0.92 mm筆芯）/ 生產期間：1960年～1969年 / 售價：97,200日圓（1968年3月時）

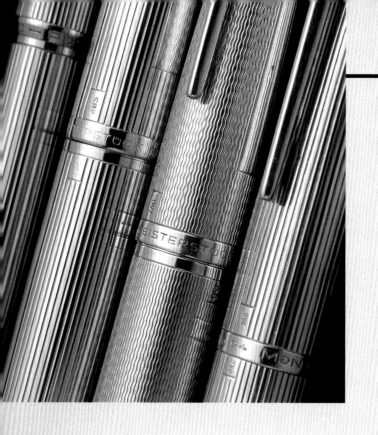

# Detail
## 細節部分的前後期差異

90號開頭的款式，到處都有合金純度標示，讓人驚歎說「竟然連這裡都有」。也許這就是對各個細節都講究的、最高級產品的表徵吧。另外，前期與後期產品之間，有某些零件的造型不一樣。

### 隨處可見的純度刻印

不只是筆桿與筆蓋，連筆夾上端，靠近天冠的地方也有刻印。例如照片中14白K金純度標示不是「585」，而是「590」。

18K金

14K金

14白K金

### 前期／後期差異

#### K環的形狀
觀墨窗下方，握位和筆桿之間的零件「K環」也有前後期的差異。前期的環是垂直的，後期則是與筆桿間有個緩衝角度。這種設計可以減輕套筆蓋時對筆桿造成的衝擊。

#### 姓名雕刻用區域
後期產品會在筆蓋上保留一個刻姓名用的區域。

前期　　　　後期

前期　後期

### 隨處可見的純度刻印

K、Kt、C、Ct等含金純度標示，是以24克拉的純金為基準換算出的合金內純金含有量。如果換算成1000分比例的話，18K金＝18/24＝750/1000。14K金＝14/24≒585/1000。也有直接以數字標示「750」、「585」的。

---

# #80 / Rolled Gold
## 全金箔的第二級商品

80號開頭的產品，是筆蓋和筆桿貼金箔的款式。在現代的話，鍍金是主流技術，然而當時鍍金技術還在發展過程中，品質不如現代。所以廠商採用壓薄金屬後轉壓到材料上的貼箔（Rolled）技術。將金屬貼到樹脂筆桿多年後，筆桿、尾栓因為經久變化，金箔會變得容易剝落，使用時必須注意。

實物大

**82**

全金箔鋼筆（小）／生產期間：1960年〜1969年／售價：24,000日圓（1966年8月時）

**84**

全金箔鋼筆（大）／生產期間：1960年〜1969年／售價：26,400日圓（1969年2月時）

**86**

全金箔鉛筆（1.18 mm筆芯）／生產期間：1960年〜1969年／售價：13,000日圓（1975年2月時）※使用0.92 mm筆芯的85號產品，條件一樣

**87**

全金箔原子筆（拉桿式）／生產期間：不詳／售價：不詳

.. 
# #70 / **Rolled Gold cap**
### 金箔筆蓋，均衡良好的款式

70號開頭的產品，是以樹脂筆桿搭配貼金箔筆蓋的款式。和全金製、全金箔的產品比起來，價錢比較親民，金箔和樹脂的顏色對比美麗，各項條件均衡良好，是非常受歡迎的一款產品。筆蓋和80號產品一樣，採用金屬蓋貼金箔的方式製作。不但材質的觸感舒適，耐久性也非常高。

**實物大**

## 72
金箔蓋鋼筆（小） / 生產期間：1960年～1969年 / 售價：16,000日圓（1975年2月時）

## 72
金箔蓋鋼筆（大） / 生產期間：1960年～1969年 / 售價：17,000日圓（1975年2月時）

## 75
金箔蓋鉛筆（0.92 mm筆芯） / 生產期間：1960年～1969年 / 售價：10,000日圓（1975年2月時）

## 78
金箔蓋原子筆（拉桿式） / 1962年～1969年 / 售價：9,000日圓（1975年2月時）

---

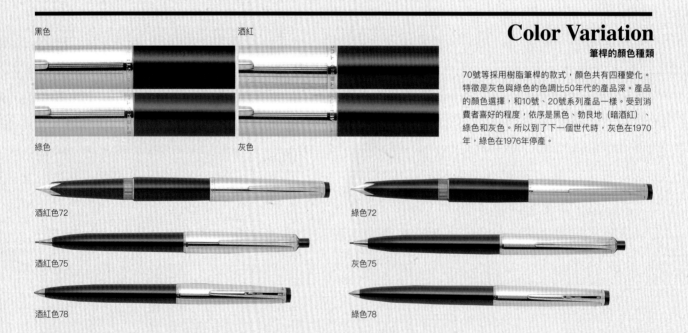

## **Color Variation**
### 筆桿的顏色種類

70號等採用樹脂筆桿的款式，顏色共有四種變化。特徵是灰色與綠色的色調比50年代的產品深。產品的顏色選擇，和10號、20號系列產品一樣。受到消費者喜好的程度，依序是黑色、勃艮地（暗酒紅）、綠色和灰色。所以到了下一個世代時，灰色在1970年，綠色在1976年停產。

黑色　酒紅
綠色　灰色

酒紅色72　　綠色72
酒紅色75　　灰色75
酒紅色78　　綠色78

---

## **Detail**
### 「No.」的有無和字形差異

前期

後期

不只是70號產品，也是整個系列的產品特徵。前期和後期筆蓋根部的環上刻印有所不同。較早的前期產品，型號前面沒有「No.」，字體也比較小。後期不但在型號前加上「No.」，字體也比較大。

# Essay / 不畏懼嚴苛的使用條件
## B尖的MONTBLANC 74

文字／鳥海忠

我的書桌抽屜裏面，有兩支萬寶龍74。一支的筆桿是黑色的，另一支不知道該說是酒紅色還是胭脂紅。筆蓋外層貼著金箔，筆尖是18K金的B尖。

我使用這兩支傑作鋼筆專心工作過好幾年。回頭想想已經三十多年過去，讓我不得不有所感慨。（注：本文發表時間為2005年。）

三十年前，我在日本放送的報導部擔任新聞廣播記者。有些時候我會到警視廳、日本國有鐵道，或者東京都廳的記者俱樂部駐守，也會背著錄音機出門採訪。但是日常來說，我的主要業務是坐在總公司的新聞桌前，撰寫主播要朗讀的新聞原稿。原則上早上十點到下午六點是日班，下午六點到早上十點是夜班。

日班要寫七次原稿，夜間跟清晨加起來也要寫六次原稿。當時收音機的新聞原稿全是手寫稿。我記得報導部有二三、四人吧。大家都要輪流擔任新聞桌的業務，日班有兩、三個人，夜班固定是兩個人留守。

我們要把共同通信、時事通信、產經新聞發來的傳真重新撰寫新聞原稿時，主要使用什麼。我使用鉛筆造型的油性原子筆。也有好筆，可是我因為下筆力道的關係，改用原子筆或鋼珠筆時會用力握筆，每次值班後都疲倦得不得了，心想必須想個辦法解決。

有一次我試著使用自己的鋼筆寫新聞原稿。因為我認為，用鋼筆寫字時會輕輕握著筆，寫起字來會輕鬆多了。M尖的百樂牌Elite雖然在粗糙的稿紙上會顯得刮紙，但是手掌不會感到疲倦。這一點讓我確信鋼筆一定沒問題。

過了幾天，我帶著日本放送的新聞稿紙，訪問在我家附近八王子橫山町的鋼筆店「金筆堂」。我問店主安田先生說，有沒有適合這種紙張的鋼筆。安田先生馬上從櫥窗裏拿出一支鋼筆，問我要不要試試看。那是黑色的萬寶龍74，B尖。

我當然知道萬寶龍會是好筆，可是萬寶龍的價位不是年輕上班族能隨手購買的。在70年代，74已經絕版，金筆堂裏14等兩位數系列，也開始抽空了，裏面也只剩下僅有的庫存貨。

後來我還是買了。這是我的生財工具，在這種時候省錢做什麼。我相信這一定會是一支好筆，買了之後我也很開心。

74充分地回報了我的期待。打開筆蓋套在筆桿後端，拿在手上時的均衡感、筆尖的彈性與柔軟度、B尖的線條粗細、墨流的順暢，每一樣都不會讓我的手感到負擔。這讓我能飛快地寫著原稿。

可能因為筆尖是B尖吧，在稿紙上寫字時不會顯得刮紙，真是滑溜順暢，好像文字是自然湧現的一樣。改用鋼筆寫新聞稿的嘗試，就這樣大功告成了。

又過了差不多一年吧，我又跑了一趟金筆堂，把僅剩的一支酒紅色74買下來當備用品。

我追尋74，並不是把鋼筆當成社會地位的象徵。而是將之當作上班用的專業工具，從實用至上的觀點，接受專家建議，後下的決定。也很明顯地，74不畏懼嚴苛的使用條件，發揮了超出使用者期待的性能。

我不只買下萬寶龍的74、72、14等兩位數系列，也開始抽空購買121、124、126等的三位數經典系列。我還曾經到香港尋找絕版鋼筆，碰到過讓人驚歎的遭遇。

我只使用B尖，頂多偶爾使用M尖，所以我的見識僅止於74、72、14等兩位數系列。但是我認為包括74在內的兩位數系列，在整個萬寶龍公司史上也是值得誇耀的產品。我對於74的筆桿粗細極為滿意，非常執著，有一段時間甚至於為了這個問題排斥其他的優良鋼筆。

雖然不過是鋼筆，但我認為只要有強烈的追求意念，有一天追求的東西就會出現在眼前。而對我來說，那就是萬寶龍。

鳥海忠
1944年出生於東京。畢業於中央大學法學院。散文家。著作有《講究的文具》、《尋找正牌貨 讓人生豐富的小工具》等書。

現在手上一共有五支萬寶龍兩位數系列。在買下黑色、酒紅色之後，又買了綠色筆桿的72和14，以及84，很珍惜地使用著。

# #10/ with gold-plated Triangles
## 山形環的雅致實用款式

10號開頭的產品是有著18K金筆尖，其他材料全由樹脂製作的鋼筆，以及其他的配套產品。在10號、20號、30號產品群裡面，數字最小的10號是最高階的產品。10號產品群的共通特徵是筆蓋根部的山形環，又稱做主教環、三角環。

實物大

## 12

山形環·18K金筆尖鋼筆（小）/ 生產期間：1960～1969年 / 售價：15,000日圓（1981年5月時）

## 14

山形環·18K金筆尖鋼筆（大）/ 生產期間：1960～1969年 / 售價：16,000日圓（1981年5月時）

## 15

山形環鉛筆（0.92 mm 筆芯）/ 生產期間：1960～1969年 / 售價：4,000日圓（1975年2月時）

## 18

山形環原子筆（拉桿式）/ 生產期間：1962～1969年 / 售價：4,000 日圓（1975年2月時）

# #20/ with gold Two Rings
## 搭配14金筆尖鋼筆的雙環普及款

20號開頭的產品，是筆蓋根部用雙環裝飾，和14K金筆尖的鋼筆配套的產品群。原本掛有「Meisterstück」名稱的三位數款式，筆蓋上會有三環裝飾。在產品型錄上，20號以下的產品沒有加上「Masterpiece（Meisterstück）型」的字樣，似乎萬寶龍打算把它們當成平價普及品看待。

## 24

雙環·14K金筆尖鋼筆（大）/ 生產期間：1960～1969 年 / 售價：10,000 日圓（1975年2月時）※22號的售價是 8,000 日圓

## 25

雙環鉛筆（0.92 mm 筆芯）/ 生產期間：1960～1969 年 / 售價：3,500 日圓（1975年2月時）

## 26

雙環鉛筆（1.18 mm筆芯）/ 生產期間：1960～1969 年 / 售價：3,500 日圓（1975年2月時）

## 27

雙環原子筆（拉桿式）/ 生產期間：1960～1961年 / 售價：不詳 ※28號原子筆的生產期間是1962～69年 / 售價：3,500 日圓（1975年2月時）

鋼筆（天冠）　鋼筆（尾栓上）　鉛筆　原子筆

每一款產品的天冠都是平的。鋼筆連尾栓都加上白星。

## Detail
### 兩位數系列的白星

# Basic Structure
## 兩位數系列的基本結構

兩位數系列的美妙之處，在於合理的產品結構。零件分類非常仔細，故障時只要把出問題的部分換掉就可以完成維修。每個元件的拆解、組裝也都很容易。就算材料不同，同一型號的產品原則上使用形狀一樣的零件，保持了互換性。

## Cap
### 筆蓋

頂端水平的天冠，和顏色與白星一樣的樹脂螺絲一體成形。筆蓋套管內部有金屬簧片零件，筆夾安裝在套管上方，用天冠直接固定。

**讓筆蓋確實蓋妥的設計**
筆蓋內部有三片金屬簧片組成的零件。筆蓋根部附近的簧片上有凹槽，讓使用者在套筆蓋時，可以察覺到完全套緊時的回饋感。

## Nib
### 筆尖

接下來讓我們看看60年代兩位數系列的特徵之一，有護套的筆尖結構。拆下握位上的護套，可以看到和50年代生產，俗稱「烏賊」的筆尖造型幾乎一樣的翼尖。筆尖和筆舌重疊後，安裝在半透明的套管內（分解這個元件需要專用工具）。筆尖元件容易拆卸，方便清洗，也是這個產品系列的特徵之一。

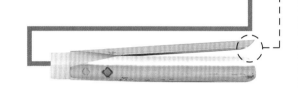

## Barrel
### 筆桿

筆桿部分透過兩個環狀零件和觀墨窗，直接與筆尖元件相連，並且套上握位護套。活塞上墨機構完全整合在尾栓，將上墨元件直接插入筆桿內。

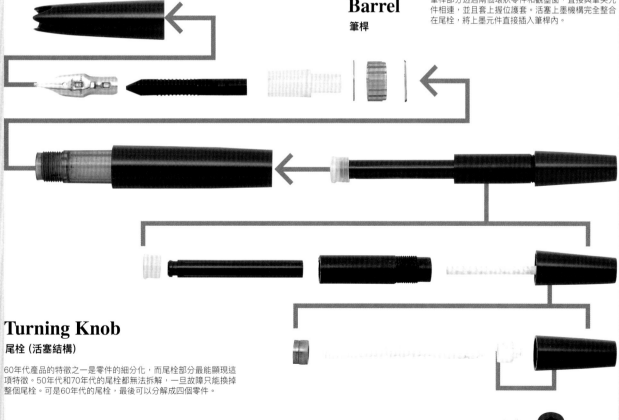

## Turning Knob
### 尾栓（活塞結構）

60年代產品的特徵之一是零件的細分化，而尾栓部分最能顯現這項特徵。50年代和70年代的尾栓都無法拆解，一旦故障只能換掉整個尾栓。可是60年代的尾栓，最後可以分解成四個零件。

**嵌入式的白星**
尾栓部分的白星零件，完全嵌入尾栓內，刻有推動活塞用的刻度，成為傳動軸的根部。

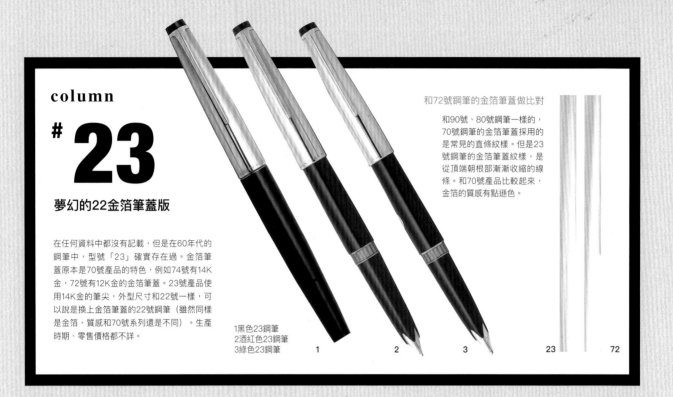

# column

# #23

## 夢幻的22金箔筆蓋版

和72號鋼筆的金箔筆蓋做比對

和90號、80號鋼筆一樣的，70號鋼筆的金箔筆蓋採用的是常見的直條紋樣。但是23號鋼筆的金箔筆蓋紋樣，是從頂端朝根部漸漸收縮的線條。和70號產品比較起來，金箔的質感有點遜色。

在任何資料中都沒有記載，但是在60年代的鋼筆中，型號「23」確實存在過。金箔筆蓋原本是70號產品的特色，例如74號有14K金，72號有12K金的金箔筆蓋。23號產品使用14K金的筆尖，外型尺寸和22號一樣，可以說是換上金箔筆蓋的22號鋼筆（雖然同樣是金箔，質感和70號系列還是不同）。生產時期、零售價格都不詳。

1 黑色23鋼筆
2 酒紅色23鋼筆
3 綠色23鋼筆

1　　2　　3　　23　　72

---

# #30 / with gold One Ring

## 與細尖鋼筆搭配的
## 單環普及款式

這是採用特殊細尖「intarsia nib」（彈性筆尖）的普及款式。筆尖材質有不銹鋼鍍金和14K金等，又有一部分產品採用翼尖（型號前加上O字）。另外還有卡式墨水（型號後加P字）、銀筆蓋（型號後加S字）等多種版本。

實物大

**32**

單環·彈性筆尖鋼筆（小）/ 生產期間：1960～1969 年 / 售價：6,000 日圓（1975年2月時）

**32D**

複寫尖鋼筆（小）/ 生產期間：1962～1969 年 / 售價：不詳

**31**

不銹鋼彈性筆尖鋼筆（小）/ 生產期間：1960～1969 年 / 售價：4,000 日圓（1971年11月時）

**032P**

翼尖（卡水上墨）鋼筆（小）/ 生產期間：1967～1969 年 / 售價：5,000 日圓（1975年2月時）

**032**

翼尖鋼筆（小）/ 生產期間：1967～1969 年 / 售價：7,000 日圓（1975年2月時）

實物大

**38**

單環原子筆（拉桿式）/ 生產期間：1962～1969 年 / 售價：2,500 日圓（1975年2月時）

左邊是32，右邊是31的筆尖。14K金筆尖的32上刻有「585」字樣。

在當時的產品型錄上，介紹著卡式墨水的22P、32P，以及被分類成「Monte Rosa」的40號產品群。請注意型錄下方的筆尖種類。

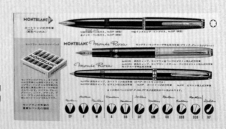

諮詢：EU＝EuroBox
　　　TEL：03-3535-8388
　　：書＝書齋館
　　　TEL：03-3400-3377
庫存和售價是2005年3月底的資料。
各位讀者在諮詢時可能已經售出，敬
請見諒。

**92、96、98**　700,000日圓
鋼筆（小）、鉛筆（1.18 mm）、原子
筆（拉桿式）／三支都是18K金全金屬
材質 EU
附有1965年當時的保證書和包裝盒
（米色）的18K金全金屬文具禮盒。

**98**　250,000日圓
原子筆（拉桿式）／18K金全金屬 2/5 EU
天冠有一條黑帶的稀有款式，黑帶上刻有「1.2.1963」字樣。

**84**　63,000日圓
鋼筆（大、M尖）／全金箔 3/5 EU
僅次於全金屬款式的全金箔高級鋼筆。採用筆觸柔韌的翼尖。

**86**　25,000日圓
鉛筆（1.18 mm）／全金箔 3/5 EU
高級款式，有幾個地方有很小的摩擦痕跡，不過不會讓人在意。

**87**　25,000日圓
原子筆（拉桿式）／全金箔 4/5 EU
稀有的高級款式，但是金屬部位有幾個敲擊痕跡、刮痕。

**74**　40,000日圓
鋼筆（大，F尖）／黑×金箔筆蓋 3/5 EU
黑筆桿搭配金箔筆蓋的暢銷產品。筆桿有少許刮傷。

**72**　43,000日圓
鋼筆（小，EF尖）／勃艮地酒紅×金箔筆蓋 2/5 EU
比較少見的勃艮地酒紅色筆桿。筆尖柔軟一如預期。保存狀況非常好。

**75**　48,000日圓
鉛筆（0.92 mm）／勃艮地酒紅×金箔筆蓋 2/5 EU
兩位數Pix之中最受歡迎的高級款式。金箔與勃艮地酒紅色的搭配非常美麗。

**78**　22,000日圓
原子筆（拉桿式）／黑×金箔筆蓋 3/5 EU
高級款式中的稀有產品。金屬部分有極小的刮痕。

**14**　25,000日圓
鋼筆（大，M尖）／黑 3/5 EU
特徵是在海外被稱作主教環的山形環裝飾。有著兩位數系列典型的飄軟筆尖。

**16**　16,000日圓
鉛筆（1.18 mm）／黑 3/5 EU
和14和12配套銷售的Pix，準高級款式＊。保管狀況非常好。

**24**　19,000日圓
鋼筆（大，F尖）／黑 3/5 EU
14K金的普及品，書寫觸感柔韌。筆桿有一道刮傷。

**24**　25,000日圓
鋼筆（大）／黑 書
刻印字體較大的種類。保存狀況非常良好。

**25**　22,000日圓
鉛筆（0.92 mm）／酒紅 2/5 EU
定位雖然是普及品，但非常受消費者青睞的0.92 mm款式。保存狀態非常良好。

**31**　25,000日圓
鋼筆（小，彈性筆尖）／黑 書
不銹鋼彈性筆尖的普及品。保存狀態非常良好。

**32S**　250,000日圓
原子筆（拉桿式）／18K金全金屬 2/5 EU
天冠有一條黑帶的稀有款式，黑帶上刻有「1.2.1963」字樣。

**032S**　27,000日圓
鋼筆（小，彈性筆尖，EF尖）／綠×銀蓋 2/5 EU
稀有款式，而且是少見的綠色筆桿。EF筆尖但筆幅接近F。貼有價格標籤的新品。

**32D**　25,000日圓
複寫筆尖（碳複寫紙用）。握筆形狀少見，適合收藏的用品。
複寫筆尖（碳複寫紙用）／黑 3/5 EU

**34**　25,000日圓
鋼筆（小，複寫筆尖）／黑書
30號的大型鋼筆。保存狀況非常良好。

**49**　10,000日圓
原子筆（按壓式）／黑 3/5 EU
雖然是廉價款式，但是在二手市場上是難得一見的稀有物品。有細微刮傷。

**49S**　13,000日圓
原子筆（按壓式）／灰×銀蓋 3/5 EU
非常少見的款式，而且是產量少的灰色筆桿。有非常細微的刮傷，但保存狀況良好。

番外篇

**175**　25,000日圓
三環的Masterpiece原子筆（拉桿式）／黑 3/5 EU
介於50、60年代之間的產品，夾雜兩個世代設計細節的超稀有物品。是值得收藏的對象。

1900～1970年代

# MASTERPIECES OF VINTAGE PENS

## 名貴的逸品Vintage **19**

鋼筆的價格昂貴是有原因的。有些鋼筆即使價格稍微高昂，卻仍能跨越時空，持續受到愛戴。古董鋼筆精緻而厚實的裝飾、稀有的材質、經年累月蓄積的深蘊，充滿現代難以重現的魅力。本章將介紹萬寶龍在鋼筆界，特別受歡迎的代表傑作。

採訪協力／EuroBox　攝影／北鄉仁

## MONTBLANC

從二線品、二位數系列等普及品，到安全筆、139、149等Masterpiece（大師傑作）系列的高級品，都承襲了代代相傳的技術與傳統。纖細的筆觸與柔軟的筆尖，款式豐富多彩的萬寶龍古董鋼筆世界，深深魅惑了古董鋼筆迷的心。

**01** / **19**

MONTBLANC 149

**萬寶龍史上最大支的鋼筆**

身為望遠鏡式活塞的古董鋼筆代表，149的存在感果真別具一格。即使並非萬寶龍的愛好者，也會想要入手一支。雖然有許多人認為望遠鏡式活塞很難駕馭，不過只要掌握訣竅，其實不會很難。鋼筆本身搭載的是14C的柔軟筆尖。

◆1952年·OB·188,000日圓

初期型149配有14C的金、白、金三色筆尖。

**03** / **19**

MONTBLANC 139

**1930年代誕生的優秀逸品**

將139與它的後繼款149仔細比較後，各方面來說，基本上結構和材質都是一樣的。這支鋼筆的市場價格非常高，據推測，應該是蛇形筆蓋象徵的經典形象，以及現存數量的稀少程度，反映到了市場價值上。

◆1939年·M·400,000日圓

筆舌較為平滑是初期型的特色。

**02** / **19**

球形筆尖的特色是磨圓的銥點。

MONTBLANC 146

**想要一再嘗試的舒適寫作感**

MONTBLANC 146的特色是有彈性而纖細的筆尖，這是146獨具的特質，144及149沒有。筆尖為Kugel nib（球形筆尖），對喜愛軟質筆尖的人來說，應可以說是一款極致的好筆。

◆1952年·球形筆尖·98,000日圓

聯絡資訊：EuroBox（ユーロボックス）
※各價格為2013年7月古董鋼筆專賣店「EuroBox」所販售的含稅價格。
報導年份：2013年7月

## MONTBLANC 246 咖啡色條紋

### 獨一無二的虎眼花紋

這支別名「Tiger Eye＝虎眼」的咖啡色筆款，與同年代的 #146 綠色和灰色的條紋樣式不同，它的特色在於有如將木頭直向剖開的大片木紋風珍珠紋樣。246 是近年評價水漲船高的鋼筆之一，特徵是柔軟筆尖。

◆1950年·M·230,000日圓

**04 / 19**

## MONTBLANC 146灰色條紋

### 1960年消逝的條紋筆身146

筆身的一部分閃爍著銀線般的光芒，深淺有致的灰色與黑色，交織成複雜而璀璨的花紋，宛如萬花筒一般。要重現這種賽璐珞製的複雜華麗花紋，即使運用現代的技術，據說也相當困難。

◆1949年·F·250,000日圓

**05 / 19**

將浸在墨水中的筆尖轉出使用。
※照片僅為示意，所以沒有沾附墨水。

**09 / 19**

## MONTBLANC NO.6 Safety（安全筆）

### 萬寶龍創始之初的名品

這支鋼筆的優點是筆蓋可以完全密封，不會漏墨，墨水也能保存在筆桿中，不會變色（變深）。構造方面雖然有一些較難駕馭的部分，不過習慣後，日常使用完全沒有不便之處，沒有像它這麼有趣的鋼筆了。

◆1920年·EF·160,000日圓

**06 / 19**

## MONTBLANC 74 酒紅色

### 時尚的外形與秀逸的筆尖

以現代大幅進步的鍍金技術打造而成的鍍金筆蓋及樹脂筆身，兩者的組合實在是非常優秀。這種嶄新且毫無空隙的俐落外形，時尚帥氣，令人難以想像是 60 年前的產品。筆觸柔軟的翼尖（wing nib）也十分美麗。

◆1960年·M·55,000日圓

**07 / 19**

## MONTBLANC 94 14K純金大麥紋

### 華麗的純金色鋼筆

流通在中古市場的 #94，幾乎都是筆蓋和筆桿有直條溝紋的款式，而這支鋼筆則是稀少的大麥紋版。94 在 1960 年代的筆款中，是最棒也最稀少的 Meisterstück 鋼筆。

◆1960年·B·250,000日圓

大麥紋中刻有表示14K金的595刻印。

**08 / 19**

**10 / 19**

## MONTBLANC 256

### 時代的寵兒翼尖

雖說是普及品，但如此廣為流行的鋼筆仍算少數。最受歡迎的一點是它獨特的筆尖，稱為翼尖（俗稱烏賊尖），有彈性、滑順、流暢度佳，可以說這支鋼筆集結了軟質筆尖愛好者所追求的優點。

◆1957年·M·65,000日圓

## MONTBLANC 1286 18 K金白金色

### 極致稀少的白金筆身

1970 年代 Meisterstück 系列的最高級筆款。使用極少作為鋼筆材質的白金打造，在金價飆漲的今日，可以說是非常有價值的一品。筆蓋和筆夾等所有的零件，均刻有表示18K金的750刻印。

◆1971年·B·250,000日圓

# 1980~90年代的萬寶龍鋼筆

至1980年代中期左右為止，Meisterstück（Masterpiece）系列的高級品還為數不多，不過到了1987年左右，便接連發表了#1497（約100萬日圓）及#1447（約70萬日圓）等使用了貴金屬的高級品，一口氣加速了鋼筆的高級化。

**Meisterstück 149**
**1980年代初期 58,000日圓**

1980年代初期的 Meisterstück 149，特色在於硬質橡膠筆舌加上14C中白雙色筆尖的設計，以及柔軟度恰好的筆身。此一世代的萬寶龍筆款，筆尖都有彈性。

**Meisterstück 146**
**1980年代中期 48,000日圓**

這支1980年代中後期左右製造的筆款，觀墨窗為灰色。筆舌為有水平溝槽的硬質橡膠製。本品為全14K金，有彈性的筆尖。另外也有極少數筆尖柔軟的筆款。

**Meisterstück 1468 細條紋**
**1989年 88,000日圓**

此筆款是與大麥紋#1466同時發售的人氣商品。於2000年左右停止生產，不過現在依然有著穩定的人氣。銀色筆身加上鍍金飾環，相當美麗。

**Meisterstück 146 酒紅色**
**1992年 58,000日圓**

1980年至1990年代的 Meisterstück 系列中，少數為酒紅色的鋼筆。2000年代初期停止生產，不過至今人氣依然很高。

**Meisterstück 75周年紀念149**
**1999年 110,000日圓**

慶祝 Meisterstück 誕生75週年所推出的筆款。有玫瑰金及黃金版本，前者的人氣較高。本品為黃金版，天冠的飾環中鑲有鑽石。

# VINTAGE MONTBLANC

## 就是想要！往年的萬寶龍

諮詢：EuroBox
TEL/FAX 03-3538-8388
URL www.euro-box.com

注意：刊登的資料以2005年9月底為準。定價方式會隨商品的狀態與稀有價值、是否有說明手冊、盒子等附加價值而改變（商品售價皆含稅）。

萬寶龍每個世代的產品都各異其趣，很能引發大家的收藏欲望。本篇便從東京‧銀座的古董筆文具專賣店「EuroBox」豐富的存貨中，經過一番精挑細選，介紹諸多值得收藏的古董筆。想要嘗試踏進這個圈子的人、忍不住還想再來一支的人，一定能夠在這裡找到喜好的鋼筆。

攝影 / 北鄉仁

## FOUNTAIN PEN
## 鋼筆

### 1920 年代～ 1940 年代

**White Star**

4LONG    138

安全筆（旋轉式）
打開筆蓋後，旋轉尾栓讓筆尖露出筆桿。

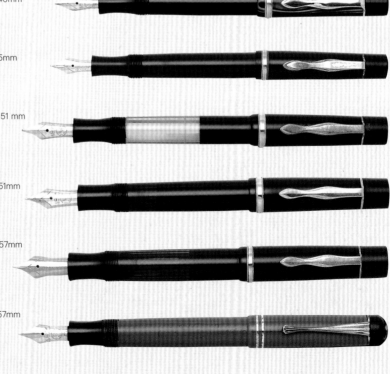

#### 4 LONG
120,000 日圓　1920 年代　F
[套筆蓋] 142mm [使用] 190mm
安全筆（旋轉）式，黑色硬質橡膠製。
採用滴入式上墨。經過80年的歲月依舊滑順。

#### 25
235,000 日圓　1920 年代　M
[套筆蓋] 132mm [使用] 180mm
安全筆（旋轉）式，黑色硬質橡膠製。
星形商標特別大。保存狀態極佳。

#### 1 SHORT
98,000 日圓　1920–29 年　EF　[套筆蓋] 99mm [使用] 135mm
安全筆（旋轉）式，黑色硬質橡膠製。雖然體積小，筆尖的觸感細緻順手。

#### 122PL
220,000 日圓　1935 年左右　F　[套筆蓋] 120mm [使用] 140mm
尾栓按壓式，超稀有紋樣的銀珍珠筆桿。
流線型的珍珠紋樣與整體的輪廓十分美艷。

#### 122G
95,000 日圓　1935 年左右　F　[套筆蓋] 124mm [使用] 145mm
尾栓按壓式，黑色硬質橡膠製。
有一點日曬痕跡，讓人緬懷過去的優秀商品。

#### 134
118,000 日圓　1935 年左右　SB　[套筆蓋] 128mm [使用] 151 mm
望遠鏡式、長觀墨窗、樹脂製筆桿。
觀墨窗較長，相對比較稀有的款式。

#### 136
138,000 日圓　1937 年左右　M　[套筆蓋] 128mm [使用] 151mm
望遠鏡式、樹脂製筆桿。尺寸男、女都適用，是標準型的產品。

#### 138
180,000 日圓　1939 年左右　M　[套筆蓋] 135mm [使用] 157mm
望遠鏡式，有一點長的觀墨窗。
生產時期有限的CN筆尖在歐美相當受到重視。

#### 30
78,000 日圓　1935–46 年　EF　[套筆蓋] 135mm [使用] 157mm
尾栓按壓式、丹麥製造、珊瑚紅樹脂製筆桿的大型鋼筆。
星形商標有少許變色。

※F、M、EF等標記代表筆尖的筆幅（書寫的線條粗細）以及種類。各種標示的定義如下。
EF=極細字　F=細字　M=中字　B=粗字　O=傾斜字　K=Kugel（球形鋶點）
報導年份：2005年10月

# 1950年代

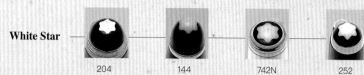

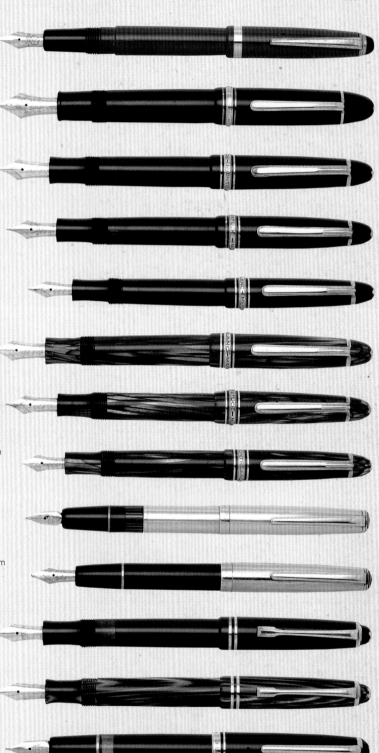

### 204
68,000 日圓　1950-54 年　M　[套筆蓋] 134 cm [使用] 156 cm
尾栓按壓式、丹麥製造、珊瑚紅樹脂筆桿。有相對比較柔軟的筆尖。

### 149
190,000 日圓　1950-54 年　EF　[套筆蓋] 144 cm [使用] 156 cm
最初期型的望遠鏡式、黑筆桿。
筆尖有適當的彈性、劃在紙上時的觸感柔軟。

### 146
58,000 日圓　1950 年代　F　[套筆蓋] 135mm [使用] 155mm
望遠鏡式、黑筆桿。特徵是附有彈性的筆尖，在140開頭的系列中
特別受到買家歡迎。

### 144
48,000 日圓　1950 年代　B　[套筆蓋] 131mm [使用] 148mm
望遠鏡式、黑筆桿。喜歡#149、#146但覺得筆桿太粗的人，正好適
合這一支筆。

### 142
45,000 日圓　1950 年代　OB　[套筆蓋] 127mm [使用] 142mm
望遠鏡式、黑筆桿。軟飄又有韌性的筆尖是這個系列專屬的特色。

### 146
158,000 日圓　1949-60 年　F　[套筆蓋] 135mm [使用] 157mm
#146的綠色條紋筆桿是超稀有的產品。而且保存狀況十分良好。
望遠鏡式、賽璐珞製。

### 144
138,000 日圓　1949-60 年　EF　[套筆蓋] 129mm [使用] 148mm
稀有的綠色條紋筆桿。望遠鏡式，和上列的#146一樣是賽璐珞製。
筆桿有極輕微的拗折痕跡。

### 142
125,000 日圓　1952-58 年　KF　[套筆蓋] 12.6mm [使用] 14.5mm
望遠鏡式、稀有的綠色條紋筆桿。為什麼這樣美麗的筆沒有重新生產的
計畫呢？

### 742N
110,000 日圓　1951-56 年　OB　[套筆蓋] 128mm [使用] 143mm
望遠鏡式、全金箔。採用筆觸柔韌、外型獨特的翼尖。

### 642
65,000 日圓　1952-56 年　OBBB　[套筆蓋] 131mm [使用] 140mm
望遠鏡式、金箔筆蓋和黑色筆桿醞釀出美麗的對比。筆觸柔軟。

### 244
45,000 日圓　1948-49 年　M　[套筆蓋] 128mm [使用] 149mm
活塞上墨式、黑筆桿。金色簡明設計的筆尖具有韌性，軟硬適中。

### 244
138,000 日圓　1950-54 年　M　[套筆蓋] 128mm [使用] 149mm
活塞上墨式、超稀有的珍珠灰色條紋筆桿。下筆時橫線細、直線組
的筆尖。

### 256
55,000 日圓　1957-59 年　M　[套筆蓋] 133mm [使用] 147mm
活塞上墨式、黑筆桿。外柔內韌，具有彈性的翼尖。難道現代找不到
這樣的鋼筆了嗎？

### 254
48,000 日圓　1957-59 年　F　[套筆蓋] 130m [使用] 141mm
活塞上墨式。稀有的灰色筆桿，幾乎沒有使用過的良品。採用的是柔軟的翼尖。

### 252

25,000 日圓　1957–59 年　OM　[套筆蓋] 127mm [使用] 140mm
活塞上墨式、黑筆桿。適合想要筆尖柔軟的小型鋼筆的人。
筆尖是OM尖，但可以調整成M。觀墨窗是水藍色材質。

### Monte Rosa O42G

28,000 日圓　1954–56 年　M　[套筆蓋] 127mm [使用] 142mm
灰色筆桿屬於較為少見的顏色。筆尖堅韌筆觸良好，保存也不錯。活塞上墨式。

### Monte Rosa O42

28,000 日圓　1957–60 年　F　[套筆蓋] 127mm [使用] 142mm
綠色筆桿也是很少見的。貼有標籤，幾乎沒使用過的良品。活塞上墨式。

### 342

18,000 日圓　1957–60 年　B　[套筆蓋] 127mm [使用] 142mm
與Monte Rosa尺寸幾乎完全相同。筆尖柔軟有韌性。活塞上墨式、黑筆桿。

# 1960 年代～ 1970 年代

**White Star**

72　　126

### 84

65,000 日圓　1960–70 年　KM　[套筆蓋] 136mm [使用] 150mm
1960年代Meisterstück產品之一。全金箔的豪華版商品，翼尖。

### 72

32,000 日圓　1960–70 年　OB　[套筆蓋] 130mm [使用] 142mm
護套型的握位環繞下的筆尖，是中段朝外擴張的翼尖。活塞上墨式、黑筆桿。

### 14

28,000 日圓　1960–70 年　F　[套筆蓋] 136mm [使用] 150mm
1960年代的兩位數翼尖，比1950年代的翼尖要纖細很多。
活塞上墨式、黑筆桿。

### 22

30,000 日圓　1960–70 年　F　[套筆蓋] 130mm [使用] 142mm
少見的灰色筆桿。有些人會把1960年代的翼尖稱做蝴蝶筆尖。活塞上墨式。

### 32S

18,000 日圓　1967–70 年　B　[套筆蓋] 130mm [使用] 143mm
這是連筆尖的前半段都被握位固定的類型，筆尖的觸感偏硬。
活塞上墨式、黑筆桿。

### 34

15,000 日圓　1961–70 年　F　[套筆蓋] 135mm [使用] 146mm
廉價版的產品，但是比較少見的綠色筆桿。筆尖觸感偏硬。
活塞上墨式。

### 1286

250,000 日圓　1971–73 年　B　[套筆蓋] 135mm [使用] 147mm
就連萬寶龍行家也多半沒見識過的超稀有作品。白色18K合金。

### 1246

55,000 日圓　1971–77 年　F　[套筆蓋] 135mm [使用] 145mm
活塞上墨式、全面金箔但有開衩的類別。筆觸比1960年代的翼尖還要
稍微硬一些。

### 126

38,000 日圓　1971–75 年　M　[套筆蓋] 135mm [使用] 145mm
筆桿也有開衩的少見類別。白色18K合金筆尖。活塞上墨式。

### 221

12,000 日圓　1971–79 年　EF　[套筆蓋] 135mm [使用] 145mm
卡水、吸墨器兩用式、黑筆桿。筆尖從前半段開始固定，筆觸或多或少
有點硬。

## Carera 522
13,000 日圓　1971-79 年　F　[套筆蓋] 135mm [使用] 145mm
卡水、吸墨器兩用式。不知為什麼在北美洲暢銷的，黃筆桿鍍鉑金筆尖鋼筆。

## Junior 622
13,000 日圓　1971-75 年　F　[套筆蓋] 137mm [使用] 149mm
活塞上墨式、天藍色筆桿。觀墨窗的部分開有小窗口，挺雅致的。
雖然是廉價版產品，但出乎意外的少見。

## 1157
15,000 日圓　1976-80 年　F
[套筆蓋] 138mm [使用] 155mm
Noblesse (貴族系列) 其中一款。卡水、吸墨器兩用式。
全面金箔但外觀纖細，帶有都會風格的設計。14K金筆尖。

## 149
55,000 日圓　1980 年左右　1970年代末~80年代
初期　F [套筆蓋] 148mm [使用] 169mm
活塞上墨式、黑筆桿。14C雙色筆尖，筆觸比現行
產品柔軟。

# FOUNTAIN PEN INK
# 鋼筆用墨水

### No.24
3,500 日圓　1950年代　58ccm (2oz)
讓人印象深刻的六角形墨水瓶，高約70mm。
明確標示著「Permanent」字樣的藍色墨水。

### No.18
4,000 日圓　1960 年代　1/32Ltr
裝在60年代常見的玻璃瓶內的國王藍色墨水
（上述售價是裝著墨水時的價錢）。

### No.29
5,500 日圓　1950 年代　1/12Ltr (3oz)
50年代的靴型墨水瓶頗受好評。
這瓶墨水的顏色是藍黑色。

# PENCIL
# 鉛筆

## 10
45,000 日圓　1920 年代　1.18mm [Size] 135mm
硬質橡膠製。質地輕盈，像一般鉛筆一樣的八角形筆桿，
非常容易使用。附有裝備用筆芯的盒子。

## Streamline
85,000 日圓　1935-55 年　1.18mm [Size] 120mm
在Streamline的Pix之中也很稀有的菱形圖案產品。也是順手好用的實用作品。

## 72G
35,000 日圓　1935-50 年　1.18mm [Size] 119mm
硬質橡膠製。蛇形筆夾和立體造型的中央筆環調和得十分美麗。
適合實用的Pix。

## 72/2
75,000 日圓　1950 年代　1.18mm [Size] 11.9 cm
超稀有的銀灰色珍珠筆桿。而且保存狀況超級完好，無懈可擊的絕品。

## 172
58,000 日圓　1952-58 年　1.18mm [Size] 125mm
少見的綠色條紋筆桿。和眾多Pix產品相較，一樣屬於最高等級。

## 176
38,000 日圓　1958-59 年　1.18mm [Size] 124mm
混合了1950和1960年代兩種設計的貴重Pix。
全日本可能只有兩三支，足以讓蒐集者垂涎覬覦。

※1.18mm/0.92mm是鉛筆的筆芯直徑。
※EuroBox有經手1.18mm的2B、4B特製筆芯商品。

### 276
13,000 日圓　1957–59 年　1.18mm [Size] 126mm
滑動上半截筆桿操作的稀有類型。
這種類型的特徵是滑動的感覺很沉重。

### 35
25,000 日圓　1961–70 年　0.92mm [Size] 132mm
超稀有的灰色筆桿，而且幾乎沒使用過的極佳產品。
非常難有機會見到。

### 36S
19,000 日圓　1966–70 年　1.18mm [Size] 132mm
稀有的灰色筆桿。幾乎沒使用過的極佳產品。
灰色、銀色與金色的均衡感非常灑脫。

### 25
22,000 日圓　1971–73 年　0.92mm [Size] 132mm
少見的綠色筆桿。有不少人認為，兩位數系列的筆夾造型十分美觀。

### 1686
195,000 日圓　1971–73 年　1.18mm [Size] 132mm
在市場上難得一見的超稀有商品，白色18K合金Pix。保存狀況極佳。

### 1596
195,000 日圓　1971–73 年　0.92mm [Size] 132mm
18K全金金屬製造。在1970年代的Pix之中屬於最高級檔次的
產品之一。豪華的良品。

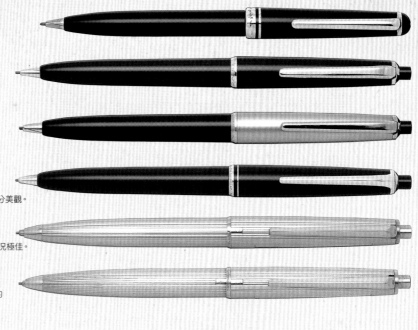

# BALL PEN
# 原子筆

### 115
68,000 日圓　1958–59 年　[Size] 122mm
相當於鋼筆中的Meisterstück，最高級的原子筆。天冠非常美麗。
滑桿式。

### 315
15,000 日圓　1958–59 年　[Size] 125mm
勃艮地紅色筆桿的可愛原子筆。滑桿式。

### 98
195,000 日圓　1961–70 年　[Size] 128mm
豪華的14K金全金金屬吸引著大眾的視線，1960年代最高級的
原子筆。保存狀況也最佳。

### 88
30,000 日圓　1961–70 年　[Size] 128mm
滑桿式。全金箔。整體有不少使用刮痕。

### 18
14,000 日圓　1961–70 年　[Size] 12.9 cm
滑桿式，使用後插在胸前口袋時，會自動滑動，將筆芯收入筆桿裡。
保存狀況良好。

### 28
13,000 日圓　1961–71 年　[Size] 129mm
滑桿式。較為少見的勃艮地紅色筆桿。保存狀況良好。

### Pix·O·mat
18,000 日圓　1960 年代　[Size] 132mm
外層鍍鉻。整體有使用磨耗。滑桿式。

### 184
38,000 日圓　1971–73 年　[Size] 128mm
滑桿式。全面金箔的高級品。替換筆芯可以在EuroBox購買。
保存狀況極佳。

### 690
10,000 日圓　1971–79 年　[Size] 134mm
在這個時代按壓式的原子筆反而少見得讓人驚奇。
刻有商標的黑筆桿。

### 1947
13,000 日圓　1974–77 年　[Size] 138mm
鍍白金的無筆蓋產品。
幾乎沒有使用過的絕佳商品。

　※某些型號的原子筆備用筆芯，可能已經無法在市面買到，但是在EuroBox一定都能買到手。
報導年份：2005年10月

# 必買古董筆！
# 讓人立刻想要的早年名品

在早年生產的佳作，有著新產品享受不到的筆觸、設計細節。以下要介紹從1920年到70年代為止，古董鋼筆圈子裡廣受好評的名牌佳作。

# MONTBLANC

自從1924年推出Meisterstück之後，長年維持領先地位的鋼筆業界英雄。旗下有1949年上市，如今成為眾多鋼筆的楷模的146、兩位數系列、副產品線等美不勝收的傑作產品群。

## 萬寶龍古董筆佳作如潮

我們將依據稀有程度和行情售價（由東京・銀座的古董鋼筆專門店「EuroBox」協助調查），一起欣賞各個時代的萬寶龍佳作鋼筆。

### 稀有程度量表

各個款式的稀有程度，將分成三個等級標示。
墨水瓶的數量越多，代表越是稀有。

▮...常見

▮▮...不大常見

▮▮▮...超稀有！幾乎沒有流通

### 雋永恆久的虎眼石紋樣
▮▮

## 242G
brown striated

棕色條紋版

行情售價：11～13萬日圓
俗稱「虎眼」。在50年代萬寶龍的條紋筆桿中，也極為罕見，非常受歡迎的絕品。

### 漂浮在條紋中的白星
▮▮▮

## 144
green striated

綠色條紋版

行情售價：15～18萬日圓
顏色濃淡有著複雜變化的綠色賽璐珞，塑造出充滿魅力的神祕紋樣。望遠鏡式上墨。

### 海明威鋼筆的原型
▮▮▮

## L139G
short window

短觀墨窗

行情售價：35～40萬日圓
作家系列第一款作品海明威的原型，1930、40年代最高峰的Meisterstück。望遠鏡式上墨。

### 246G
brown striated

棕色條紋版

行情售價：18～23萬日圓
和242比起來，尺寸大了兩號的最大型產品246更受到鋼筆迷喜愛。纖細且柔軟的筆尖向來廣受好評，稀有程度、行情售價也跟著高漲。

### 說到146，當然要看50年代
▮▮

## 146
black/short window

黑色／短觀墨窗

行情售價：7～8萬日圓
帶有韌性，卻又具備特有柔性的50年代筆尖。有人形容這是「終極版筆尖」。望遠鏡式上墨。

### 50年代的白星是象牙白色

萬寶龍的象徵，天冠上的白星，形狀與大小會隨時代變遷發生微妙的變化。1950年代初期的Meisterstück白星是淡淡的象牙白色。這絕妙的色彩讓人難以忘懷。

## 兩位數系列 (1960年代)

進入1960年代以後，只剩下旗艦產品Meisterstück 149維持生產，俗稱兩位數款式的現代造型鋼筆開始出現了。

兩位數款式的特徵，是沿用50年代翼尖設計的筆尖、以直線為基礎的輪廓設計，以及容易維修的結構。產品種類豐富，有全金屬的豪華版90號系列、全金箔的80號系列、樹脂筆桿搭配貼金箔筆蓋的70號系列、普及款式的10、20、30號系列等等。

### 全金屬的
### 旗艦款式

## 94
14C gold

14C金筆

行情售價：25～30萬日圓
1960年代，兩位數款式的最高級產品。非常纖細柔軟的筆尖，是一大優點。大多數的產品外觀是直線裝飾，不過也有波浪形的大麥紋樣款式存在。

### 金×灰的
### 絕妙組合

## 74
grey

灰色

行情售價：4.5～5.5萬日圓
擁有金箔筆蓋與樹脂筆桿的絕妙對比，塑造出優雅氣氛的暢銷款式。70號開頭的產品，樹脂筆桿共有Gray、Black、Burgundy、Green等四種顏色。和其他時代的產品相較，Gray和Green的色調比較深。

### 筆觸有如
### 羽毛筆

## 22
black

22黑色

行情售價：1.8～2萬日圓
兩位數款式的廉價款式，但非常容易使用。價錢也很合理。

### 作家熱愛的標準鋼筆

## 149
開高款

行情售價：5.5～6.5萬日圓
主要特色是修長的14C中白筆尖、開有橫向溝槽的硬質橡膠筆舌、斜肩筆夾、一體型握位等。通常指1970年代後半到1980年代初期生產的款式。

### 能夠寫字的珠寶

## 1286
18C white gold

18C 白色K金

行情售價：24～27萬日圓
1970年代Meisterstück的最高級產品。和1960年以前的款式相較，設計變得十分新穎。

### 古董鉛筆帝王

# Pix 672
green striated

綠色條紋版

行情售價：5～6萬日圓
鍍金與綠色條紋的組合。1950年代最高級鉛筆之一。按壓式。

### Pix

1930～70年代生產的按壓式自動鉛筆Pix。自從1934年開始生產以後，陸續推出硬質橡膠或樹脂、美麗的賽璐珞、帶有光澤的金屬等多種材質與設計的款式。堅固耐久又美麗，是古典自動鉛筆的傑作。

### 必備色彩
### 勃艮地

# Pix 75
burgundy

勃艮地紅色

行情售價：4～5萬日圓
粗細剛好，尺寸絕妙的0.92mm筆芯款式，非常容易使用。瀟灑的外型設計，讓人評價為按壓式鉛筆的最終極款式。

### 翼尖

翼尖這個名詞，基本上用來稱呼50年代的烏賊筆尖，但有些時候用來稱呼附有護套的兩位數筆尖款式。筆尖的兩側角度垂直，中縫不易開叉。具有適度的彈性，但也有些筆尖書寫起來顯得軟飄飄的。

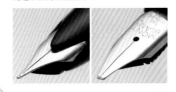

### 副產品線
### (1950年代)

和149等型號以1開頭的Meisterstück產品相對的，型號是2開頭的款式被俗稱作副產品線。例如有美麗的條紋圖樣的24X、採用筆觸舒適，彈性豐富的翼尖的25X、筆觸纖細，韌性十足的26X、丹麥製造的個位數等系列產品，都屬於副產品線。進入1960年代以後，用色與裝飾脫離了複雜的圖樣，更換成單色的灰色、紅色、綠色等粉彩風格顏色。

### 50年代誕生的
### 傳奇筆尖

## 256
black

256黑色

行情售價：5～6萬日圓
特徵是採用1954年左右上市，俗稱烏賊筆尖，造型獨特的翼尖。筆尖柔韌又具有彈性。

### 萬寶龍古董筆
### 筆尖的巔峰

254 black

# kugel nib

254球形筆尖

行情售價：3.3～3.8萬日圓
副產品線的中間尺寸產品254型，配備Kugel筆尖。銥點呈球形的Kugel筆尖，非常受到玩家熱愛。

### 古董筆特有的筆尖「球形筆尖」

意為「球」的「Kugel」筆尖，形狀就像照片中一樣的，在筆尖有著造型圓滑，略微上翹的銥點。特徵是因為銥點的外型圓滑，可以容許的筆記角度較為寬廣。

勾起反骨好奇心
如珍寶般令人喜愛的文具

# 探詢隱藏的名品

「經典」、「王道」必定不會令人失望，
但這些文具人盡皆知，擁有者為數不少。
總是仰賴前人的眼光，不免有些乏味；
想憑藉自己的眼力來探索，邂逅真正的逸品。
雖然曾經一晃而過，卻值得重新審視。
一起來尋找文具中的「隱藏版名品」吧！

# 白色筆身的萬寶龍

帶著紅色的萬寶龍黑色高級樹脂筆身，可以說是現代鋼筆的經典基本款。單是將筆身以白色呈現，氛圍便瞬間改變，變身綻放著如夢似幻般高雅氣質的美麗筆身。

### Meisterstück
### White Solitaire玫瑰金
### Classique鋼筆

加筆蓋約145mm．書寫時約154mm（本體約123mm．筆蓋約67mm）．筆身直徑約11mm（筆蓋直徑約13mm）．重量約50g．吸卡兩用式．18K金筆尖F、M．129,600日圓（含稅）

**白色亮面塗漆**

筆身與筆蓋都以宛如由內側綻放出耀眼光澤的純白亮面塗漆打造。

**MONTBLANC**
**Meisterstück**
**White Solitaire**
**玫瑰金**

鮮明耀眼的白色亮面塗漆，令人聯想起白雪皚皚的白朗峰，玫瑰金色的金屬零件更增添華貴氣息。有Classique及Mozart二種規格，筆款有鋼筆、鋼珠筆、原子筆等三種。

### Meisterstück White Solitaire玫瑰金
### Hommage a Wolfgang Amadeus Mozart （致敬沃夫岡·阿瑪迪斯·莫札特）鋼筆

加筆蓋約114mm．書寫時約119mm．筆身直徑約9mm．重量約23g．卡式墨水管．18K金筆尖F、M．118,800日圓（含稅）

**MONTBLANC**
**Meisterstück White Solitaire**

白色亮面塗漆的筆身，加上鉑金製的金屬零件，特別符合高潔這個形容詞，是十分精緻澄澈的美麗設計。有LeGrand和Classique二種規格，並有三種筆款。

### ▲ Meisterstück White Solitaire LeGrand鋼筆

加筆蓋約146mm．書寫時約160mm．筆身直徑約13.6mm．活塞上墨式．18K金筆尖F、M．158,760日圓（含稅）

### ▲ Meisterstück White Solitaire Classique原子筆

# 1. Line-up

## 產品群

1950年代的副產品線大致可以分成四個系列。例如1950到1954年生產的240系列。1954年到1959年為止生產的250、260系列。還有丹麥製造的產品在內，種類繁多。

### 240 SERIES

242

使用有美麗條紋的全塊賽璐珞打磨製造的系列。下圖的照片是仿造虎眼石的紋路，俗稱Tiger's eyes的咖啡條紋款式。

### 250 SERIES

252

1954年上市的系列。最大的特徵是採用會上下彎撓的翼尖。另外筆蓋也從螺紋式變更成卡榫式。

### 260 SERIES

262

1954年上市的系列，分成262、264兩個產品線。下圖的照片是262，特徵是筆蓋環上有V字刻印。

### DANISH SERIES

1933年設置的丹麥工廠生產的系列。有珊瑚紅與大理石紋綠等美麗的各種款式。

212

# 2. Size

## 尺寸差異

型號的三位數字中，第三位（個位數）代表筆的尺寸。筆記時的長度，若第三位是2，約141mm，是4，約150mm，是6，則是約154mm（會隨筆尖的形狀產生若干差異）。

242

244

246

多樣化的產品群
在進入「黃金時期」的1950年代
萬寶龍之中，俗稱副產品線的200系列
具有美麗的外觀設計、獨特韌性的翼尖、
多彩的顏色選擇等特色。
是凝聚著古董鋼筆魅力的產品群。

# 3. Color

## 筆桿顏色差異

有豐富的筆桿顏色版本，也是1950年代副產品線的特徵之一。除了最隆重高雅的黑色款式以外，選購彩色筆桿也是一種難以捨棄的樂趣。整體來說，每種色彩都有種沉穩的風格。

### 240 SERIES

除了黑色以外，還有將雙色賽璐珞堆疊成塊狀後，打磨製造的棕色條紋、灰色條紋等版本。

244 black

244 brown striated

244 grey striated

### 250 SERIES

有黑、灰、紅、綠四種顏色。這四種顏色也受到同年代的340系列，以及1960年代的20系列、1970系列採用。

252 black

252 grey

252 red

254 green

# 4. Variation

## 前期型與後期型

252、254、256及264黑色款式，又可分成1954年到1956年生產的前期型，以及1957年到1959年生產的後期型兩種。差異有觀墨窗的顏色和筆蓋環刻印、商標位置等。

後期　前期　　　後期　前期

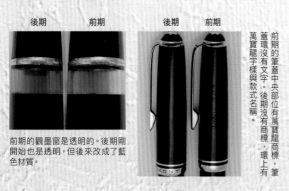

前期的觀墨窗是透明的。後期剛開始也是透明，但後來改成了藍色材質。

前期的筆蓋中央部位有萬寶龍商標，筆蓋環沒有文字。後期沒有商標，環上有萬寶龍字樣與款式名稱。

## 6. History

**副產品線年表**

以年表分別來看1950年代的德國製造與丹麥製造產品可以發現，1954年有一場大幅度改款。值得注意的是丹麥比德國還要早生產240系列。

副產品線年表（德國款式）

| 1941~ | 1950 | 51 | 52 | 53 | 54 | 55 | 56 | 57 | 58 | 59 | ~1964 |
|---|---|---|---|---|---|---|---|---|---|---|---|
| | ● 242 Line | | | | ● 252 Line | | | | | | |
| | 242 black | | | | 252 black | | | ☆ | | | |
| | 242 brown striated | | | | | | | | | | |
| | 242 grey striated | | | | | 252 grey | | | | | |
| | | | | | | 252 red | | | | | |
| | | | | | | 242 green | | | | | |
| | | | | | | | 252V black | | | | |
| | ● 244 Line | | | | ● 254 Line | | | | | | |
| | 244 black | | | | 254 black | | | ☆ | | | |
| | 244 brown striated | | | | | | | | | | |
| | 244 grey striated | | | | | 254 grey | | | | | |
| | | | | | | 254 red | | | | | |
| | | | | | | 254 green | | | | | |
| | ● 246 Line | | | | ● 256 Line | | | | | | |
| | | | | 246 black | 256 black | | | ☆ | | | |
| | 246 brown striated | | | | | | | | | | |
| | 246 grey striated | | | | | | | | | | |
| | | | | | ● 262 Line | | | | | | |
| | | | | | 262 black | | | | | | |
| | | | | | ● 264 Line | | | | | | |
| | | | | | 264 black | | | ☆ | | | |

副產品線年表（丹麥款式）

| 1941~ | 1950 | 51 | 52 | 53 | 54 | 55 | 56 | 57 | 58 | 59 | ~1964 |
|---|---|---|---|---|---|---|---|---|---|---|---|
| | ● 202 Denmark Line | | | | ● 212 Denmark Line | | | | | | |
| | 202 black | | | | 212 black | | | | | | |
| | 202 coral-red | | | | 212 coral-red | | | | | | |
| | ● 204 Denmark Line | | | | ● 214 Denmark Line | | | | | | |
| | 204 black | | | | 214 black | | | | | | |
| | 204 coral-red | | | | 214 coral-red | | | | | | |
| | ● 206 Denmark Line | | | | ● 216 Denmark Line | | | | | | |
| | 206 black | | | | 216 black | | | | | | |
| | 206 coral-red | | | | 216 coral-red | | | | | | |
| ● 242 Denmark Line | | | | | | | | | | | |
| 242 black | | | | | | | | | | | |
| 242 dark-green marbled | | | | | | | | | | | |
| ● 244 Denmark Line ☆☆ | | | | | | | | | | | |
| 244 black | | | | | | | | | | | |
| 244 coral-red | | | | | | | | | | | |
| 244 dark-green marbled | | | | | | | | | | | |
| 244 light-green marbled | | | | | | | | | | | |
| ● 246 Denmark Line ☆☆ | | | | | | | | | | | |
| 246 black | | | | | | | | | | | |
| 246 coral-red | | | | | | | | | | | |
| 246 dark-green marbled | | | | | | | | | | | |
| 246 light-green marbled | | | | | | | | | | | |

☆ 252、254、256 及 264 黑色款式以1957年為界，觀墨窗和商標位置等條件不同，可以此區分為前期型和後期型。

☆☆ 丹麥製造的244、246上墨方法有活塞上墨式和按鈕上墨式兩種。

## 5. Cap

**筆蓋結構**

至於筆蓋開關方式，250系列採用Click stop式（卡榫式），其他產品則採用螺紋固定式。卡榫式筆蓋內部組裝了三片金屬簧片，用來夾住筆桿，固定筆蓋。

筆蓋內部組裝了由三片金屬簧片構成的固定零件。

# 瞭解1950年代誘人萬寶龍
# ［副產品線］
# 的10個關鍵詞

**什麼是萬寶龍［副產品線］**

「副產品線」只是個俗稱，不是萬寶龍產品的正式系列名稱。這個名詞用來泛指和149、146等Masterpiece產品群相對的，三位數型號中第一個數字以2開頭的「200系列」產品。

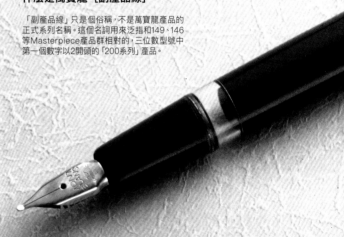

## 7. Wing nib

**翼尖形狀**

1954年上市，俗稱「烏賊筆尖」的翼尖，能在維持筆尖平坦的狀態下上下彎撓，避免因筆尖左右開杈造成斷墨，是能夠維持穩定供給墨水的產品結構。

一般筆尖　　　　　　翼尖

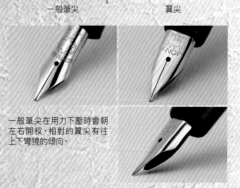

一般筆尖在用力下壓時會朝左右開杈，相對的翼尖有往上下彎撓的傾向。

254

22

在50年代間世的翼尖，也被60年代上市的兩位數系列採用。不同的是，兩位數系列多了包覆著筆尖與筆舌的護套。

# 9. Denmark

## 「丹麥款式」的存在

萬寶龍在1935年到1964年之間，有丹麥製造的版本存在。
1933年設立的丹麥工廠，由德國漢堡工廠大量進口筆尖、筆夾等零件，組裝成有白星和萬寶龍商標的鋼筆產品。二次大戰之後，品牌權被丹麥政府沒收，不久後又向丹麥政府買回，一直生產到1964年由德國總公司要求停產為止。丹麥款式的顏色美觀、造型獨特，特別受到海外收藏家的喜愛。

244 light-green marbled

244 dark-green marbled

212 coral-red

筆尖的「4」是型號244的最後一位數字。

副產品線的筆蓋環一般採用雙環設計，但是202、204、206、212、214、216使用的是單環。

# 8. Mechanism

## 上墨機制

上墨機制也有好幾種版本。240系列採用取下尾栓蓋後旋轉旋鈕的活塞上墨式。250、260系列採用直接旋轉尾栓的活塞上墨式。丹麥製造的200、210系列使用按鈕上墨式。至於244、246，則有活塞上墨式與按鈕上墨式兩種版本。

252          244

244 Denmark          212 Denmark

Pen Cluster
東京都中央區銀座1-20-3 WIND銀座 II Building 3F
TEL 03-3564-6331
URL www.pencluster.com

# 10. Price

## 中古售價

在萬寶龍的黃金時期1950年代上市的副產品線，廣受從古董筆入門者及蒐集家的歡迎。以下要介紹東京，銀座的古董筆鋼筆店Pen Cluster的商品款式。（實際庫存以店內為準）

244 black    筆尖：DEF   45,000日圓
適用複寫紙，筆尖非常堅硬的產品。通氣孔偏向筆尖前端，筆尖的韌性非常堅強。

244 light-green marbled    筆尖：M   100,000日圓
丹麥款式，很少見的灰中帶綠的賽璐珞筆桿。活塞上墨式，觀墨窗也有大理石紋模樣。

212 coral-red    筆尖：EF   75,000日圓
在歐美相當受歡迎，丹麥製造的珊瑚紅筆桿。筆尖形狀非常美麗，但有少許刮痕。書寫筆觸順暢。

242 gray striated    筆尖：F   140,000日圓
筆桿色彩非常美麗的一款。以黑色和珍珠灰色賽璐珞堆疊後，打磨出美麗的木紋模樣。

242 brown striated    筆尖：F   130,000日圓
俗稱虎眼色，非常受好評的筆桿顏色。在240系列中體型最小，但相當有存在感的一款產品。

264 black    筆尖：M   30,000日圓
筆蓋設計為初期型的單筆蓋環類型。螺紋固定式，比較不必擔心故障。筆尖的韌性不會輸給翼尖。

### MONTBLANC No.12  1,400,000 日圓

1920～28年左右。萬寶龍最大型的安全筆，確認現存支數只有十幾支的夢幻作品。套筆蓋時約162mm。尺寸大得簡直不像是為了實際使用而製作，墨水容量高達約5.5cc。

萬寶龍最大型的No.12筆尖與最小型的No.0筆尖。

#### MONTBLANC No.0 Baby Size  250,000日圓

1919～25年左右。套筆蓋時約64mm的超小型銀色安全鋼筆。非常寶貴的古董鋼筆。

### MONTBLANC No.6 Rouge et Noir Long  900,000日圓

1914年左右剛採用白星商標時的產品，星形商標改為紅色的稀有款式。據說這種六角紅星標誌的正式名稱叫做Rotkaeppchen（德文，小紅帽）。

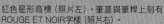

紅色星形商標（照片左）。筆蓋與筆桿上刻有ROUGE ET NOIR字樣（照片右）。

### MONTBLANC No.7 White top  250,000日圓

1910～14年左右。採用六角白星商標之前的產品，在萬寶龍草創期使用白底天冠做記號的安全筆。筆尖刻著最初期的筆尖才有的SIMPLO PEN CO NEWYORK字樣。

萬寶龍的象徵，六角白星誕生前的天冠是純白的圓頂。

## 草創期的萬寶龍與
## 副品牌安全筆（Safety）

1908年，萬寶龍的前身Simplo Filler Pen完成公司登記。也在這一年推出紅色天冠，配有安全機構的Rouge et Noir鋼筆。之後直到1920年代結束為止，萬寶龍一直以安全筆*作為主力產品，到1939年左右還有多種款式上市。像是Astoria和Diplomat等萬寶龍副品牌中也有安全筆產品。

＊安全筆：改良後不會漏墨的款式。

1929年左右的安全筆專用隨身墨水罐。按下頂端（照片上右端）的旋鈕就可以注入墨水。有八角形、手槍型等多種造型產品。130,000日圓

# Vintage Pencil

## MONTBLANC
### 古董鉛筆的妙趣

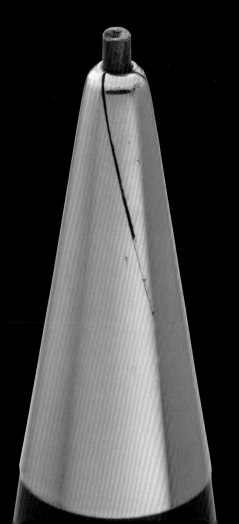

古董鉛筆比起鋼筆,算是較無趣的書寫用具。理由很簡單,因為鉛筆不像鋼筆能變換各種顏色的墨水,也沒有其他顏色的筆芯可以更換。不過,製作書寫用具的前人依然持續不斷地製作鉛筆,這又是為什麼呢?

這次我們將透過古董書寫用具製造商萬寶龍的鉛筆,來探詢古董鉛筆的魅力。

萬寶龍在1970年左右前問世的鉛筆,光是有留下資料或紀錄的筆款,粗略概算便算超過200種。先不論這數量算多還是算少,至少能夠確定古董鉛筆並不適合以無趣來形容。

這邊要介紹的鉛筆,與我們手邊的自動鉛筆可是大異其趣,價格也十分高昂。雖同樣名為鉛筆,卻能顛覆想像,實在不可小看它。古董鉛筆不但能使用滑順流暢的4B筆芯,也可以使用古早的削切式筆芯,享受懷舊氛圍。希望大家都能感受到鉛筆的魅力,並充分運用這些高實用性的鉛筆。

## MONTBLANC
## Pix

**萬寶龍Pix**

**護芯管:螺旋開縫式**
護芯管有三條螺旋狀的夾縫,這些夾縫能使護芯管開裂,以最適當的力道有效夾住筆芯。

**筆芯直徑種類**

| 0.92 mm | 1.18 mm | 1.5 mm | 2.0 mm |

拆下筆尖,便能看到裡面的金屬桿。天冠一旋轉,便能帶動金屬桿將筆芯推出;要收起筆芯時,可先將天冠回復原位,再直接將筆芯壓入筆桿中。

# MONTBLANC
## Propelling Pencil

### 萬寶龍旋轉式鉛筆

旋轉天冠或握位，將筆芯旋出的螺旋自動鉛筆（propeller pencil）誕生於1924年。早期多為硬質橡膠製，之後出現金、銀製的高級品，也有色彩繽紛的賽璐珞製筆款，材質趨於多樣化。筆芯的收納處，則分為天冠中及前端金屬零件中二種。

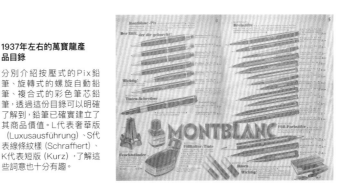

**1937年左右的萬寶龍產品目錄**

分別介紹按壓式的Pix鉛筆、旋轉式的螺旋自動鉛筆、複合式的彩色筆芯鉛筆，透過這份目錄可以明確了解到，鉛筆已確實建立了其商品價值。L代表奢華版（Luxusausführung）、S代表線條紋樣（Schraffiert）、K代表短版（Kurz），了解這些詞意也十分有趣。

---

**12 黑 (8角) 1920～36年 48,000日圓 【1.18mm】**

將天冠往右旋轉，筆桿內的鐵芯桿便會推出筆芯。要收回筆芯時，先將天冠往左旋轉，再壓入筆芯。

**3 黑 1930～36年 18,000日圓 【1.18mm】**

細而短的迷你鉛筆，推測是便於隨身攜帶做筆記用。雖然如此短小，筆芯收納結構仍相當完善。

---

**11 黑 (8角) 1920～36年 43,000日圓 【1.18mm】**

此款筆同樣也是螺旋自動鉛筆（旋轉式）。據說發售時未確實地向消費者告知使用方式，因此銷售不佳。

**5K 黑 1926～38年 25,000日圓 【1.18mm】**

此款筆在螺旋自動鉛筆中算是中等大小，材質為硬橡膠製。筆桿上端刻印著標示短桿的K字樣。

---

**10 銀900 (8角) 1929～36年 170,000日圓 【1.18mm】**

萬寶龍於1926年左右，開始製造如圖中有金、銀加工的鉛筆，天冠的白星則是白色的七寶燒。

---

**義大利加工 包金 1922～30年 45,000日圓 【1.18mm】**

在米蘭工廠製造的筆款稱為義大利加工（Italian Overlay）。筆身以黑色七寶燒裝飾，工藝精湛。

**義大利加工 包金 1922～30年 45,000日圓 【1.18mm】**

製造於米蘭工廠，上端刻印MONT BLANC字樣。筆芯從前端取出後，可以放入設置於筆桿內的套管中。

---

**223D 黑包金 丹麥製 (12角) 1950年代 28,000日圓 【1.18mm】**

筆蓋及筆桿為12角形，是相當稀少的鉛筆。丹麥工廠製，是二手市場罕見的珍品。

**16 珊瑚紅丹麥製 1930年代中期 55,000日圓 【1.18mm】**

包含天冠，整體均為硬質橡膠（紅色硬質橡膠）製的筆數量極少且珍貴。是鋼筆收藏家垂涎的必蒐藏款。

---

Column

### 將彩色筆芯分開使用！
### 色彩繽紛的鉛筆

1936～40年
75,000日圓
【1.18mm】

萬寶龍開始製作多色鉛筆，是在1982年左右。筆身為硬質橡膠，旋出部分則設於兩端，屬於二色鉛筆。之後也推出了如照片中的金屬製筆身，可裝填四色，並有多種筆款。

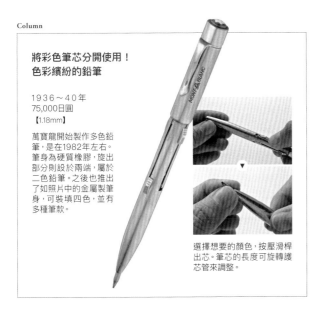

選擇想要的顏色，按壓滑桿出芯。筆芯的長度可旋轉護芯管來調整。

Column

### 設計多彩美麗
### 往年的補充筆芯管

當時的補充筆芯管，收在設計相當有韻味的紙盒中。

1934～43年左右推出的軟木塞蓋玻璃製筆芯管。以前的筆芯斷面為四角形。

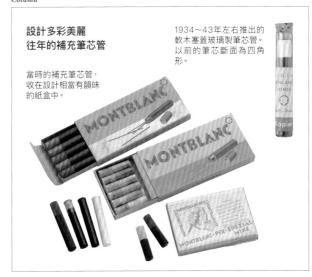

---

取材協力／EuroBox ※各價格為2015年2月當時，EuroBox的含稅定價。
文字／藤井榮藏 攝影／北郷仁
報導年份：2015年3月

# MONTBLANC Pix
## Repeater Pencil

Pix這個名稱，來自於按壓天冠時發出的聲音。據傳萬寶龍從德國杜塞道夫的製造商手中，買斷了此款鉛筆包含基本構造、設計概念，以及整個「Pix」商標的權利。第一號筆款於1934年發售，之後直到1960年代為止，約30餘年的時間，製造了數不盡的Pix鉛筆。

封面有鉛筆照的紙盒是專用盒，其他二種紙盒則是能收納不同鉛筆的兼用盒。色彩繽紛的盒子，視覺上也非常有趣。

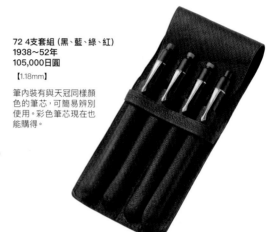

**72 4支套組（黑、藍、綠、紅）**
**1938～52年**
**105,000日圓**
【1.18mm】

筆內裝有與天冠同樣顏色的筆芯，可簡易辨別使用。彩色筆芯現在也能購得。

---

**82 黑　1934～53年　43,000日圓　【2.0mm】**

此為Pix量產品最初的筆款之一，直徑2mm的筆芯持續生產了20年，但現存數量卻很少。

**92 黑　1935～43年　18,000日圓　【1.18mm】**

同樣為初期筆款之一，有些筆的筆夾刻印有Pix的字樣，這款筆則沒有。

**720 銀900（8角）　1936～55年　58,000日圓　【1.18mm】**

仿領帶外形的領帶筆夾，是Masterpiece筆款的設計。 MONTBLANC不出產925銀製的筆身，一律使用純度90%的材質。

**710 包金（8角）　1934～36年　69,000日圓**
【1.18mm】

筆夾上有「PIX PATENT」刻印，白星則是七寶燒製的超級珍品（七寶已脫落）。筆夾及天冠仍留有OB鉛筆的字樣。

**750 包金（6角）　1936～53年　93,000日圓**　【1.18mm】

美譽為鑽石筆夾的筆夾上，刻印著WALZGOLD（包金）字樣。筆身為大麥紋及素面方形紋樣。

**71L 黑　1935～37年　58,000日圓**
【1.18mm】

刻印有中意為「高級奢華」之意的德文Luxusausführung首字母L。金屬零件部分以雕刻精細的金屬裝飾。

**71 黑　1934～47年　33,000日圓　【1.18mm】**

兩端纖細，中央較粗的流線外形，是這款筆的特色。這支筆款也有推出1.5mm的筆芯。

---

**92 黑 無筆夾　1935～43年　18,000日圓　【1.18mm】**

Pix的初期筆款之一，沒有筆夾，為一體化的筆桿款式。

**FK72G 黑　1936～38年　38,000日圓　【1.18mm】**

G的刻印代表意為質地光滑的Glatt，K則是意為短版的Kurz，分別取首字母來表示。前端的F代表意義不明。

**730 銀900　1936～55年　98,000日圓　【1.18mm】**

筆身長120mm×直徑10.7mm，尺寸稍微偏大。附Masterpiece用的領帶筆夾，刻印有900字樣，質感非常好。

**283 黑　1954～57年　45,000日圓　【2.0mm】**

1930年推出的83後繼款。特色是短而粗的渾圓外形。2mm直徑的筆芯偏粗，一般並不常見。

**172L 黑　1949～58年　38,000日圓　【1.18mm】**

刻印的「1」代表Masterpiece之意，表示與149或146等鋼筆成套的鉛筆。這裡的L代表長版（Lang、德文）的意思。

# 收藏家也驚嘆的珍品Pix鉛筆

Pix鉛筆的逸品不少，而這3支更是超頂級的珍品。若是有收藏家入手了這3支筆，想必他一定是位非等閒之輩的愛好者。

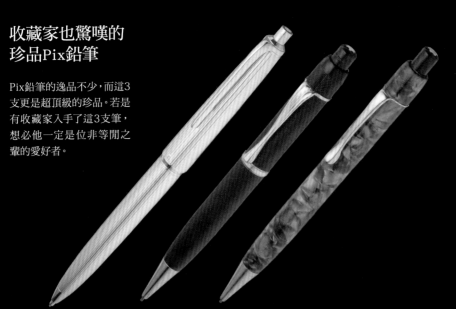

（右起）

**72 灰色大理石　1935年左右**
**98,000日圓**　【1.18mm】

這種灰色大理石紋樣，是只有92筆款及丹麥製的原型筆款等少數筆款才有的珍稀顏色，超級珍貴。

**72S　1934～37年**
**88,000日圓**　【1.18mm】

此款筆的特色是直線及大麥紋雕刻。筆身上有代表德文雕刻之意的Schraffiert首字母「S」的刻印。僅於數年間生產，是相當稀少的珍品。

**95 鉑金 (Pt) 1960年代**
**參考品**　【0.92mm】

鉑金製的鉛筆，就材質方面而言，沒有比它更高級的鉛筆了。推測日本也僅有少數幾支的珍藏品。

---

**272K 咖啡色 條紋（虎眼紋）　1952～54年　59,000日圓**　【1.18mm】

這款鉛筆是和虎眼紋246鋼筆成套的筆款。宛如虎眼般光亮的木頭年輪紋樣，非常美麗。

**272K 黑色　1949～54年　38,000日圓**　【1.18mm】

刻印的2代表此筆款屬於二線品（普及品），不過鉛筆與奢華版筆款同等級，比起來毫不遜色。

**172L 淡綠色 條紋　1952～58年　68,000日圓**　【1.18mm】

1950年代Masterpiece用的鉛筆。這種泛稱淡綠或亮綠的淺綠色鉛筆，現存數量非常稀少，是珍稀品。

**376 黑色　1958～60年　16,000日圓**　【1.18mm】

與鋼筆332及334成套的普及款鉛筆，筆蓋上刻印著MONTBLANC–PIX–376字樣。6代表1.18mm的意思。

**86 包金　1960～70年　38,000日圓**　【1.18mm】

在1960年起開始製造的二位數筆款中，此筆款屬於高級品之一。8表示包金；6表示筆芯直徑為1.18mm之意。

**15 綠色　1960～70年　33,000日圓**　【0.92mm】

75型號的下一個型號，二位數系列直到此筆款為止均為Masterpiece等級。山形的飾環又稱為主教（Bishop）。

**35 灰色　1961～70年　20,000日圓**　【0.92mm】

發售時便創下驚人銷量的是黑色筆身，彩色筆身的銷量則是稍嫌可惜。雖然是普及品，但因現存數量稀少，因此十分珍貴。

**272K 灰色 條紋　1952～54年　58,000日圓**　【1.18mm】

灰色條紋和虎眼紋一樣稀少。272其他還有黑色、虎眼紋；有K字刻印的是短版筆款。

**672K 綠色 條紋　1952～58年　59,000日圓**　【1.18mm】

德國國內並無販售，專門出口的筆款。1950年代的製品中，屬於奢華版的筆款。

**096 Monte Rosa　綠色　1957～60年　14,000日圓**　【1.18mm】

筆款名稱來自於1910年代的副牌Monte Rosa（羅莎峰）。這款鉛筆有黑、灰、酒紅、綠色。

**772 銀色900　1951～54年　108,000日圓**　【1.18mm】

1950年代的銀製品，包含鋼筆在內，數量都非常稀少。筆夾有900字樣的刻印（純度900／1000），是珍稀品。

**75 酒紅色　1960～70年　45,000日圓**　【0.92mm】

比型號86低一階的筆款，不過人氣卻明顯高於86。7代表包金筆蓋；5代表筆芯直徑為0.92mm。

**25 黑色　1960～70年　18,000日圓**　【0.92mm】

在二位數筆款中，此款恰好是屬於中間等級的普及筆款。0.92mm筆芯不會太粗或太細，使用手感非常好，是相當受歡迎的筆款。

**36S 酒紅色　1966～70年　18,000日圓**　【1.18mm】

筆蓋部分為銀色霧面塗層。S來自於德文的Silber，這也是普及款筆之一。

1930～1970年代

MONTBLANC

*Pix*

## 堅固實用的Pix深奧之處

堅固的機制、多種多樣的版本款式，
古董鉛筆的最高峰——萬寶龍Pix。
有各種售價的產品，相對廉價的款式較多，優點足以和實用商品較量。

# [結構]

Pix是按壓筆芯蓋向外推出筆芯的按壓式鉛筆。單純簡明，結構堅固，不易損壞。據說Pix這個名稱，來自於按鈕時的獨特響聲。

## Pix的機制

按下筆芯蓋，夾著筆芯的夾頭會從護套中往外推。在外推到底的瞬間，夾頭會敞開，同時夾頭會把筆芯固定在既定位置。放開手指後，彈簧的力道會使得整個機制回到原位。按壓一次按鈕，可以將筆芯往前推約1.4mm。

**筆芯蓋**

**隨筆芯直徑與機種而異**
**一般可安裝10支筆芯的備用儲芯管**
**一支長45mm的筆芯**
**可以書寫約1.5km長的線條**

**螺旋狀的溝槽**

**夾著筆芯往外推的夾頭**

**引導下一支筆芯用的導管**

**壓力彈簧**

**護套具有能夠固定夾頭，以及將外推後敞開的夾頭再恢復定位的功能**

1936年左右，說明內部結構的廣告。

## 分解Pix

我們分解了兩支不同種類的Pix。Pix的零件數量少，結構單純，分解時幾乎不需要工具。但是鉛筆機芯拆解後就無法復原了，這點必須特別留意。

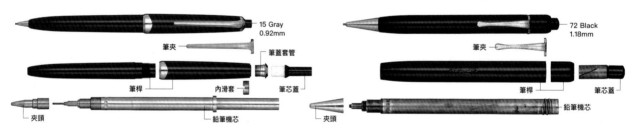

15 Gray
0.92mm

**筆夾**

**筆蓋套管**

**筆桿**　**內滑套**　**筆芯蓋**

**夾頭**　　**鉛筆機芯**

72 Black
1.18mm

**筆夾**

**筆桿**　**筆芯蓋**

**夾頭**　　**鉛筆機芯**

## 保留到今日的「Pix」商標記號

「Pix」原本是1930年代發售的自動鉛筆名稱，但是從1989年開始，也成為萬寶龍保證文具品質的認證標記之一，常與白星商標一起使用。在筆夾反面或原子筆筆芯等，常常可以看到Pix記號。

左邊是1950年代的Pix281筆桿上的Pix字樣。右邊是2009年款式Meisterstück 146筆夾反面的Pix記號。圖中可以看到代表註冊商標的®記號。

## 夾頭上三條縫的功用

在夾頭上有三條螺旋狀的開枒。這是為了發揮彈簧效果，以適當的力量夾住筆芯，維持筆芯定位的設計。夾頭的孔如果歪斜的話，就很難修復回原本的正圓形。

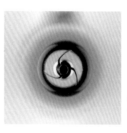

從正面看夾頭部分，可以發現三條開叉呈螺旋狀。

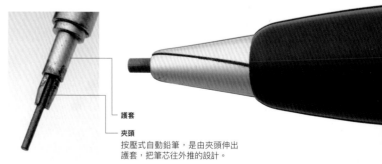

**護套**

**夾頭**

按壓式自動鉛筆，是由夾頭伸出護套，把筆芯往外推的設計。

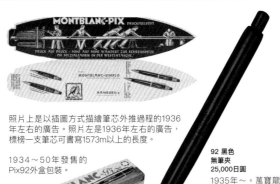

照片上是以插圖方式描繪筆芯外推過程的1936年左右的廣告。照片左是1936年左右的廣告，標榜一支筆芯可書寫1573m以上的長度。

1934～50年發售的Pix92外盒包裝。

**92 黑色 無筆夾**
**25,000日圓**
1935年～。萬寶龍Pix最初期款式之一。無筆夾，實用取向。
1.18mm。

萬寶龍的按壓式鉛筆歷史，是從1924年發售的OB型鉛筆開始的。這款產品的結構複雜，銷路不好。1933年在杜塞道夫經營工廠的萊斯汀修耐達發明了Pix的產品結構，在1934年與萬寶龍簽訂授權生產契約，發表Pix的第一款商品92號。

---

**372 三支套裝**
**43,000日圓**
1950年代，筆芯蓋是黑、紅、藍三色。裝著三種顏色的筆芯使用。

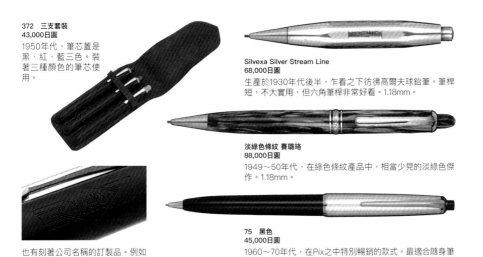

**Silvexa Silver Stream Line**
**68,000日圓**
生產於1930年代後半，乍看之下彷彿高爾夫球鉛筆。筆桿短，不大實用，但六角筆桿非常好看。1.18mm。

**淡綠色條紋 賽璐珞**
**88,000日圓**
1949～50年代，在綠色條紋產品中，相當少見的淡綠色傑作。1.18mm。

**75 黑色**
**45,000日圓**
1960～70年代，在Pix之中特別暢銷的款式。最適合隨身筆記用的0.92 mm。

也有刻著公司名稱的訂製品。例如這款商品刻著FEONIX字樣。

LINEUP

## ［種類］

從1934年發售第一款Pix開始，到1970年代停止生產為止，萬寶龍推出了各種材料、設計、尺寸、顏色都不同的產品款式。尤其材料方面，有優雅的硬質橡膠或樹脂、美麗的賽璐珞、豪華的金屬等，版本豐富，各有各的獨特風格。在萬紫千紅的選項裡，尋找一支自己滿意的筆，也是古董Pix筆特有的樂趣。

---

### 可以買到的筆芯

0.92mm款式可以使用0.9mm筆芯。0.9mm有許多國內外廠商生產。1.18 mm則有YARD·O·LED和Aurora兩種選擇。在EuroBox還可以訂購4B筆芯。

YARD·O·LED筆芯 / 1.18mm·HB、B（16支裝）·H（12支裝）·1,575日圓

在銀座的EuroBox，有銷售市面上找不到的0.92mm、1.18mm特製4B筆芯（各500日圓 / 35支裝）。

三菱鉛筆Uni Nano Dia / 0.9mm·2B、B、HB、H·36支裝·210日圓

Pix發售當時的1.18mm筆芯與外盒。

**281 黑色**
**16,000日圓**
1954年～。以Pix來說，相當少見的1.5mm筆芯。可能因為市場需求不高，目前存留在市場上的數量也非常少。

LEADS

## ［筆芯］

筆芯直徑只有0.92mm、1.18mm、1.5mm三種選擇。1.18mm產量最多，0.92mm其次，1.5mm則極為少見。使用Pix，可以享受目前市場主流0.3mm或0.5mm無法感受的粗字筆觸。另外，如果使用2B或4B等深色筆芯，就連寫字力道大的人也可以享受順暢的書寫感。

1.5mm　　1.18mm　　0.92mm

參考文獻 /《The Montblanc Diary & Collector's Guide》Jens Rösler
資料·情報協力 / EuroBox / 萬寶龍日本分公司　售價是EuroBox門市的價格。（含稅）
報導年份：2009年7月

在這裡要依照售價排列，介紹東京·銀座的古董筆鋼筆專門店「EuroBox」現有的各款Pix商品。本次介紹的是比較稀有、售價較高的款式，但其實市面上還有很多10,000日圓左右可以買到的平價款式。

# 萬寶龍Pix
## 古董筆各款式行情

**283　黑色無筆夾**　　　　　　　25,000日圓

1950年代，外型非常稀奇。不大實用，但對於Pix蒐藏家來說是無論如何都想買到手的一款。1.18mm。

**L72　黑色**　　　　　　　　　38,000日圓

1936年左右，天冠和環的裝飾十分美觀、華麗的Pix。重量均衡良好，非常容易使用。1.18mm。

**鉻賽璐珞**　　　　　　　　　55,000日圓

1950年代。雖然不是高級品，但市場流通數量不多，可以算是一種蒐藏品。1.18mm。

**75　綠色**　　　　　　　　　55,000日圓

1960～70年代，超級暢銷的款式，而且是極為稀有的綠色筆桿。最適合隨身攜帶使用。0.92mm。

**Stream Line貼金箔大麥紋**　　　68,000日圓

1930年代。有些特殊的六角造型，但握在手上時非常服貼，是頗實用的款式。1.18mm。

**672K　綠色條紋**　　　　　　　73,000日圓

1950年代。金色帶狀與綠色條紋的搭配，十分美觀。也是50年代的代表性傑作。1.18mm。

**72/2　珊瑚紅**　　　　　　　　78,000日圓

1930年代。珊瑚紅的紅硬質橡膠筆桿Pix，在市面上已經寥寥可數。1.18mm。

**772　銀色大麥紋路**　　　　　　95,000日圓

1951～54年。這個年代的銀色Pix極為少見。是讓蒐集家垂涎的精品。1.18mm。

**淑女款貼金箔大麥紋路**　　　　98,000日圓

1937～39年。金色與裝飾藝術風格的設計，醞釀出一股瀟灑的的高貴氣息。1.18mm。

**772　18K　黃K金**　　　　　　145,000日圓

1951～1959年。1950年代的全金屬Pix非常寶貴，而且這款的紋樣更是稀有。1.18mm。

**1686　18K　白K金**　　　　　245,000日圓

1971～73年。除此以外幾乎找不到其他的白色K金Pix，是70年代最高級的產品。1.18mm。

諮詢：EuroBox TEL 03-3538-8388　　URL www.euro-box.com
注意：刊載的資料是以2009年7月時的資訊為準。定價方式會隨商品的狀態與稀有價值而改變。（各款售價皆含稅）
報導年份：2009年7月

**1950～80年代**

# Why not a reasonable Montblanc pen?

# 3萬日圓買得到的
# 萬寶龍平價古董筆

萬寶龍在古董筆圈子裡也是長紅的品牌之一。
市場上不乏高價的款式，不過在本期要介紹三萬日圓前後（約台幣8400元）就可以到手
的產品。這些產品既實用又能讓人感受古董筆的感覺，適合剛接觸古董筆的人。

三萬日圓預算就能到手的萬寶龍古董筆有許多魅力所在。尤其是能當作日常
用品的堅固品質，以及古董筆特有的深厚風格，真的是物超所值。

**低廉價格**

讓人憧憬的萬寶龍可以平價到手。照片中的「#2122
SLINE銀烤漆」售價只要8,000日圓。筆桿纖細，適合
夾在手帳中使用。

**古董筆的品味**

有些古董筆出廠至今超過五十年以上。這種帶著歲月
痕跡，具有濃厚風格的外觀，也是古董筆才有的優
點。

**實用的堅固品質**

萬寶龍的鋼筆向來以堅固耐用聞名。另外，筆觸柔軟
又具有韌性的翼尖，在下筆時幾乎不需要施力，寫字
時彷彿在紙上滑行，非常具有實用價值。

**#12 Black　27,000日圓**

1960～70年　60年代Meisterstück
產品系列之一。外型比#14略微小
一點，筆尖以兩位數款式來說算是
偏硬的F尖。

[ **Series #10** ]

採用18K金筆尖的產品系列。特徵是筆蓋環採用山型的主教環（又
稱做三角環）。在兩位數款式的10、20、30系列之中，10號開頭的
系列是等級最高的。也是相當受歡迎的實用萬寶龍古董筆。

**#14 Black　29,000日圓**

1960～70年外型比#12稍微大
一些的Meisterstück。搭配以
柔軟又有彈性出名的翼尖。筆
尖是B尖。

筆尖有一半埋在護套裡
的造型，搭配18K金的
翼尖。

山型的主教環上刻有
MEISTERSTUCK的字
樣。

※兩位數款式：在1960年代生產，型號是兩位數的系列產品。多半搭配柔軟又有韌性的翼尖，飽受古董筆愛好者的歡迎。
有關兩位數款式，詳細請參照P.77的介紹。

報導年份：2010年12月

## Series #20

1960 ～ 1970 年生產的普及品系列。為了和高級品 Meisterstück 有所區隔，筆蓋和筆尖的用料不一樣。和系列#10 一樣地採用柔軟的翼尖。大多數的產品筆觸纖細，耐人尋味。

筆蓋環使用和 Meisterstück 相形之下比較樸素的雙環。刻有 MONTBLANC–22的字樣。

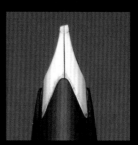

和 Meisterstück 的18K 金筆尖相對的，20號系列使用的是14K 金的翼尖。

**#24 Black　25,000日圓**

1960～70年在兩位數系列中屬於中間階層定位的款式。尺寸、價格都很親民，又有沉穩樸素的外觀設計，在任何條件都無可挑剔的日常用鋼筆。搭配有14K金的柔軟筆尖。

**#22 Black　22,000日圓**

1960～70年和#24比較起來尺寸小了一號。觸感有些硬，但韌性十足，筆觸紮實的F筆尖。價錢合宜又容易使用，適合推薦給剛接觸萬寶龍的玩家入手。

**#22 Gray　29,000日圓**

1960～70年基本條件和#22 Black完全一樣。但灰色筆桿生產量較少，比較稀有。搭配柔軟但有韌性，筆觸纖細的F字筆尖。筆觸柔軟得讓人想評論說：「翼尖就該是這麼樣的柔軟。」

**#22 Burgundy　29,000日圓**

1960～70年基本條件和#22 Black完全一樣。勃艮地紅色也是產量較少的顏色。搭配充滿了翼尖特色，筆觸柔軟的EF筆尖。

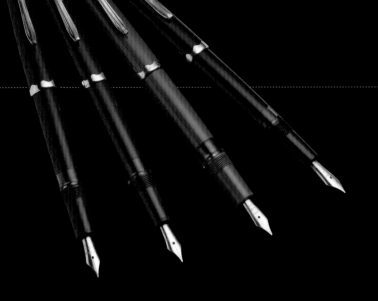

# MONTEROSA

40號開頭的系列，是以「Monterosa」命名的廉價推廣版。天冠上沒有白星，只有以波浪形的筆蓋環替代白星的地位。筆尖紮實但偏硬。另外，在1960年代也有生產Monterosa的後期型產品。

**#042G Monterosa Black    22,000日圓**

1954～56年外觀採用1950年代中等產品特有的圓潤造型設計。產品定位為比中等產品略低的廉價型號。筆尖是偏硬的F尖。

Monterosa的天冠沒有白星標記。

筆尖採用14K金。也有不銹鋼製的版本。

尾栓刻有042G字樣。「G」代表金筆尖，沒有「G」字代表使用鋼尖。

波浪形筆蓋環的是產品特色，用來取代白星商標。

**#042G Monterosa Gray    33,000日圓**

1954～56年灰色筆桿產量較為稀少。這支筆配備的是很少見的上彎式、偏硬的EF尖。

**#042G Monterosa Burgundy    33,000日圓**

1957～59年Monterosa中最後一款勃艮地紅色筆桿產品。筆尖一樣偏硬，採用F字筆尖。

**#042G Monterosa Green    35,000日圓**

1954～56年綠色筆桿是產量最少的顏色。鋼筆的色澤沉穩而美觀，配有偏硬但紮實的F字筆尖。

---

兩位數系列中的廉價版本，採用外型獨特，被稱做做彈性筆尖的纖細筆尖。產品中還有型號前加上0字的筆尖款式、型號後頭加上S字的銀筆蓋款式，以及型號後頭有P字的卡式墨水等產品。

# Series #30

**#032 Black    18,000日圓**

1967～70年作為#30號產品的後續款式，連續生產了四年。雖然是廉價版，但配有翼尖，可以說是規格外的稀有款式。

**#32 Gray    25,000日圓**

1961～66年在兩位數系列中算是較為廉價的產品。筆尖較小，所以沒有兩位數款式特有的韌性，但筆觸紮實。字幅是M字。

**#32S   29,000 日圓**

1962～66年以廉價版來說算是講究的外觀設計，銀色筆蓋顯得灑脫大方。筆尖是柔軟的翼尖，字幅是F字。

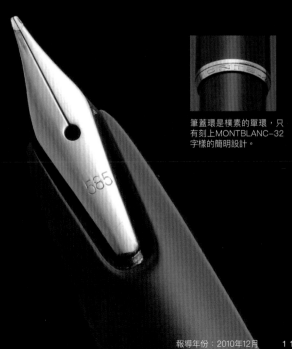

筆蓋環是樸素的單環，只有刻上MONTBLANC-32字樣的簡明設計。

除了兩位數系列和Monterosa以外，還有不少三萬日圓以內買得到的萬寶龍古董筆。有不少款式一萬日圓前後就可以到手，最適合古董筆新手挑戰了。儘管是低價位商品，萬寶龍鋼筆的堅固耐用還是沒打折的。

# OTHER MODEL

### #2122 SLINE銀色烤漆　8,000日圓

1983年左右～87年　萬寶龍公司在進入1970年代後，曾經想要大幅改變形象。當時的代表性作品是這款稱做SLINE的、外觀纖細的鋼筆。筆尖偏硬，字幅是F字。

### #1120 Noblesse Black＆White　9,000日圓

1976～86年左右　這款是在1970～80年代銷路極佳的Noblesse。外層霧面拋光營造著高級感。筆尖一樣偏硬，字幅是F字。

### #320 Black　10,000日圓

1970年代初～79年左右　1970年代的廉價款式，筆尖是相對較軟的14K金筆尖。對於喜好柔軟筆尖的人來說，這是值得推薦的平價鋼筆。

### #0221 Burgundy　15,000日圓

1969～70年左右　筆尖沿用上一世代的翼尖的過渡期產品。生產年數較短，市場現存數量不多。配備筆觸柔軟的EF筆幅翼尖。

### #225 16,000 日圓

1970年代　筆蓋與筆桿霧面拋光，具有高級感的鋼筆。吸墨器、卡水兩用式。筆尖是鍍銠裝飾的14K金。配備筆觸柔軟的BB筆尖。

### #320 Classique Black　12,000日圓

1970年代初期～83年左右　1970年代初期型的經典款鋼筆，多半配備中縫修長，極為柔軟的筆尖。這款筆也是當時的典型產品，配備筆觸軟飄飄的EF筆尖。

### #342 Gray　33,000日圓

1957～60年　在發售當時屬於廉價款式的產品，但是市場現存的灰色筆桿極為稀少。附有觀墨窗，便於使用。

---

這裡介紹的兩支筆，市場行情在四萬日圓以上。但是因為外觀有細微刮痕，因此實際售價跌到三萬日圓左右。對於不大講究外觀，只想要實用的鋼筆的人來說，這也是可以考慮的選擇。

### 特定條件下可以買到高級款式

### #72 Black　35,000日圓

1960～70年　兩位數系列的最高峰。精湛的外觀設計，柔韌的翼尖筆觸，吸引了無數的愛好者，到今天依舊廣受歡迎。筆蓋上有細微的刮痕。

### #252 Gray　38,000円

1957～59年　在1950年代時，商品定位是中階偏下，但這款產品柔韌有彈性的翼尖，甚至被人評論為「終極筆尖」。重量均衡良好，便於使用。天冠上有刮痕。

　注意：刊載的資料是以2010年11月時的資訊為準。定價方式會隨商品的狀態與稀有價值而改變。（各款售價皆含稅）
報導年份：2010年12月

1949～1990年

# MONTBLANC
# 146

## 兼顧氣質與實用性的
## 長銷鋼筆

1924年上市以後，歷年推出許多款式的Meisterstück，
是萬寶龍的代表性產品。
1949年，Meisterstück 146正式上市。
之後維持著外型輪廓不變，卻又隨時代變化一再小幅改
款的146，年年吸引著許多鋼筆愛好者。

採訪協助／EuroBox、FULLHALTER
攝影　／木村真一、北鄉仁

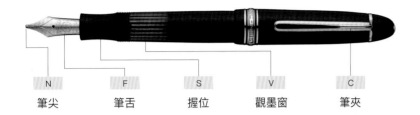

N　　　　F　　　　S　　　　V　　　　C

筆尖　　　　筆舌　　　　握位　　　　觀墨窗　　　　筆夾

# MONTBLANC 146
## 世代差異徹底比較

我們請東京·銀座的古董鋼筆專門店「EuroBox」協助，徹底調查每個世代的MONTBLANC 146零件版本差異所在。

## 筆舌

筆舌的材質，到1990年左右為止是硬質橡膠產品，之後更改成樹脂製。反面的鰭片可以累積、舒緩墨流，不同時代有不同的形狀設計。初期型的特徵是從側面看過去，厚度會比較低。

**F2**

初期款式的後期型。有兩道溝槽，厚度接近現代的筆舌。

**F1**

初期型的筆舌。硬質橡膠製，厚度較低的平板式。

**F5**

1990年代起改為樹脂產品，有深厚的橫向溝槽。

**F4**

硬質橡膠製。筆舌前端有累積墨水用的橫向溝槽。

**F3**

1974年恢復生產後。形狀和 [F2] 一樣但沒有溝槽。

**F8**

1992年左右，某些筆舌的形狀和作家系列「海明威」一樣。

**F7**

1990年代中·後期以後。與 [F6] 是同類型，但中央上方有個凹槽。

**F6**

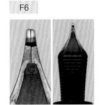

1990年代中期。樹脂產品，前端小小刻著「C」或「D」字。

## 筆尖

**N2**

**N1**

MONTBLANC 146的筆尖，每個時代的特徵與傾向都區分得很明顯。1950年代的初期型通常是軟尖。因為當時的筆尖寬度窄，全長較長，中縫長，金屬厚度較薄。1970～80年代的全金色筆尖，外型朝筆尖細長延伸、中縫較長，特徵是有明顯的彈力。1990年代初期到現行產品則比較有厚度、兩側較寬，從握位延伸出的部位較短，所以筆觸偏硬的單調筆尖較多。

1970年代中期。整體金色的「全金」類筆尖。18C。

初期採用內側鍍銠裝飾的「中白」設計。刻有14C字樣。

**N6**　　**N5※1**　　**N4**　　**N3**

18K用於Solitaire系列等高級產品上。

1991年恢復中白設計，周邊刻有花紋。

1980年代以後，14K金標記從14C改為14K。

和 [N2] 一樣全金設計，但使用14C合金。

## 觀墨窗

用來確認墨水存量的觀墨窗，隨著時代演變，陸續採用直條、透明藍、透明灰設計，最後又恢復直條型。1950年代的初期型，是在半透明材質背部以黑色塗料上色塗成的。

**V5**　　**V4**　　**V3※2**　　**V2**　　**V1**

進入1990年代後，再度恢復使用黑色直條紋。

1974年起改用灰色透明的觀墨窗。

1950年代末期。藍色透明觀墨窗極為稀有。

黑色直條紋塗裝。長型觀墨窗。

黑色直條紋塗裝。短觀墨窗。

## 握位

握位的分類，可以從側面觀看到的形狀差異，以及筆尖根部有無拆卸套筒用的套筒穴來區分。初期型的筆桿，是從握位到筆桿後端一體成形的設計。1970年代以後開始出現中間用環狀零件銜接的分離式設計。

**S3**

1970年代中期。從前方看不到套筒穴的類型。分離式。

**S2※2**

1950年代末期。沒有腰身的一體型握位。50年代的典型設計。

**S1**

初期型是中央朝內彎的鼓型。套筒穴位在上下180度的地方。

**S6**

和 [S5] 相同的分離式喇叭型，但套筒穴位在左右160度的位置。

**S5**

分離式，但前端呈喇叭形擴大的式樣。套筒穴位在上下180度的地方。

**S4**

和 [S3] 一樣屬於1970年代，套筒穴位在上下180度的類型。

## 筆夾

筆夾根部附近的形狀也有區別。1970年代為止，筆夾是「斜肩」，之後是有稜角角的「高肩」。筆夾環的刻印也值得留意。

**C4**

1990年代起，高肩型的環上有九位數字刻印。

1980年代開始改為有稜角角的高肩型筆夾。

**C3**

**C2**

1974年起，斜肩的筆夾環上刻有Germany字樣。

初期型的筆夾根部是斜肩型。

**C1**

### 高肩筆夾又分成兩種

仔細觀察高肩筆夾的根部，可以發現1980～90年代初期為止外型較為平板，之後的造型顯得圓潤。

圓潤型　　　平板型

活塞上墨機構，1950年代的初期型採用的是望遠鏡式，之後的產品都改用活塞上墨式。另外在1970年代，尾栓導環是樹脂產品，到1990年代才改成金屬製。

## 活塞上墨機構

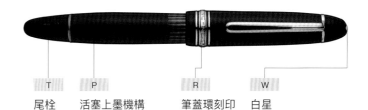

| T | P | R | W |
|---|---|---|---|
| 尾栓 | 活塞上墨機構 | 筆蓋環刻印 | 白星 |

**P1**

1950年代初期款的上墨方式採用望遠鏡式。

**P2**

活塞式，金屬部分開有一個黑色窗口。尾栓導環是樹脂製。

**P3**

活塞導桿是金屬和樹脂的複合型。金屬部位有一個黑點。

**P4**

活塞導桿、尾栓導環是全金屬製的梯形設計。

**P5**

1461型採用的零件。全金屬製但是高低差沒有 [P4] 明顯。

### 白星

萬寶龍的商標是天冠部的白星。隨著時代演變，色澤漸漸偏向純白，星型的尖端也變長、變尖銳。

**W4** ／ **W3** ／ **W2** ／ **W1**

1990 年代。白星記號的角變得銳利。

1970 年代。比 [W2] 明亮的白色。

1950年代後期起使用混濁的白色，直到1990年代都還看得到。

1950年代初期的色澤。特有的淡象牙色。

### 尾栓

**T3** ／ **T2**※2 ／ **T1**

尾栓的長度隨著時代演變，漸漸變長、角度變銳利。與筆桿分界上的環，形狀也從外觀圓潤的，漸漸轉變成半球面、平面等造型。

全長更長，環的表面變得平滑。

尾栓變長，尾栓環靠筆尖的方向帶一點圓潤。

1950年代初期，尾栓環整體呈圓潤造型。

**筆蓋的螺紋分成兩種**

筆蓋上的螺紋，直到1980年代末期還是四條螺紋，到了1990年代開始採用三條螺紋設計。

3條螺紋 ／ 4條螺紋

### 筆蓋環刻印

筆蓋環刻印從1974年起開始加入146字樣，之後字體寬度與大小隨時代改變。1990年代開始加入Pix字樣。

**R4** ／ **R3** ／ **R2** ／ **R1**

MONTBLANC-MEISTERSTÜCK No.146，細字。

1950年代後期在 [R2] 的刻印後追加No.146字樣。

初期只刻有 MONTBLANC-MEISTERSTÜCK 字樣。

出口用的產品上刻有MASTERPIECE 字樣。

**R7** ／ **R6** ／ **R5**

1990年代中期，MEISTERSTÜCK 後加上Pix字樣。

MONTBLANC MEISTERSTÜCK No.146，極粗字。

MONTBLANC MEISTERSTÜCK No.146，粗字。

| 年代 | 尾栓 Turning Knob | 上墨機構 Piston Filler | 筆蓋環刻印 Ring | 白星 White Star | 筆夾 Clip | 握位 Section | 觀墨窗 Ink View | 筆舌 Feed | 筆尖 Nib |
|---|---|---|---|---|---|---|---|---|---|
| 1949–60年左右 | T1 | P1 | R1<br>R2 | W1 | C1 | S1 | V1<br>V2 | F1<br>F2 | N1 |
| 1950年代末期 | T2※2 | P2 | R3 | W2 | C2 | S2※2 | V3※2 | F2 | |
| 1970年代中期 | T3 | | R4 | W3 | C1 | S3 | V4 | F3 | N2 |
| 1970年代中期 | | P3 | R5 | | | S4 | | F4 | N3 |
| 1970年代中期–後期 | | | | | C2 | | | | |
| 1980年左右–80年代末期 | | | R4 | W4 | C3 | S5 | | | N4 |
| 1990年左右 | | P4 | R6 | | | | V5 | | |
| 1992年上市～ | | | | | C4 | S6 | | F5 | N5※1 |
| 1990年代中期 | | | R7 | | | | | F6<br>F7 | |

※1. [N5] 中白在1991年恢復採用。　　※2. 使用這個部分的款式，是在1960年前後生產的過渡期款式，定位接近試產品，在市面上幾乎沒有流通。

我們分解了1950年代發售的MONTBLANC 146初期型，用來觀察內部結構。這一型的最大特點在於採用望遠鏡式上墨機構。天冠和螺絲一體成形，筆尖屬於中白形式、套筒前端有兩道工具溝，螺旋式的鼓型握位。

### 望遠鏡式的特定要求

第一代及1950年代的146，採用的是萬寶龍獨創的望遠鏡式上墨。活塞桿會分兩段動作，可以吸入一般活塞上墨的1.5倍的墨水。在操作時，基本上「一旦驅動活塞就必須轉到底，不能途中倒轉」。如果途中改變旋轉方向，會使得活塞的活動長度改變，吸墨閥無法回到定位。

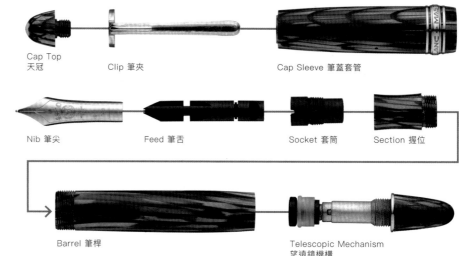

Cap Top 天冠　　Clip 筆夾　　Cap Sleeve 筆蓋套管

Nib 筆尖　　Feed 筆舌　　Socket 套筒　　Section 握位

Barrel 筆桿　　Telescopic Mechanism 望遠鏡機構

---

# 1970～80年代，
# 經手146維修的工匠意見

在東京·大井町有一家鋼筆迷齊聚的鋼筆專門店「FULLHALTER」。店主森山信彥先生是在1977～93年期間，就職於當時的萬寶龍進口商鑽石產業，負責修理鋼筆筆尖的專家。我們特地向他詢問MONTBLANC 146有什麼魅力。

森山先生愛用的MONTBLANC 146（上）。為了模仿毛筆字，筆尖往上彎折調整過（左），筆蓋和尾栓換過零件，和一般市售品不同，是森山先生個人的獨特款式。

**森山信彥**

1945年出生在北海道·札幌市。1977年進入當時的萬寶龍進口商鑽石產業就職。之後長年擔任鋼筆筆尖調整工作。1993年獨立創業，在東京·大井町開設鋼筆專門店「FULLHALTER」。

## 146是最佳尺寸的鋼筆

在森山先生負責修理萬寶龍的70年代，146是什麼樣的存在？

「146和149，是三支五支為單位，以紙張包裝，彙整以後再包一層紙張出貨的商品。這是相當高級的商品，持有146在當時是一種社會地位的象徵。」

從數量看多時，曾經一個月修理幾千支鋼筆的森山先生眼中看來，146的優點在哪裡？

「每個人的感受都不同，我也不敢說146一定是最好的選擇。很清楚的是，146比149容易攜帶，要大量寫字

時有穩定感，不容易疲倦。它的尺寸可能是最適合對鋼筆有一定程度熟練的人使用的吧。

還有，零件的精度非常的高，能夠整個拆解開來，非常方便，修理也是一個好處。」

最後請談談您長期愛用146的理由。

「一來因為我是萬寶龍的員工，再來我愛上它的品質優良，所以一直使用著。在有心的人創造後，能夠六十年維持同樣造型一直生產，代表這是一款非常完善的產品。這是很了不起的成果，我想向發明這款鋼筆的人致最大的敬意。」

# 萬寶龍古董筆146的行情

在眾多產品之中，萬寶龍Meisterstück 146的綜合評價向來鶴立雞群。以下要介紹東京·銀座的古董鋼筆專門店「EuroBox」的MONTBLANC 146各款商品。

**146 Black**　　　　　　　　　78,000日圓

1949～1950年代中期。半透明的賽璐珞材料，從內部以黑色塗料上色。配備146特有的，具有彈力與韌性的筆尖。採用望遠鏡式的特殊上墨機構，可以吸入大量墨水。

**146 Green Stripe**　　　　　　290,000日圓

1949～60年。有濃淡變化，黑綠雙色複雜混合的條紋花樣賽璐珞筆桿，非常美麗。淡綠色的部分呈半透明，可以看到筆桿裡的墨水。配備很少見的球型筆尖。望遠鏡式。

**146 Black**　　　　　　　　　88,000日圓

1950年代中～後期。賽璐珞產品，筆桿及觀墨窗是從內側塗裝黑色塗料的。筆舌採用厚度較高，反面有兩道溝槽的後期型。筆尖有點硬，但有充分的彈力與韌性。望遠鏡式。

**146 Black**　　　　　　　　　79,000日圓

1974年左右。剛恢復生產時的款式，18C筆尖比任何一款全金式筆尖都柔軟。有人謠傳說這是針對法國市場生產的產品，但無法證實。某些產品上的套筒開有工具用的溝槽。流通數量極為稀少。

**146 Black**　　　　　　　　　68,000日圓

1970年代中～後期。這個時代的筆尖，多半厚度較低，形狀比較修長。所以筆觸通常也比現行產品軟一些，這支筆的筆尖也比較軟。筆夾是斜肩型。未使用，附包裝盒。

**146 Black**　　　　　　　　　68,000日圓

1980年代末。這個時代的筆尖特徵是造型修長，寬度漸漸往筆尖變窄。筆尖是14K，但筆觸不算硬，可能是個體差異。這支筆有適當的彈性。筆夾是高肩型。未使用，附包裝盒。

**146 Black**　　　　　　　　　53,000日圓

1980年代末。筆舌是開有橫向溝槽的硬質橡膠產品，墨流相對較好。這支筆的筆尖以14K來說算是彈性較好的，比起現行產品顯得稍微軟了點。幾乎未使用的狀態。14K全金色－M。

**146 Bordeaux**　　　　　　　58,000日圓

1992年～2000年代初期。活塞導桿部是金屬產品，比一般款重3公克。筆尖和現行產品一樣，厚度較高，中段較寬，筆觸很硬。14K中白－M。

**1461 銀筆蓋**　　　　　　　　59,000日圓

1994年～2000年代初期。樹脂筆桿配上銀筆蓋的組合，因為筆蓋較重，重心有點偏後方。筆尖偏硬，筆夾有刮傷。

**1468 Silver Fineline**　　　　108,000日圓

1990年代初期。筆舌是有橫向溝槽的硬質橡膠製初期型。在同樣的銀底條紋產品之中，採用初期型硬質橡膠筆舌的產品評價會比較高。筆尖以這個時代來說算是偏軟。18K中白－M。

**1464 Goldplate Barley**　　　110,000日圓

生產期間從1989年左右開始，在1993年結束，產品壽命意外的短。採用有橫向溝槽的硬質橡膠製筆舌。外層鍍金裝飾。筆尖以這個時代來說算是偏軟。18K中白－M。

　注意：刊載的資料是以2011年7月時的資訊為準。定價方式會隨商品的狀態與稀有價值而改變。（各款售價皆含稅）
報導年份：2011年8月

# 1950年代製造的古董鋼筆
# 拆解MONTBLANC 146

類比且機械化，以物理化學現象作用的鋼筆，構造相當深奧，令人興味盎然。由各種角度來探討鋼筆結構的「解剖講座」，要解析1950年代生產的MONTBLANC 146，其構造及拆解順序。

企劃·撰文　森睦

森睦

2005年12月創立鋼筆研究會「WAGNER」。目前仍持續推廣鋼筆知識及實際保養的活動。會員長期招募中。部落格「鋼筆評論房」（万年筆評価の部屋）。

萬寶龍的代表筆款146及149自登場以來，維持著難以撼動的高人氣逾半世紀。而許多的古董鋼筆愛好者，特別珍愛1950年代的筆款。不過，這些年代的筆款在過去由於內部結構、拆解順序、工具等的相關資訊極少，一旦故障便無法修復。

約15年前左右，我在幾經煩惱之下，帶著1950年代的149前往當時萬寶龍的客服中心。「雖然修理鋼筆不屬於正規的服務內容，不過我們可以代您委託有相關技術的專家，但若是有所損傷，也必須請您諒解。」同意對方提出的條件後，我將鋼筆送修，最後也漂亮地復活回到我手中。之後我便開始嘗試自己拆解修理，也因此有了不少葬送萬寶龍古董鋼筆的苦澀經驗。如今工具及替換零件都相當齊全，拆解鋼筆也不再是難事。今天就來介紹拆解鋼筆的基本順序等要項。現今的筆款在結構及零件上都大為迥異，因此本章將重點放在公開以往鋼筆的製作過程。實際拆解鋼筆的難度很高，若是拆得七零八落，也請自行負責喔！

## MONTBLANC Meisterstück 146 古董鋼筆的魅力

### 1950年代的筆款滿載魅力！

146在1950年代的MONTBLANC 14＊系列中，是僅次於149的長、粗、重筆款。旋轉上墨機構是暱稱為望遠鏡式活塞的兩段伸縮結構，可以吸入大量墨水。筆尖輕薄有彈性，只要適當調整出墨及銥點，便能享受到如登天般的極致書寫感。若是從網路購入，多數需要拆解清潔及更換活塞。

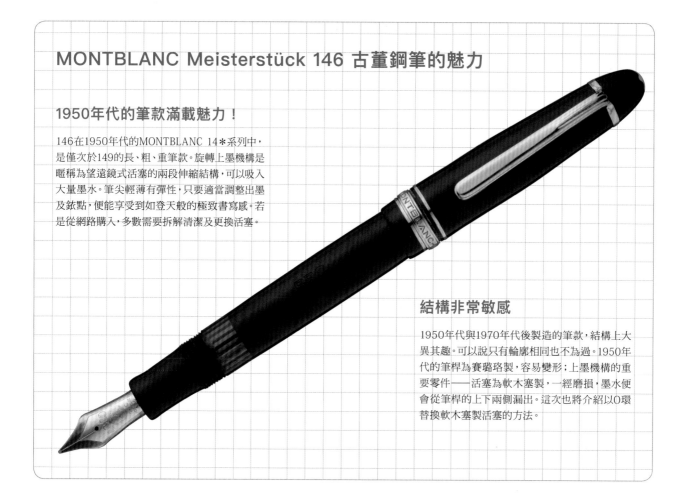

### 結構非常敏感

1950年代與1970年代後製造的筆款，結構上大異其趣。可以說只有輪廓相同也不為過。1950年代的筆桿為賽璐珞製，容易變形；上墨機構的重要零件——活塞為軟木塞製，一經磨損，墨水便會從筆桿的上下兩側漏出。這次也將介紹以O環替換軟木塞製活塞的方法。

## 146的各個零件及拆解工具

要拆解146這款鋼筆，需要很多專用工具，市面上通常沒有販售。這邊介紹的工具幾乎都是自製，或是購買原廠工具的複製品。

**筆尖**

**筆舌**

**握位**

**筆桿**

**活塞座固定螺絲**

**軟木塞**

**尾栓（活塞機構）**

**護具**
3mm的厚橡膠片，上面開有孔洞。

**握位拆卸工具**
在用於撬開胡桃或蟹腳的工具上加上橡膠片。

**五寸釘**
裁切成約10公分，並將斷面磨平。

**上墨機構拆卸工具**
由外國網站購入的原廠工具複製品。

**敲擊台**
以鑽孔器將木磚開孔而成的木台。

**活塞座固定螺絲拆卸工具**
由外國網站購入的專用工具。也可用指甲代替。

**鐵鎚**
容易操作的小型鐵槌。

**矽油**
Nikon所販售的水中攝影機修護用矽油。

**替換軟木塞**
若要替換劣化的軟木塞，可以使用橡膠製的O環。本次使用專賣廠商NOK，型號AS568-106B（大）、AS568-007B（小）的O環。

---

## 拆解活塞前端的軟木塞

將握位拆下來後，再拆掉活塞機構前端的軟木塞。以專用工具從拆揭握位的筆桿前端，將活塞座固定螺絲往左旋轉，拔掉軟木塞即可。

**1** 往左旋轉尾栓，將活塞座推到最前端。

**2** 可以看見活塞座固定螺絲的狀態。

**3** 將活塞座固定螺絲拆卸工具的凸部插入活塞座固定螺絲的凹部。

**4** 將活塞座固定螺絲拆卸工具往左旋轉。

**5** 活塞座固定螺絲會卡在拆卸工具上，先保持此狀態備用。

**6** 用指甲輕輕將老舊的軟木塞拔出。

## 拆卸握位

一開始先用吹風機的熱風軟化固定握位及筆桿接合處的黏著劑，使筆桿稍微膨脹後，拆下握位。慢慢地加熱，旋轉時如果覺得硬就再加熱，必須有耐心地反覆操作。

**1** 一邊旋轉筆桿的螺絲部分，一邊以吹風機加熱。溫度為80度左右最適當。

**2** 用握位拆卸工具夾住握位，稍微出力將筆桿往左旋轉。如果轉不動，就回到上一個步驟。小心不要讓筆桿裂開！

**3** 手指輕輕抓住握位，將筆桿往左旋轉，轉開握位。

**4** 將握位從筆桿拆下。

## 組裝尾栓

這項作業需要非常細心地操作。更換大小O環後,最後用專用工具將活塞座固定螺絲旋緊。O環之所以作成三明治結構,是為了降低墨水由內側漏到筆尾的風險。

**1** 將小型的O環推入活塞機構的前端。※不更換時,直接裝回原本的軟木塞。

**2** 將安裝好O環的活塞機構,推入筆桿後端。

**3** 在螺絲部分塗上矽油後,轉入筆桿中固定。

**4** 將尾栓往左旋轉到底,使活塞機構的前端自筆桿中露出。

**5** 依由大到小的順序,將O環推入活塞機構前端。

**6** 旋轉活塞座固定螺絲,讓活塞座回到原本的位置。恢復原狀後,將活塞機構收入筆桿內。

## 拆解尾栓

望遠鏡式活塞上墨機構,會以黏著劑緊密固定在筆桿後端。要拆卸尾栓需使用上墨機構拆卸工具。進行拆卸時,如果沒有好好握緊,凸部便會從凹部脫離,嚴重削壞活塞軸,一定要小心。

**1** 將尾栓往左旋轉到底,可以看見能裝設上墨機構拆卸工具的凹部。

**2** 打開上墨機構拆卸工具,確認內側凸部的位置。

**3** 將上墨機構拆卸工具的凸部插入上墨軸的凹部。

**4** 緊緊握住上墨機構拆卸工具,將筆桿慢慢地往左旋轉。

**5** 望遠鏡式活塞上墨機構分離後開始空轉。

**6** 將望遠鏡式活塞上墨機構慢慢抽出。保持這樣的狀態備用。

## 拆解筆尖

當要清潔筆尖、筆舌內部的墨水，或是調整筆尖時，便需要拆解筆尖和筆舌。不僅是古董鋼筆，一般來說，鋼筆原則上都是禁止從前方拔出筆尖及筆舌的。

**1** 選擇比握位直徑稍小的孔洞，將握位插入護具中。

**2** 握位以護具保護好的狀態。

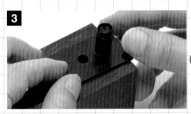

**3** 將筆尖插入敲擊台的孔洞中（選擇比筆尖銜接部分稍寬的洞）。

**4** 將磨平的五吋釘抵住筆舌部分，用鐵鎚「輕輕地」敲出。

**5** 當筆舌掉落後，將分離的筆尖、筆舌、握位，仔細清洗乾淨。

## 組裝筆尖

組裝筆尖時，筆尖必須與筆舌一起以垂直狀態組裝回去。將筆尖夾縫的延伸位置，對準扣環凹點推入，才是正確的方式。

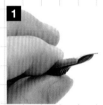

**1** 組合筆尖與筆舌，以放大鏡確認相對位置，注意筆尖銥點有無高低落差。

**2** 以左手拿住握位，使握位（扣環）的大凹點（箭頭方向）垂直向上。

**3** 拿緊筆尖和筆舌，注意不要錯位，將筆尖的夾縫朝正上方，插入握位中。

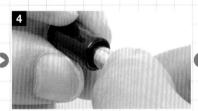

**4** 讓筆尖恢復成拆解前的狀態。

**5** 筆尖插入的位置深度大約如右圖。

## 組裝握位

要將握位安裝回筆桿時，須先塗上矽油，緊實地旋入筆桿中。因為沒有使用黏著劑，下次拆解時會比較輕鬆。旋入時如果用力過猛，筆桿可能會破裂，要小心。

**1** 擠出5mm左右的矽油到手指上。

**2** 在握位的螺紋部分塗上矽油。

**3** 以左手固定握位，將筆桿往右旋轉密合。

**4** 以握位固定工具固定好握位，將筆桿往右旋轉到底。

**5** 用軟布擦拭漏出的矽油。

※本次拆解須用到專用工具，難度相當高。
※拆解行為請由個人自行負責。拆解後的產品不在廠商的保固範圍內，作者、編輯部亦概不負責。
另外，也請勿向製造商、代理商、販賣店詢問有關拆解的問題。
報導年份：2014年9月

# 萬寶龍
## 週年紀念筆款

自 1906 年創業以來，萬寶龍至今已超過 110 個年頭。
歷年來值得一提的代表性名品，將在本篇中一一為大家介紹！

# 萬寶龍100週年系列
## 紀念筆款

2006年對於萬寶龍來說,是迎接創業100週年的大節日。1906年,該公司在德國漢堡成立,開始生產、銷售當時在美國和英國開始流行的,內建墨水槽的鋼筆,後來成立「Simplo Filler Pen」公司,在除了本書介紹的Meisterstück Solitaire 100週年紀念款之外,我們還要介紹後續推出的其他限量版本。另外,2006年的文學家系列、藝術贊助系列也值得矚目。

# ANNIVERSARY EDITION

| 週年紀念版 |

筆蓋上刻有創業初期使用的,白朗峰側面輪廓雕刻,圓弧狀的天冠和大面積的白星等,重現了早期的產品輪廓。這款紀念版還有一項特徵,就是採用早年的設計,所謂前推式裝置 (push mechanism,或稱Sliding System,參照次頁)。

全球限量 15000 支
/ 98,700 日圓

鋼筆 / 套筆蓋時約130mm・書寫時約157mm・重量約24g・卡式墨水 (前推式裝置)

MONT- BLANC

在1909年左右的產品型錄(左)之中,刊載著似乎是安全前推式(前推式筆桿)的 Rouge et Noir 產品。右邊是1900年代前半使用的白朗峰雕刻款(1928年左右的廣告)。圖片引用自「The Montblanc Diary & Collector's Guide/Jens Rösler」。

鋼珠筆 / 限定 30000 支 / 71,400 日圓
原子筆 / 限定 45000 支 / 53,550 日圓
鉛筆 / 限定 10000 支 / 53,550 日圓

套筆蓋狀態

打開筆蓋的狀態
（筆尖還收在筆桿內）

將尾栓元件往筆尖
方向推出

筆尖外露的狀態
（不套筆蓋的筆記狀態）

實物大

# ANNIVERSARY
# EDITION
# PEN POUCH

| 週年版筆袋 |

搭配週年版產品設計的真皮筆袋。黑色的皮面配上鮮紅
色的邊，顯得十分高貴。和鋼筆一樣地，刻有早期的白朗
峰記號。裝在橢圓形的週年特別紀念版禮盒內，禮盒外刻
有萬寶龍商標。

墨水採用卡式墨水。旋轉拆下
尾栓元件後，插入卡水。

筆尖是18K金。刻有白星型的
認證標記。

可以確實保護筆的兩支裝筆袋。

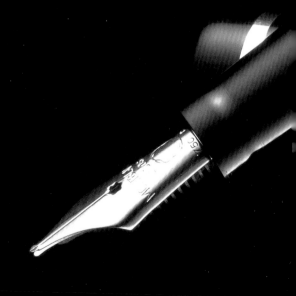

全球限量 10000 個
／ 16,800 日圓

尺寸約155×45mm

# 100 YEARS
# BOHÈME
# MARBLED RESIN
## 1906 EDITION

| 100 週年特別限量款 Bohème Marbled Resin 1906 Edition |

耗費八年研發期間，以43面體重現白星商標的「萬寶龍鑽石」。天冠上鑲嵌著100週年象徵（0.055克拉）的寶曦系列上市了。筆桿是黑灰相間的大理石紋樹脂，金屬部分鍍白金。由白轉黑的漸層色彩顯得雍容華貴。筆尖刻有白朗峰圖案。

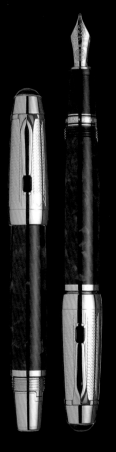

全球限量 1906 支
/ 278,250 日圓

鋼筆 / 套筆蓋時約113mm‧書寫時約140mm‧重量約34g‧卡式墨水

鍍白金的筆夾前端鑲著縞瑪瑙。

18K金筆尖也是一百週年特別設計款（筆尖只有M尖）。

鋼珠筆 全球限量 1906 支 / 183,750 日圓

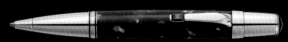

原子筆 全球限量 1906 支 / 183,750 日圓

# 100 YEARS
# STARWALKER
## SPECIAL EDITION

| 100 週年特別限量款 星際旅者特別版 |

天冠的透明半球內，浮現著 0.033 克拉重的萬寶龍鑽石。這是星際旅者的 100 週年特別款。筆夾環上刻有代表 100 週年的「100」字樣。同時發售原子筆（60,900 日圓）。鋼筆和原子筆沒有限定產量。

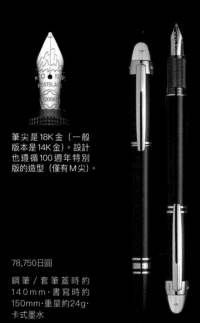

筆尖是 18K 金（一般版本是 14K 金）。設計也遵循 100 週年特別版的造型（僅有 M 尖）。

78,750 日圓

鋼筆／套筆蓋時約 140mm・書寫時約 150mm・重量約 24g・卡式墨水

# 100 YEARS
# BOHÈME
# SOLID
# GOLD
## 100 EDITION

| 100 週年特別限量款 寶曦系列 |

筆桿與筆蓋使用 750 純金材料，刻畫有如從白星傳遞下的波紋效果，以樹脂塗料加工彩色部分的高級款式。至於筆夾上的寶石，灰色筆桿款採用冰藍色的海藍寶石，白色筆桿使用霧棕色水晶，紅色筆桿則採用黃色的黃水晶。

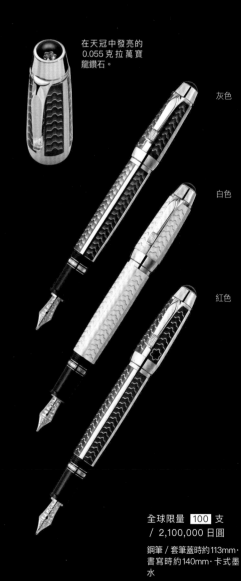

在天冠中發亮的 0.055 克拉萬寶龍鑽石。

灰色

白色

紅色

全球限量 100 支 / 2,100,000 日圓

鋼筆／套筆蓋時約 113mm・書寫時約 140mm・卡式墨水

---

## 比較一下 2006 年的新貨色！
## 時令問候墨水

| Column |

繼 2004 年的情書墨水之後，每年配合聖誕時期上市的香味墨水又推出新貨色了。2006 年版的香味墨水，與好評之中完售的 2005 年版很相似。兩款都是棕色系統，香味也同樣是肉桂味，但據說今年的氣味更濃厚。另外產品包裝也重新設計過，讓星形水晶顯得更動人。

2006 年
色：暗棕色
香味：濃厚肉桂
售價：1,890 日圓
（30ml 裝／卡水 6 支裝 525 日圓）

2005 年
色：巧克力棕色
香味：肉桂餅乾香料
（完售）

# 2006 Patron of Art Edition
# Sir Henry Tate 4810

| 2006 藝術贊助系列
| 亨利・泰德

在19世紀後半的維多利亞時代，以煉製砂糖，尤其以生產方糖為主力致富的亨利・泰德爵士 (Sir. Henry Tate)，被公認為當時英國最成功的企業家。他利用個人財力蒐集繪畫等美術品，並興建用於公開給一般大眾觀賞用的「泰德畫廊」，是最上等的藝術贊助者。這款讚揚他的鋼筆，因此在筆尖刻有甘蔗圖案。

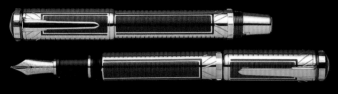

外型以大型的 Boheme 為基礎，筆尖採用 Safety Filler（安全填充式）設計。

全球限量 4810 支
/ 283,500 日圓

鋼筆／套筆蓋時約134mm・書寫時約162mm・重量約58g・卡式墨水

# 2006 Writers Edition
# Virginia Woolf

| 維吉尼亞・吳爾芙 |

女性小說家維吉尼亞・吳爾芙 (Virginia Woolf)，是創造了表達登場人物內在糾葛與孤獨的「內心獨白」技巧的著名作家。代表作之一《達洛維夫人》(Mrs. Dalloway) 在2003年被美國作家改寫成《時時刻刻》(The Hours)，翻拍成好萊塢電影。這次的文學家系列以她的最高傑作《海浪》(the Waves) 為主題，用海浪波紋表現出作家充滿動盪的一生。

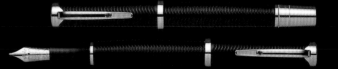

18K 金筆尖上的雕刻，模仿維吉尼亞長眠的 Monk's House 前的兩棵榆樹。鍍金的筆夾上鑲有直徑2mm、0.05克拉重的紅寶石。

全球限量 12000 支 / 115,500 日圓

鋼筆／套筆蓋時約140 mm・書寫時約165 mm・重量約31g・活塞上墨式

原子筆
全球限量 18000 支 / 63,000 日圓

鋼筆・原子筆・鉛筆套裝
全球限量 4000 組 / 241,500 日圓

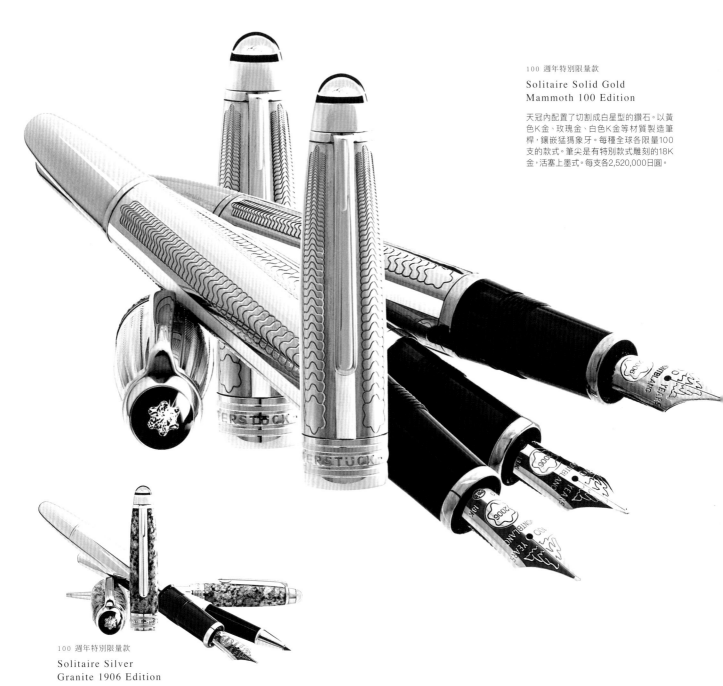

## Solitaire Solid Gold Mammoth 100 Edition

天冠內配置了切割成白星型的鑽石。以黃色K金、玫瑰金、白色K金等材質製造筆桿，鑲嵌猛獁象牙。每種全球各限量100支的款式。筆尖是有特別款式雕刻的18K金，活塞上墨式。每支各2,520,000日圓。

100 週年特別限量款

## Solitaire Silver Granite 1906 Edition

天冠內配置有切割成白星型的鑽石。筆桿以從白朗峰採集的Granite（花崗岩）和925純銀製造。鋼筆378,000日圓、原子筆273,000日圓、鋼珠筆273,000日圓。各限量1906支。

## 鑽石白星！
## 萬寶龍 100 週年紀念款式

2006年2月7日，在東京·新宿舉辦的萬寶龍100週年紀念餐會。照片中是會場設置的巨大白星型冰雕。萬寶龍在餐會中宣揚以今後百年為目標的公司理念。圖上是萬寶龍國際公司的總裁路茲·別克（左）與萬寶龍日本分公司社長尼克·瓦迪敦（右）。

2006年是萬寶龍創業的一百週年，該公司計畫陸續推出各種紀念產品。在文具類別中首先發表的限量款，天冠中安裝有經由「萬寶龍鑽石切割」製成白星型的鑽石（0.055克拉）。精緻地融合了奢華與功能美的輪廓，展現了萬寶龍特有的風華。對萬寶龍迷來說，這一年陸續推出的紀念款，在在讓人心生雀躍。

100th

# MONTBLANC
# MEISTERSTÜCK

## 90週年！大師傑作系列的精髓

萬寶龍的Meisterstück系列，是宛如鋼筆的象徵般廣為人知的存在。自1924年誕生以來，便成為鋼筆的代表作，超越世代，廣受愛戴至今。

1924年Meisterstück誕生時，使用的筆盒設計。

### 萬寶龍的象徵「白星」

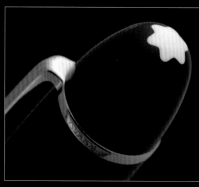

萬寶龍的前身「Simplo Filler Pen Company」創立於20世紀初期，1911年左右決議更換新的商標，將公司名稱改為歐洲的最高峰MONTBLANC（白朗峰），並以山頂覆蓋著白雪的形象設計出白星。早在Meisterstück系列誕生的10年以前，MONTBLANC便已在筆蓋天冠上裝飾白星。創業當時也曾使用紅色商標，現在因為數量稀少，因此相當珍貴。

### 往年的球形筆尖

左圖為1955年的型錄。當時的Meisterstück備有12種筆尖，K開頭的筆尖種類稱為「球形筆尖」，意即銥點為球狀。這種球狀筆尖當時有4種。由於現在已經不再生產，因此在古董市場相當珍貴。當時鋼筆的特色是觀墨窗為圓形，且有直條紋。筆桿的材質則為賽璐珞。

（資料提供／角南雅道）

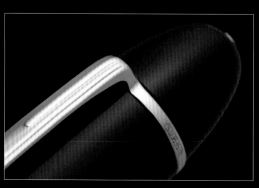

### 機能完善的簡約設計

機能完善，極力不加以裝飾的簡約設計，也是Meisterstück的魅力。手持時的優秀平衡感，結合渾圓流線的絕妙外形，醞釀出絕佳的持握感。高級樹脂帶有深蘊的黑色與金屬零件交相輝映，相當美麗。

1930年代的工廠景象。自古至今一直以純熟的手工技術製造產品。

1920年代左右的長型安全筆。

## Meisterstück的主要種類

### 149
尺寸最大。深受全世界的作家、政治家、文藝人士喜愛。

### LeGrand
加筆蓋時，全長約146mm的經典筆款。將此筆款譽為「最優秀鋼筆」的愛用者亦不少。

### Classique
特色是偏細的俐落設計。絕妙的尺寸易於掌握手中，且便於攜帶。

### Mozart
以方便攜帶為前提的迷你尺寸。鋼筆使用卡式墨水管。

### Solitaire Collection
不變的經典設計及尺寸，材質使用黃金及純銀等貴金屬，是相當奢華的筆款。

### 「4810」為白朗峰的標高
筆尖刻印的四位數「4810」，源自於白朗峰的標高4810公尺。

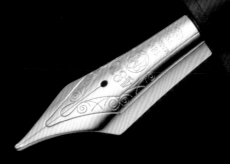

# MEISTERSTÜCK
# 90 Years Collection

## 大師傑作90週年典藏系列

Meisterstück的經典陣容中，90週年系列筆款全新登場！筆身為漆黑的高級樹脂，搭配鍍玫瑰金的金屬零件。

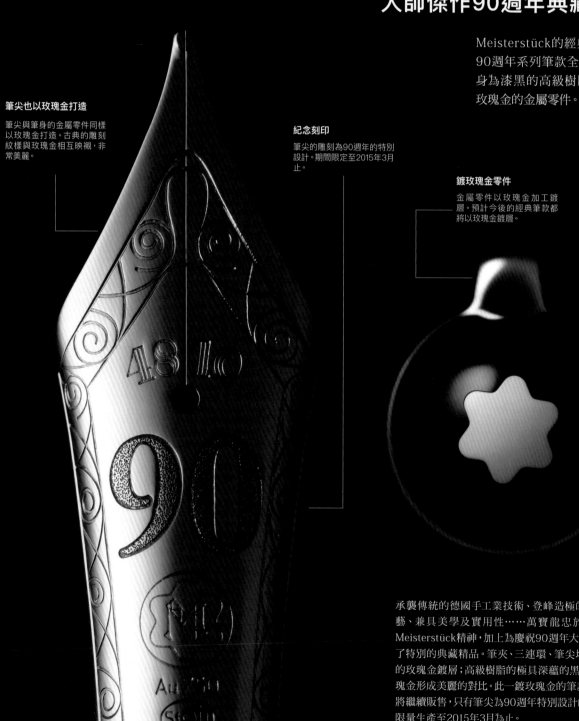

**筆尖也以玫瑰金打造**

筆尖與筆身的金屬零件同樣以玫瑰金打造。古典的雕刻紋樣與玫瑰金相互映襯，非常美麗。

**紀念刻印**

筆尖的雕刻為90週年的特別設計。期間限定至2015年3月止。

**鍍玫瑰金零件**

金屬零件以玫瑰金加工鍍層。預計今後的經典筆款都將以玫瑰金鍍層。

承襲傳統的德國手工業技術、登峰造極的匠心工藝、兼具美學及實用性……萬寶龍忠於上述的Meisterstück精神，加上為慶祝90週年大業，發表了特別的典藏精品。筆夾、三連環、筆尖均以高雅的玫瑰金鍍層；高級樹脂的極具深蘊的黑色，與玫瑰金形成美麗的對比。此一鍍玫瑰金的筆款今後也將繼續販售，只有筆尖為90週年特別設計的鋼筆，限量生產至2015年3月為止。

# 149

實物大

鋼筆 / 加筆蓋約149mm・書寫時約166mm・筆身直徑約15mm・重量
約33g・活塞上墨式・ 18K金筆尖EF、F、M、B・本體94,000日圓

# LeGrand

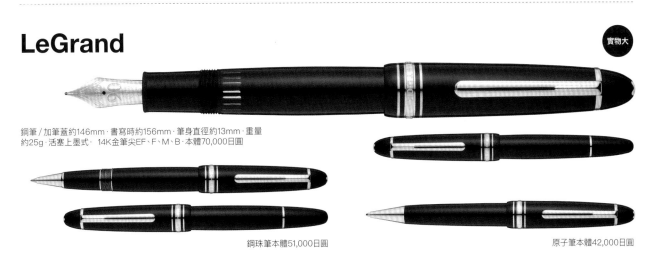

實物大

鋼筆 / 加筆蓋約146mm・書寫時約156mm・筆身直徑約13mm・重量
約25g・活塞上墨式・ 14K金筆尖EF、F、M、B・本體70,000日圓

鋼珠筆本體51,000日圓

原子筆本體42,000日圓

# Classique

實物大

鋼筆 / 加筆蓋約140mm・書寫時約154mm・筆身直徑約11mm・重量
約21g・兩用式・ 14K金筆尖EF、F、M、B・本體58,000日圓

鋼珠筆本體46,000日圓

原子筆本體42,000日圓

筆盒的圖樣也是為了紀念90週年的特別設計。採用
Meisterstück初登場時的筆盒設計。

黑色高級樹脂和
玫瑰金的色調相
互襯映，高雅且
新鮮。

# MEISTERSTÜCK
# 90 Years Collection
# Skelton

## 大師傑作
## 90週年典藏系列
## 鏤空

90週年紀念的極致筆款,以鏤空造型
登場。帶厚重感的釕合金鍍層,綻放獨
特的光澤。

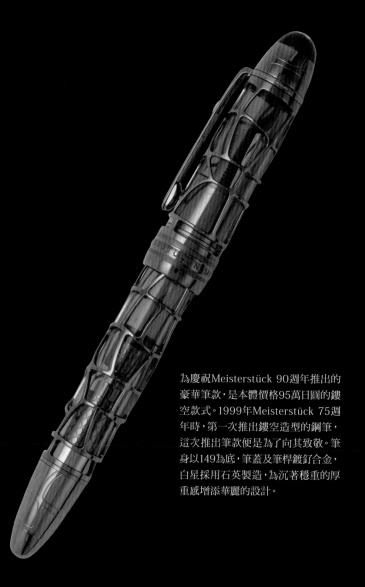

為慶祝Meisterstück 90週年推出的
豪華筆款,是本體價格95萬日圓的鏤
空款式。1999年Meisterstück 75週
年時,第一次推出鏤空造型的鋼筆,
這次推出筆款便是為了向其致敬。筆
身以149為底,筆蓋及筆桿鍍釕合金,
白星採用石英製造,為沉著穩重的厚
重感增添華麗的設計。

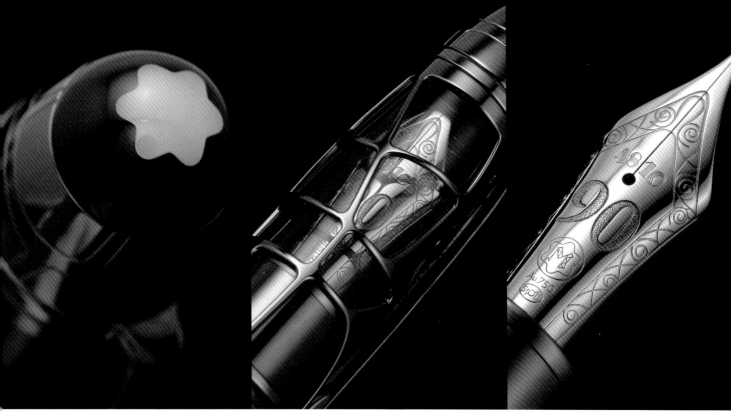

白星奢侈地使用石英（水晶）
製造。

鏤空造型的筆蓋，可以清楚
窺見筆尖。

18K金筆尖的雕刻是90週年
限定的設計。

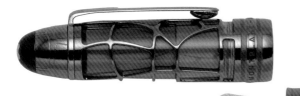

鋼筆：加筆蓋約147mm．本體約132mm．筆身直徑約14mm．重
量約61g．活塞上墨式．18K金筆尖．本體950,000日圓

實物大

三只飾環有光澤及無光澤的
對比非常美麗。

上墨機構內部的零件也做了
相當精緻的設計。

筆尾部分也有鍍釘層及雕刻。

# MEISTERSTÜCK 90Years Collection Special Edition

### Meisterstück 90週年
### 典藏特別版

為紀念Meisterstück 90週年，也發表了原創設計的「Special Edition」。白星奢侈地使用珍珠貝母（珍珠層），筆身雕刻扭索紋（Guilloche），並鍍一層黑色亮漆。金屬零件以玫瑰金鍍層，18K金的筆尖則雕有90週年限定的紋樣。此一系列陣容有Classique規格的鋼筆、鋼珠筆及原子筆。

鋼筆（18K金筆尖F、M）/ 本體152,500日圓

鋼珠筆 / 本體120,000日圓

原子筆 / 本體104,000日圓

# MEISTERSTÜCK 90Years Collection Ink Bottle

### Meisterstück 90週年
### 典藏瓶裝墨水

Meisterstück同樣推出90週年限定的瓶裝墨水。瓶身為古典外形，標籤則來自於1920年代的萬寶龍瓶裝墨水設計。墨水顏色為絕美的灰色，且為不褪色款。

35ml·本體2,200日圓

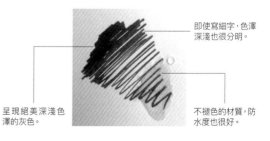

即使寫細字，色澤深淺也很分明。

呈現絕美深淺色澤的灰色。

不褪色的材質，防水度也很好。

# MONTBLANC Meisterstück系列筆款一覽

## Meisterstück Collection

| | | 鋼筆 | 鋼珠筆 | 原子筆 | 鉛筆 | 螢光筆 |
|---|---|---|---|---|---|---|
| 149 | | 94,000日圓<br>(EF/F/M/B/BB/<br>OM/OB/OBB) | | | | |
| LeGrand | | 70,000日圓<br>(EF/F/M/B/BB/<br>OM/OB/OBB) | 51,000日圓 | 46,000日圓 | 46,000日圓<br>(0.9mm) | 51,000日圓 |
| | | 83,000日圓<br>(旅行筆·F/M) | | | | |
| Classique<br>經典系列 | | 58,000日圓<br>(EF/F/M/B/BB/<br>OM/OB/OBB) | 46,000日圓 | 42,000日圓 | 42,000日圓<br>(0.7/0.5mm) | |
| Mozart<br>莫札特系列 | | 50,000日圓<br>(EF/F/M) | | 37,000日圓 | 37,000日圓<br>(0.7mm) | |
| Platinum Line / LeGrand<br>白金產品線 / LeGrand系列 | | 75,000日圓<br>(EF/F/M/B/BB/<br>OM/OB/OBB) | 54,000日圓 | 47,000日圓 | 47,000日圓<br>(0.9mm) | 54,000日圓 |
| Platinum Line / Classique<br>白金產品線 / 經典系列 | | 61,000日圓<br>(EF/F/M/B/BB/<br>OM/OB/OBB) | 49,000日圓 | 44,000日圓 | 44,000日圓<br>(0.7/0.5mm) | |
| Platinum Line / Mozart<br>白金產品線 / 莫札特系列 | | 53,000日圓<br>(EF/F/M) | | 40,000日圓 | 40,000日圓<br>(0.7mm) | |
| Montblanc Diamond / LeGrand<br>萬寶龍美鑽系列 / LeGrand系列 | | 125,000日圓<br>(F/M) | 99,000日圓 | 85,000日圓 | | |
| Montblanc Diamond / Classique<br>萬寶龍美鑽系列 / 經典系列 | | 112,000日圓<br>(F/M) | 85,000日圓 | 73,000日圓 | | |
| Montblanc Diamond / Mozart<br>萬寶龍美鑽系列 / 莫札特系列 | | 106,000日圓<br>(EF/F/M) | 79,000日圓 | 66,000日圓 | | |
| Platinum Line / Leonardo Sketch Pen<br>萬寶龍美鑽系列 / 李奧納多素描筆 | | 53,000日圓 | | | | |

## Meisterstück Solitaire Collection

| | | 鋼筆 | 鋼珠筆 | 原子筆 | 鉛筆 |
|---|---|---|---|---|---|
| SOLITAIRE Tribute to the Mont Blanc / LeGrand<br>SOLITAIRE白朗峰禮讚 / LeGrand系列 | | 144,000日圓<br>(F/M) | 117,000日圓 | 104,000日圓 | |
| SOLITAIRE Tribute to the Mont Blanc / Classique<br>SOLITAIRE白朗峰禮讚 / 經典系列 | | 117,000日圓<br>(F/M) | 106,000日圓 | 91,000日圓 | |
| SOLITAIRE Tribute to the Mont Blanc / Mozart<br>SOLITAIRE白朗峰禮讚 / 莫札特系列 | | 107,000日圓<br>(F/M) | 94,000日圓 | 78,000日圓 | |
| SOLITAIRE Geometric Dimension<br>SOLITAIRE幾何圖形 | | 169,000日圓❶<br>(F/M) | | 117,000日圓ⓒ | |
| SOLITAIRE Doué Geometric Dimension<br>SOLITAIRE立體幾何圖形 | | 108,000日圓❶<br>(F/M)<br>95,000日圓<br>(F/M) | 76,000日圓ⓒ | 66,000日圓ⓒ | |
| SOLITAIRE Platinum-Plated Facet<br>SOLITAIRE鍍鉑金精雕 | | 135,000日圓ⓒ<br>(EF/F/M/B) | 107,000日圓ⓒ | 96,000日圓ⓒ | 96,000日圓ⓒ<br>(0.7mm) |
| SOLITAIRE Ceramics Black Prisma<br>SOLITAIRE黑陶瓷稜鏡 | | 140,000日圓ⓒ<br>(F/M) | 114,000日圓ⓒ | 105,000日圓ⓒ | 105,000日圓ⓒ<br>(0.7mm) |
| SOLITAIRE Doué Signum<br>SOLITAIRE Doué符碼 | | 98,000日圓ⓒ<br>(F/M) | 79,000日圓ⓒ | 72,000日圓ⓒ | |
| SOLITAIRE Silver Barley<br>SOLITAIRE銀色大麥紋 | | 187,000日圓❶ | | 135,000日圓ⓒ | |
| SOLITAIRE Doué Silver Barley<br>SOLITAIRE Doué銀色大麥紋 | | 110,000日圓❶<br>(F/M)<br>98,000日圓<br>(F/M) | 79,000日圓ⓒ | 68,000日圓ⓒ | |
| SOLITAIRE Doué Stainless Steel<br>SOLITAIRE Doué不鏽鋼 | | 85,000日圓ⓒ<br>(F/M) | 66,000日圓ⓒ | 58,000日圓ⓒ | 58,000日圓ⓒ<br>(0.7mm) |
| SOLITAIRE Sterling Silver<br>SOLITAIRE純銀 | | 150,000日圓❶<br>(F/M/B)<br>124,000日圓ⓒ<br>(EF/F/M/B) | 103,000日圓ⓒ | 94,000日圓ⓒ | 94,000日圓ⓒ<br>(0.7mm) |
| SOLITAIRE Mozart Jewelley Platinum-Plated<br>SOLITAIRE莫札特寶石鍍鉑金 | | 131,000日圓<br>(EF/F/M) | 119,000日圓 | 104,000日圓 | |

※照片為各系列的所有鋼筆 　※ ❶ =LeGrand規格 / ⓒ =Classique規格 ※價格為不含稅的本體價格。
※SOLITAIRE的產品存貨狀況需與店家確認，也可能無預警停止生產。

*MONTBLANC*

# Montblanc Heritage Collection ROUGE&NOIR Limited Edition 1906

## 萬寶龍傳承系列 紅＆黑限量版 1906

此筆款重現了萬寶龍創立當時的硬質橡膠鋼筆。含有亞麻籽油的硬質橡膠有著獨特的柔軟質感，手感舒適且易於持握。盤繞在筆蓋上的蛇，眼睛閃爍著豔紅的紅寶石。因創業年份為1906年，故限量1906支。

鋼筆／18K金筆尖M，243,000日圓（含稅）．限量1906支
鋼珠筆／216,000日圓（含稅）

### 更華麗的Serpent Limited Edition

Serpent在拉丁語中意為蛇，此為盤繞著蛇的超華麗限量筆款。

**Ultimate Serpent Limited Edition 1**

全球限量1支，天冠鑲有6.15克拉的大鑽石，筆身則裝飾著1950顆（15.34克拉）的藍寶石及153顆鑽石。

120萬歐元（日本未販售）

**Royal Serpent Limited Edition 10**

全球限量10支，純白金打造的筆身，裝飾著以PVD鍍膜的鱗片紋樣。萬寶龍的白星標誌以72顆鑽石組成。

19萬歐元（日本未販售）

**Imperial Serpent Limited Edition 3**

全全球限量3支的鍍白釘Rouge et Noir鋼筆。以金線工法精雕細琢的蛇身上，鑲有55顆鑽石及106顆藍寶石，璀璨耀眼。

39萬歐元（日本未販售）

**Serpent Limited Edition 110**

時尚的黑鉛色鈦製筆身，裝飾著純白金打造的蛇圖樣。由於110週年紀念，故限量110支。

4,374,000日圓（含稅）

---

**TOPIC**

## 紅＆黑設計的筆記本

2015年起推出的Fine Stationery Collection（優質文具系列）中，紅與黑設計的筆記本以期間限量方式登場。洋溢著高級感的皮革封面，印有浮雕的蛇圖樣。

MONTBLANC Fine Stationery Collection Rouge et Noir筆記本#146橫線：150W×210Hmm，9,720日圓（含稅）

**經典的Fine Stationery Collection（優質文具系列）**

MONTBLANC Fine Stationery素描本No 149／210W×260Hmm，14,364日圓（含稅）
MONTBLANC Fine Stationery筆記本No 145橫線／80W×110Hmm，5,508日圓（含稅）
MONTBLANC Fine Stationery日記本No 147週計畫／90W×140Hmm，5,508日圓（含稅）

裝幀線以銀色著色。

滑順的高級紙上，印有透明的萬寶龍白星標誌。

---

**TOPIC**

## MONTBLANC 110週年的歷史

1906年，為了製造能掀起手寫文化革命的工具而齊聚一堂的三位人士，開發了不會漏墨的書寫用具。此後隨著時代演進，接連誕生了Meisterstück、Bohéme、StarWalker、MONTBLANC M等數不盡的名品。屹立不搖了110年，即使在獲得穩定地位的今日，萬寶龍依然注重先驅精神，不斷精進最新的技術，以持續進化的品牌之名，博得廣大人氣。

催生萬寶龍的三位先驅人物。左起為Alfred Nehemias、August Eberstein、Claus Voss。

1　　　　2

3

**1909年發售的 Rouge et Noir海報**

1.穿著白色洋裝的少女海報，強調萬寶龍不會漏墨的鋼筆。
2.當時繪有Rouge et Noir插圖的海報。
3.20世紀Rouge et Noir發售時，正流行紅黑相間的輪盤，因此海報也採用輪盤插畫。

禮盒外面刻有法國國寶級設計大師安得列・葡特曼（Andrée Putman）的簽名（右）和產品序號（左）。

套筆蓋的狀態。禮盒外層是木製品，塗上黑色樹脂加工。

MONT BLANC
TINTE·INK·ENCRE·TINTA
INCHIOSTRO·ボトルインク·墨水
50 ml  Made in Germany

實物大

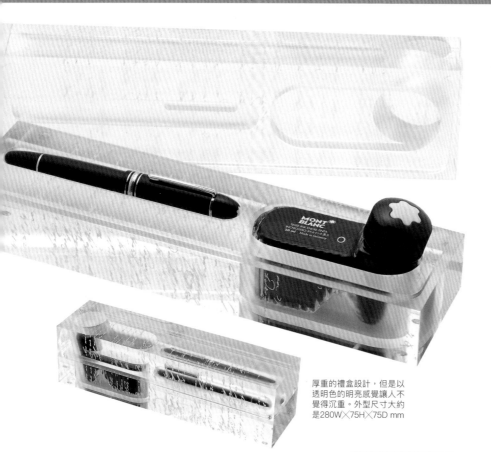

## UNICEF
## Helmut Jahn
## FP MST 149

外觀像是冰塊一樣，美麗方正的透明包裝，是擅長以「透明」概念設計建築物的美國建築師海姆特·楊 (Helmut Jahn) 提供的作品。禮盒表面印著哥德的詩句，強調著筆與心靈的聯繫。

↑側面刻有海姆特·楊的簽名和產品序號。→壓克力表面以白色字體印著哥德的詩句。

厚重的禮盒設計，但是以透明色的明亮感覺讓人不覺得沉重。外型尺寸大約是280W╳75H╳75D mm

## UNIECF
## Tom Sachs
## FP MST 149

擅長幽默的雕刻與裝飾的美國藝術家湯姆·薩克斯 (Tom Sachs)，以平時常用的材料設計了禮品的包裝盒。禮盒表面有手工繪製的聯合國兒童基金會徽章、萬寶龍產品商標，讓人感受到手工製造的溫暖。這種沒有匠氣的設計讓人感受到當年的流行風潮。

top：貼著手工繪製的聯合國兒童基金會徽章。右下角有萬寶龍的商標。
front：箭頭部分貼著魔鬼氈，取代了金屬開關。
left：禮盒的內容說明。
right：湯姆·薩克斯的簽名和產品序號。

top

front

left

right

附贈瓶裝墨水。瓶子上的標籤也由湯姆·薩克斯重新設計。上面以英文、中文、日文、德文寫著「墨水」。

### Meisterstück 149

各種禮盒裝的Meisterstück 149設計，和市售款式一樣。筆尖有F、M兩種選擇。

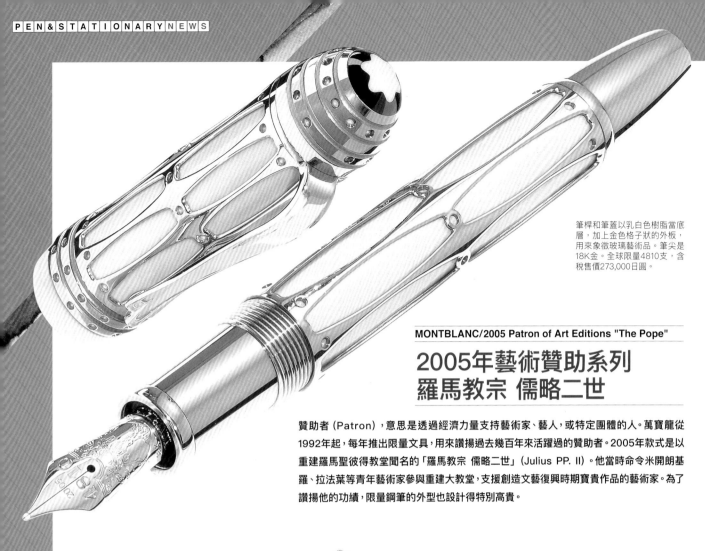

筆桿和筆蓋以乳白色樹脂當底層，加上金色格子狀的外板，用來象徵玻璃藝術品。筆尖是18K金。全球限量4810支，含稅售價273,000日圓。

MONTBLANC/2005 Patron of Art Editions "The Pope"

# 2005年藝術贊助系列
# 羅馬教宗 儒略二世

贊助者 (Patron)，意思是透過經濟力量支持藝術家、藝人，或特定團體的人。萬寶龍從1992年起，每年推出限量文具，用來讚揚過去幾百年來活躍過的贊助者。2005年款式是以重建羅馬聖彼得教堂聞名的「羅馬教宗 儒略二世」(Julius PP. II)。他當時命令米開朗基羅、拉法葉等青年藝術家參與重建大教堂，支援創造文藝復興時期寶貴作品的藝術家。為了讚揚他的功績，限量鋼筆的外型也設計得特別高貴。

## 2004年文學家系列 法蘭茲·卡夫卡

1992年起，萬寶龍每年推出以過去知名作家為創作主題的「文學家系列」鋼筆。2004年的主題是以《蛻變》(Die Verwandlung)、《審判》(Der Prozess) 等作品聞名的捷克作家——法蘭茲·卡夫卡 (František Kafka)。方形輪廓的鋼筆筆桿，隨著接近筆尖，線條漸漸轉為圓潤，筆尖雕有昆蟲刻印。產品有鋼筆（含稅售價105,000日圓）及原子筆（含稅售價57,750日圓）等，因為銷路極佳，剩餘存貨不多。

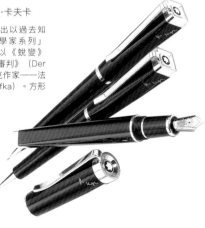

MONTBLANC/Meissen Annual Pen 2005

# 麥森年度筆
# 2005

使用德國最高級瓷器品牌「麥森」製作筆蓋的「麥森年度筆」的2005年款式。圖案分別是「美神與愛神」、丑角阿列其諾、神祕鳥等三種。是由麥森的工匠手工繪製的精彩作品。

## 2003年音樂家贊助系列 海伯特·馮·卡拉揚

在萬寶龍的產品中，有一個讚揚古典樂界優越人物的「Donation pen」（音樂家贊助）系列。2003年款式的主題，是人稱音樂界帝王的卡拉揚 (Herbert von Karajan)。筆蓋上繪製有鋼琴鍵盤，筆夾則是指揮棒的形狀。

以卡拉揚為主題的紙盒裡，裝有白色的絲綢領巾 (134×26 cm) 和說明小冊子。

18K金筆尖雕有精緻的刻印。

筆蓋上繪製著麥森瓷器的註冊商標「交叉雙劍」。

黑色及透明色搭配的筆盒，顯得優雅又美觀。除了鋼筆以外還裝有年度筆的產品型錄。

美神與愛神
丑角阿列其諾

神祕鳥

原子筆 / 使用時約140 mm·重量約25g·含稅售價39,000日圓

寶曦系列筆桿尾端刻有螺紋，可以用來固定筆蓋。

剛打開筆蓋時，筆尖還在筆桿內部。要把筆蓋固定在筆桿尾端旋轉後，筆尖才會露出外頭。

墨水採用卡匣式。打開筆桿尾端後，就可以將卡水插入筆桿內部。

# Bohème Jewels

暢銷產品寶曦系列2005年的新版本。筆夾鑲嵌著寶石，筆桿外纏著染成蜥蜴紋的小牛皮，充滿了富貴氣息，讓人想要當成珠寶飾品使用。顏色分成藍色、米色、紅色、紫羅蘭色四種。各種顏色都有鋼筆（含稅售價195,000日圓）、原子筆和中型鋼珠筆（含稅售價各140,000日圓）產品。購買時原廠附贈同樣顏色的筆袋。

特製的木質盒子，外層塗上有美麗光澤的樹脂塗料。附贈和筆桿外層相同材質的皮製筆袋。

**PP Bohème Jewels Violet Leather**

紫水晶（Marquise cut，欖尖形）

**GP Bohème Jewels Beige Leather**

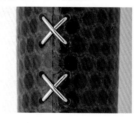

黃水晶（Oval cut，橢圓形）

**GP Bohème Jewels Red Leather**

鐵鎂鋁榴石（round cut，圓形）

**PP Bohème Jewels Blue Leather**

黃玉（square cut，方形）

紫羅蘭色
皮革筆袋

米色
皮革筆袋

紅色
皮革筆袋

## Bohème Jewels的皮革筆袋

和筆桿部分使用相同皮革的筆袋。大小足以插入兩支尺寸較大的寶曦系列產品。觸感和筆桿一樣舒適，外型設計美觀，可以當成飾品使用。

藍色皮革筆袋
尺寸約23W×138H mm 重量約41g

## MONTBLANC

# 羅馬教宗 儒略二世

特別限量款藝術贊助者系列2005年款式的「羅馬教宗 儒略二世」（Julius PP. II），推出了888支限量款。以樹脂加工的扭索紋樣做底，加上純金的格子狀裝飾，是更加特別的版本。讓我們來比較與其相近時間發售的4810和888版本之間的差異。

### 羅馬教宗 儒略二世 4810

以乳白色的樹脂材料做底，鍍金的格子紋樣裝飾整支筆，充滿了華麗氣息。天冠仿照天主教教宗才能穿戴的三重寶冠。外型在套筆蓋時約145mm、書寫時約161mm、重量約61g。上墨方式採用活塞上墨式。限定4810支。售價273,000日圓

### 天冠

4810 簡約地象徵了羅馬教宗的三重寶冠。888則是嵌入了與筆桿顏色相同的鐵鎂鋁榴石。

### 序號

4810的序號刻在天冠上。888序號刻印的位置，則是在筆夾下方的筆蓋環。

### 羅馬教宗 儒略二世 888

以樹脂加工的扭索紋樣做底，加上純金的格子狀裝飾。天冠鑲嵌了鐵鎂鋁榴石，筆夾鑲有鑽石，是相當奢華的一支作品。至於長度，套筆蓋時約145mm、書寫時約161mm、重量約80g。上墨方式採用活塞上墨式。限定數量888支。售價756,000日圓

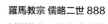

### 白星

4810所採用的是象牙白色的白星（上），888則是鑲了嵌珍珠貝母（下）。

### 筆夾

4810只有單純的鍍金筆夾，888嵌入了六顆約0.06克拉的鑽石。

# MONTBLANC

**GERMANY**

## GRETA GARBO

# 葛麗泰·嘉寶

1906年創業的萬寶龍，為了紀念活躍在1930年代，貌若天仙的瑞典女明星「葛麗泰·嘉寶」(Greta Garbo)，於2005年特別發表了系列相關產品。白與黑對比的外型設計，加上珍珠點綴，顯得典雅端莊。這款鋼筆外觀有如豐滿的女性，書寫時容易握持，是具有高度實用性的佳作。

實物大

筆夾前端點綴著大約5.25mm的akoya白色阿古屋珍珠。

修長的筆尖是鍍白金裝飾的18K金。心型的通氣孔顯得嬌小可愛。

筆蓋環上刻著「Greta Garbo」的簽名。

原子筆／書寫時約130mm·重量約29g·售價60,900日圓

鋼筆／套筆蓋時約128mm·書寫時約141mm·重量約24g·卡式墨水·售價96,600日圓

# Miguel de Cervantes

## 米格爾·德·塞凡提斯

讚揚在世界文學史上留下豐功偉業人物的文學家系列,推出了2005年的款式。設計主題是塞凡提斯(Miguel de Cervantes)的代表作《唐·吉訶德》(Don Quijote de la Mancha)。筆桿直徑由中央朝前端和尾端漸漸變細,象徵著唐·吉訶德與隨從桑丘·潘薩那個性相反,卻又相輔相成的關係,潛藏著深奧的設計意念。

鋼筆的筆蓋、原子筆和自動鉛筆的筆桿上,刻有米格爾·德·塞凡提斯的簽名。

實物大

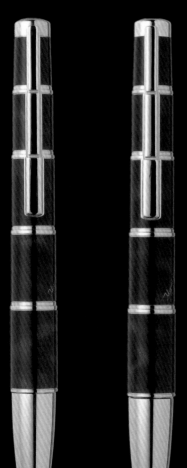

實物大

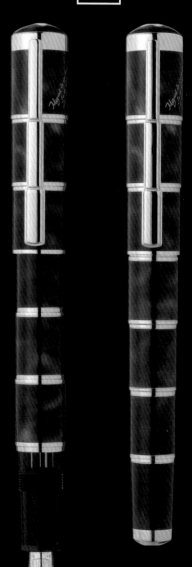

自動鉛筆(0.7mm)/書寫時約142mm·重量約46g·旋轉式·只與原子筆配套銷售(全球限量4000套),售價220,500日圓

原子筆/書寫時約142mm·重量約43g·全球限量17000支·售價57,750日圓

鋼筆/套筆蓋時約138mm·書寫時約162mm·重量約52g·活塞上墨式·全球限量17000支·售價105,000日圓

18K金筆尖。雕著象徵唐·吉訶德故事的風車刻印。

# Meisterstück Solitaire Gold & Black

↓146鋼筆／套筆蓋時約145mm·書寫時約161mm·重量約44g·活塞上墨式·售價159,600日圓、144鋼筆／售價126,000日圓、鋼珠筆／售價102,900日圓、原子筆／售價102,900日圓、自動鉛筆／售價102,900日圓

Meisterstück Solitaire於2005年新增了一款以鍍金筆桿鑲嵌黑色樹脂條紋的高級款式。這是一款讓人體會到萬寶龍精湛設計風格的優越作品。

## Solitaire Silver Fibre Guilloche

毫不吝惜的使用925純銀，筆蓋以玻璃纖維塑造扭索紋樣的新款式。與華麗的黃金款造型相較，顯得更加俐落有型的款式。

↓146鋼筆／套筆蓋時約145mm·書寫時約161mm·重量約48g·活塞上墨式·售價136,500日圓、144鋼筆／售價107,100日圓、鋼珠筆／售價89,250日圓、原子筆／售價89,250日圓、自動鉛筆／售價89,250日圓

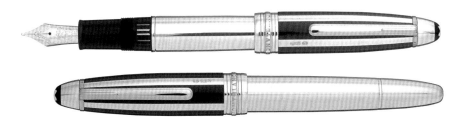

## Meisterstück Solitaire Doué Gold & Black

↓144鋼筆／套筆蓋時約135mm·書寫時約150mm·重量約24g·兩用式·售價86,100日圓、原子筆／售價65,100日圓、自動鉛筆／售價65,100日圓

2005年上市的新款Meisterstück Solitaire Doué。筆桿是黑色樹脂，筆蓋採用鍍金材質，鑲嵌黑色樹脂加工的條紋，設計風格酷炫。

## Bohème Doué Goldplated

Bohème Doué Collection添增了一款筆桿雕刻圓點裝飾的款式，精巧地融合了強悍與優雅。筆夾上附有一顆與筆桿相同顏色的縞瑪瑙。

↓原子筆／書寫時約113mm·重量約29g·售價54,600日圓、鋼筆／售價89,250日圓、鋼珠筆／售價54,600日圓

筆夾前端附有一顆Paramount cut的縞瑪瑙。

### 口袋裡放得下 Meisterstück 的隨身電腦包

←提包的外型尺寸是38W×32H×11Dcm。售價126,000日圓

←前側的大口袋裡有一個能安插一支Meisterstück的小口袋。

能夠攜帶Meisterstück的商用提包熱賣中。前側的大口袋裡有額外隔間，方便在有急需時隨手取出鋼筆。除了電腦包以外，還有文件包、手提包等多種商品。

→圖上是墨魚褐色，圖下是英國賽車綠色。瓶裝墨水各1,365日圓、卡式水各525日圓

### 萬寶龍墨水增添古典色彩

萬寶龍的鋼筆墨水，推出英國賽車綠色與墨魚褐色兩款新色彩。這兩款顏色都趨向古典風格，還讓人感受有一點日本味。墨水乾燥後顏色還能維持與書寫時一樣的深度。左邊的色票樣本是墨魚褐色，右邊是英國賽車綠色。

# MONTBLANC

| GERMANY

## Patron of Art
## 藝術贊助系列

藝術贊助系列為了讚揚史上留名的藝術·文化擁護者、領導者,從1992年以來,每年春季發表的限量4810支(鋼筆)產品。也有限量888支的高級版。

| 1992 | 羅倫佐·德·麥迪奇 |
| 1993 | 屋大維 |
| 1994 | 路易十四 |
| 1995 | 攝政王(喬治四世) |
| 1996 | 賽美拉米斯 |
| 1997 | 凱薩琳二世 / 彼得一世 |
| 1998 | 亞歷山大大帝 |
| 1999 | 腓特烈二世 |
| 2000 | 查理大帝 |
| 2001 | 龐巴度侯爵夫人 |
| 2002 | 安德魯·卡內基 |
| 2003 | 尼古拉·哥白尼 |
| 2004 | 約翰·皮爾龐特·摩根 |
| 2005 | 羅馬教宗 儒略二世 |
| 2006 | 亨利·泰德爵士 |
| 2007 | 亞歷山大·馮·洪保德 |

## Writers Edition
## 文學家系列

為了向偉大的作家致敬,每年秋季發表的產品。原則上鋼筆、原子筆是單獨銷售,另有加上鉛筆的套裝禮盒商品。

| 1992 | 海明威 |
| 1993 | 阿嘉莎·克莉絲蒂 |
| 1993 | 王者之龍 |
| 1994 | 奧斯卡·王爾德 |
| 1995 | 伏爾泰 |
| 1996 | 大仲馬 |
| 1997 | 杜斯妥也夫斯基 |
| 1998 | 埃德加·愛倫·坡 |
| 1999 | 馬塞爾·普魯斯特 |
| 2000 | 弗里德里希·席勒 |
| 2001 | 查爾斯·狄更斯 |
| 2002 | 法蘭西斯·史考特·基·費茲傑羅 |
| 2003 | 朱爾·凡爾納 |
| 2004 | 法蘭茲·卡夫卡 |
| 2005 | 米格爾·德·塞凡提斯 |
| 2006 | 維吉尼亞·吳爾芙 |
| 2007 | 威廉·福克納 |

## Alexander von Humboldt Limited Edition 4810

2007 年藝術贊助系列

# 亞歷山大・馮・洪保德

這支鋼筆讚揚的是活躍在18、19世紀，德國的代表性博物學家亞歷山大・馮・洪保德 (Alexander von Humboldt) 的功績。洪保德從1799年起，花費五年時間走遍中南美洲，調查了未知的植物及原住民語言、文化，留下了身為探險家、地理學者的功績。這支以他為主題的鋼筆，筆桿與筆蓋使用南半球產的高級闊葉木材「非洲胡桃木」。並以925純銀鑲嵌倣造原住民藝術作品的圖樣。鍍白金裝飾的18K金筆尖上，雕刻著在世界各國探險的洪保德愛用的工具「六分儀」圖示。

實物大

手指接觸的部分可以感受到木材的質感，外型尺寸相當於146鋼筆。本體重量約43g，筆桿直徑約13.5mm（筆蓋最大直徑約16mm）。筆尖有F和M兩種。

天冠上有著燦爛發光的大型萬寶龍白星。側面刻有1到4810的序號刻印。

萬寶龍為了讚揚在世界各國振興文化・藝術有功的人物，設立了「萬寶龍國際文化獎」。包括捐贈給萬寶龍博物館的一支筆在內，得獎者可以獲得當年全球限量11支的藝術贊助系列特別款式鋼筆。2007年，日本的狂言師野村萬齋獲得了這個獎項。天冠上的白星以珍珠貝母製作，鑲有鑽石。

鋼筆裝在深青綠色的特製木匣內。頂面刻有和筆桿相同的紋樣。

⬆ 鋼筆／套筆蓋時約146mm・書寫時約128mm・重量約69g・活塞上墨式・售價322,350日圓

⬇ 鋼筆／146型・全球限量16000支・筆尖F、M、B・活塞上墨式・售價134,400日圓
原子筆／全球限量18000支・售價73,500日圓
套裝禮盒（鋼筆筆尖M・原子筆・鉛筆共3支）／全球限量4000套・售價268,800日圓

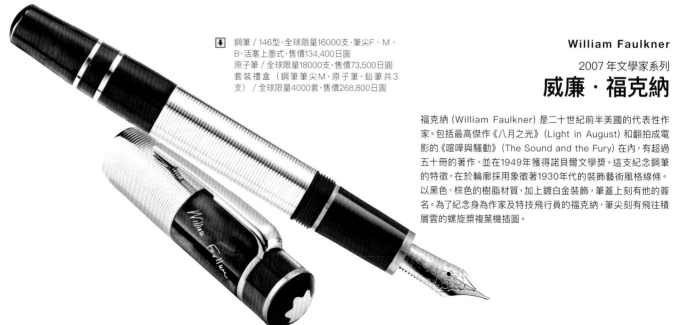

## William Faulkner

2007 年文學家系列

# 威廉・福克納

福克納 (William Faulkner) 是二十世紀前半美國的代表性作家。包括最高傑作《八月之光》(Light in August) 和翻拍成電影的《喧嘩與騷動》(The Sound and the Fury) 在內，有超過五十冊的著作，並在1949年獲得諾貝爾文學獎。這支紀念鋼筆的特徵，在於輪廓採用象徵著1930年代的裝飾藝術風格線條。以黑色、棕色的樹脂材質，加上鍍白金裝飾，筆蓋上刻有他的簽名。為了紀念身為作家及特技飛行員的福克納，筆尖刻有飛往積層雲的螺旋槳複葉機插圖。

# MONTBLANC

### GERMANY

## Marlene Dietrich 1901 Commemoration

### 瑪琳‧黛德麗

以活躍在1920年代好萊塢黃金時期的德國女星瑪琳‧黛德麗 (Marlene Dietrich) 為主題的美麗鋼筆問世了。產品分為筆桿與筆蓋使用925純銀的限量款，以及使用黑色高級樹脂材質，風姿優雅的一般款式兩種。兩種產品的外型都彷彿穿著晚禮服的女星，讓人印象深刻。筆夾仿照瑪琳的眼睛，使用深藍色藍寶石。

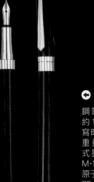

◀ 鋼筆／套筆蓋時約145mm‧書寫時約134mm‧重量約40g‧卡式墨水‧筆尖F、M‧120,750日圓 原子筆／75,600日圓

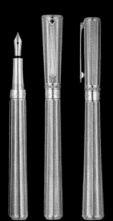

◀ 鋼筆／套筆蓋時約145mm‧書寫時134mm‧重量約79g‧卡式墨水‧筆尖M‧限定1901支‧598,500日圓

領帶造型的筆夾上鑲嵌著深藍色藍寶石。

一般款式的天冠上以優雅的白色珍珠貝母作點綴

中央環上刻有Marlene的簽名，鑲有16顆鑽石。

深藍色藍寶石周圍鑲有六顆鑽石。

天冠使用藍色珍珠貝母奢華地妝點著。

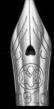

18K金的小型筆尖，鍍有白金裝飾。心型通氣孔也是一項特徵。

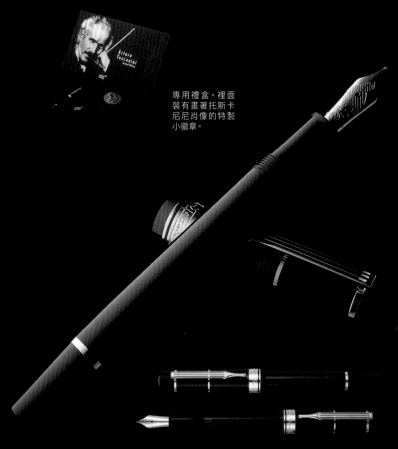

專用禮盒。裡面
裝有畫著托斯卡
尼尼肖像的特製
小徽章。

# Arturo Toscanini

## 阿圖羅・托斯卡尼尼

Donation pen（音樂家贊助系列，為向古典音樂
業界風雲人物致敬的鋼筆）2007年新作。這次
作品主題，是31歲時榮獲米蘭斯卡拉劇院聘為
首席指揮的義大利指揮家阿圖羅・托斯卡尼尼
（Arturo Toscanini）。模仿大提琴弦的筆夾，
用來表達身兼大提琴手的托斯卡尼尼對音樂舞
台的回憶。這是一款造型簡明又有主張的鋼筆
款式。

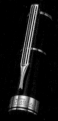 

筆夾模仿大提琴弦設
計。另外，筆蓋環刻有
托斯卡尼尼的簽名。

鍍銠裝飾的18K金筆
尖。這也是這個系列
才有的特殊設計。

⬆ 鋼筆／套筆蓋時約144mm・書寫時約161mm・重量約30g・
活塞上墨式・筆尖EF、F、M、B・86,100日圓
原子筆／50,400日圓

# Solitaire Doué Black ＆ White

筆桿與筆蓋使用貴金屬的Solitaire Collection
又添增新產品了。以優質的不銹鋼製作，上面有
黑白幾何學條紋交會的筆蓋，搭配黑色高級樹
脂的簡明筆桿，歷練出良好的對比。鋼筆分成
146與144兩種類型。這是讓人忍不住想要買來
分別做書桌用與手帳用途的魅力款式。

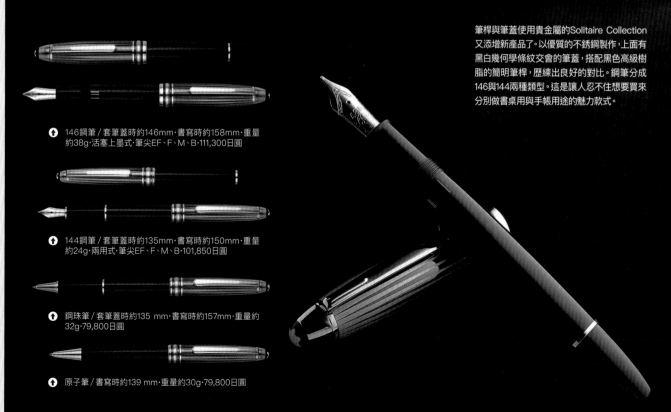

⬆ 146鋼筆／套筆蓋時約146mm・書寫時約158mm・重量
約38g・活塞上墨式・筆尖EF、F、M、B・111,300日圓

⬆ 144鋼筆／套筆蓋時約135mm・書寫時約150mm・重量
約24g・兩用式・筆尖EF、F、M、B・101,850日圓

⬆ 鋼珠筆／套筆蓋時約135 mm・書寫時約157mm・重量約
32g・79,800日圓

⬆ 原子筆／書寫時約139 mm・重量約30g・79,800日圓

# StarWalker Cool Blue

## 星際旅者 酷藍色

在設計理念上，融合了現代風格與傳統技術的暢銷系列星際旅者，2007年推出新色。和舊有款式不同的是，透過半透明的樹脂塗料，可以窺見筆桿上細膩的Guilloche（海浪）紋樣。這是讓人賞心悅目的一款作品。除了鋼筆和原子筆以外，還提供以舒適筆觸聞名的細字筆（Fineliner）產品。

鋼筆／套筆蓋時約140mm·書寫時約150mm·重量約38g·卡式墨水·筆尖EF、F、M、B·74,550日圓

實物大

細字筆的筆尖有彈簧結構，可以調整尖端受到的壓力。書寫時可以減輕手指承受的力道。水性墨水。

細字筆／套筆蓋時約140mm·書寫時約152mm·重量約45g·57,750日圓

原子筆／書寫時約141mm·重量約42g·57,750日圓

# Vertical Diary Violet

## 直式手帳 紫羅蘭色

手帳版本豐富的Diary&Notes Collection產品翻新，推出2007年新色彩紫羅蘭色，高雅的紅紫色充滿了魅力。尤其吸引大家的矚目的，是廣受好評的直式手帳封套。有著容易攜帶的口袋書大小，又有收納空間與書籤等便捷功能。原創補充活頁紙中間，大大地印著萬寶龍的商標。

手帳／約102W×165Hmm·重量約157g·27,300日圓

←翻開封套後，內部有四個卡片口袋以及筆夾、書籤等。

←雙頁一週式手帳可記載8～19時的活動。更吸引人的是具有自動開闔功能。

→購買時附贈專用內頁與通訊錄用紙。

←手帳採環狀固定，非常堅固。

# MONTBLANC

### GERMANY

## Meisterstück Solitaire
## Platinum-Plated Facet

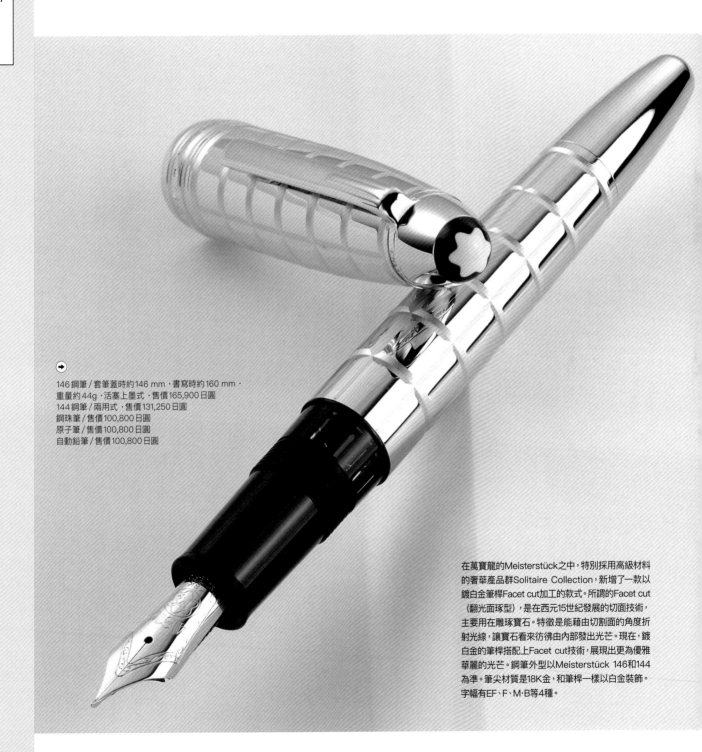

146鋼筆／套筆蓋時約146 mm・書寫時約160 mm・
重量約44g・活塞上墨式・售價165,900日圓
144鋼筆／兩用式・售價131,250日圓
鋼珠筆／售價100,800日圓
原子筆／售價100,800日圓
自動鉛筆／售價100,800日圓

在萬寶龍的Meisterstück之中，特別採用高級材料
的奢華產品群Solitaire Collection，新增了一款以
鍍白金筆桿Facet cut加工的款式。所謂的Facet cut
（翻光面琢型），是在西元15世紀發展的切面技術，
主要用在雕琢寶石。特徵是能藉由切割面的角度折
射光線，讓寶石看來彷彿由內部發出光芒。現在，鍍
白金的筆桿搭配上Facet cut技術，展現出更為優雅
華麗的光芒。鋼筆外型以Meisterstück 146和144
為準。筆尖材質是18K金，和筆桿一樣以白金裝飾。
字幅有EF、F、M、B等4種。

限量

## MONTBLANC
# FrancoisI

### 藝術贊助系列2008 法蘭索瓦一世

萬寶龍每年為了讚揚振興文化、藝術有功的人物，會發表該年度的藝術贊助系列產品。2008年的主題是法國國王法蘭索瓦一世（Francois I，1515～1547年在位）。他是經濟支援李奧納多·達·文西等青年藝術家，建立王室藝術蒐藏品的偉大人物。筆桿採用法蘭索瓦一世當成護身符隨身攜帶，金褐色底、黑色條紋的虎眼石材質。是充滿王室氣息、風格華麗的一支作品。

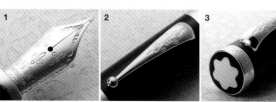

1. 18K金筆尖上，刻有法國王室徽章的百合花。
2. 筆夾與環刻有文藝復興時期的紋樣。
3. 天冠鑲嵌著象牙白色的白星。

鋼筆／套筆蓋時約146mm·書寫時約167mm·重量約60g·活塞上墨式·筆尖F、M·全球限量4810支·322,350日圓

鋼筆／套筆蓋時約144mm，書寫時約
125mm（不套筆蓋），筆蓋直徑約
15.6mm，筆桿直徑約14.7mm，重量約
38g，卡式墨水，18K金筆尖EF、F、
M，134,400日圓

## MONTBLANC
# Etoile de Montblanc

繼2005年的「葛麗泰·嘉寶」、2007年的「瑪琳·黛德麗」之後，萬寶龍2008年推出第三款為女性設計的文具系列產品。和緩的曲線描繪出性感的輪廓、透明天冠內鑲有白星型鑽石、筆尖開有白星型通氣孔等，都是這個系列才可能有的細節講究。以黑色高級樹脂搭配鍍白金設計，纖細優雅又簡明的外觀，將材質的特色發揮到了極致。同時發售在筆夾鑲鑽石的特級品（參照下方專欄），以及使用貴金屬材質，鑲有400個寶石的尊貴品項。

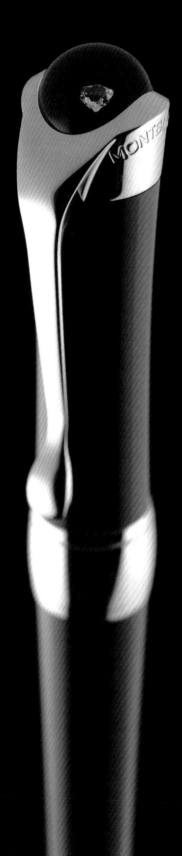

天冠內鑲有切割成白星造型，2.5 mm，0.06克拉的萬寶龍鑽石。

鍍銠的18K金筆尖。

**筆桿直徑約14.7mm**

手指接觸的部分是筆桿最粗的地方，手指輕扶就可以輕盈地書寫文字。

---
**column**

---

### 筆夾鑲滿鑽石的「Etoile de Precieuse」

鍍白金筆夾的根部和前端鑲滿0.28克拉鑽石的特級品，是低調奢華又強烈主張的一款作品。當鋼筆插在口袋或手帳時，鑽石會低調又大膽地發出光輝。

天冠的白星周圍由鑽石環繞著。

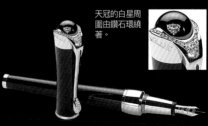

鋼筆／卡式墨水，18K金筆尖F、M，425,250日圓

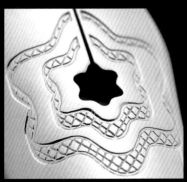

通氣孔設計成萬寶龍白星造型。

報導年份：2008年12月

# George Bernard Shaw

## 文學家系列2008 蕭伯納

鋼筆／套筆蓋時約141mm·書寫時
約131.2mm（不套筆蓋）·筆蓋直
徑約17.1mm·筆桿直徑約14.2mm·
重量約61g·活塞上墨式·18K金筆
尖F、M、B·134,400 日圓·全球限
量16000支

原子筆／75,600日圓·全球限量
18000支

鋼筆（M）、原子筆、鉛筆套裝禮
盒／283,500 日圓·全球限量4000
套

2008年上市的文學家系列作品，向愛爾蘭出身的劇作家、諾貝
爾文學獎得主蕭伯納（George Bernard Shaw，1856～1950
年）致敬。作品設計主題，來自於全球聞名的音樂劇《窈窕淑
女》（My Fair Lady）原作《賣花女》（Pygmalion）。在有
如大理石一樣美麗的綠色大理石紋筆桿上，漸漸加寬的鍍白金
圓環設計，象徵著主角伊萊莎從賣花女漸漸轉化成貴族淑女的
過程。

筆蓋刻有蕭伯納的簽名。

上墨採用活塞上墨式。旋轉尾栓就可以吸入
墨水。

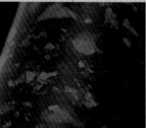

深綠色的大理石紋模樣，象徵著愛爾蘭鄉村
的自然景色。這是一種深邃美麗的色彩。

備有觀墨窗。觀墨窗採用不起眼的色調，與
整體的設計相搭配。

筆尖為了符合《窈窕淑女》的主角，賣花少
女伊萊莎的形象，刻有細膩的花卉插圖。

鋼筆／套筆蓋時約110.9mm・書寫時約135.2mm・筆蓋直徑約14.6mm・筆桿直徑約13.7mm・重量約42g・卡式墨水・18K金筆尖F、M（其他字幅需訂製）・171,150日圓

MONTBLANC

# BOHÈME PIROUETTE LILAS

2000年上市的寶曦系列鋼筆，由於外型袖珍方便攜帶，造型又優雅，被大眾視為「裝飾品鋼筆」，廣受好評。這系列鋼筆採用旋轉尾栓讓筆尖進出筆桿的旋開式設計，極富實用性。寶曦系列2008年推出以半透明活性炭樹脂塗料加工，搭配鍍玫瑰金的款式。筆桿上有彷彿漣漪一般的同心圓模樣，既秀麗又大方。乍看之下像是女仕用品，但拿在男性手上也顯得高雅不凡。

筆桿直徑13.7mm

有點粗的筆桿，能讓人在不用力的狀況下確實握持住。這個尺寸不限於女性，也適合男性使用。

實物大

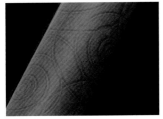

筆桿的色調顯得神祕。使用不同角度反光程度不同的活性炭樹脂塗料加工，描繪出漣漪模樣。

筆夾前端鑲有與天然寶石同樣材料與結晶結構的合成紫水晶。

鍍玫瑰金的筆蓋上刻畫著漣漪模樣（浮在水面的同心圓）。

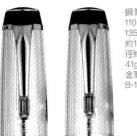

鋼筆／套筆蓋時約110.9mm・書寫時約135.2mm・筆蓋直徑約14.6mm・筆桿直徑約13.7mm・重量約41g・卡式墨水・18K金筆尖EF、F、M、B,153,300日圓

MONTBLANC

# BOHÈME ARABESQUE AZUR

在925純銀筆桿上，刻畫著細膩線條的酷帥寶曦系列上市了。設計的重點在於輕描淡寫的水波模樣。雖然是容易顯得單調的銀色與線條的搭配，在萬寶龍融合了精巧的工匠技藝與設計感性之下，顯露了美妙的變化。在使用頻度高的筆夾上鍍白金，使得筆夾不容易磨傷，也是另一項設計特徵。筆夾前端鑲有淡藍色的合成寶石。與純銀之間有著巧妙的配色均衡感。

筆夾前端鑲有淡藍色的合成寶石。插在口袋時可以發揮裝飾效果。

column

Bohème卡式墨水
更換方法

嬌小的寶曦系列採用卡式墨水上墨。打開尾栓蓋可以看到裝填空間，把卡水插到定位後，旋轉尾栓蓋就能讓卡水深入筆桿。這是一種安全又確實的上墨方式。

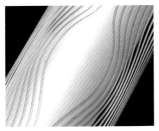

筆桿與筆蓋上各有各的波紋模樣，塑造典雅氣氛。

旋轉尾栓蓋可以讓卡水進出筆桿的設計。尾栓蓋無法繼續旋轉時，代表更換完畢了。

打開尾栓蓋可以看到卡水。尾栓蓋反面刻有白星標誌。

## MONTBLANC
# SIGNATURE FOR GOOD EDITION

### 以愛為名系列

Meisterstück是象徵著所有鋼筆的最著名款式，輪廓與設計歷經五十年以上不變。2009年6月起一年內，推出期間限定系列款式。筆蓋以橄欖為設計主題，加上裝飾並且鑲上藍色藍寶石，充滿了樸實的魅力。Signature for Good是支援聯合國兒童基金會教育專案的一個附屬專案。鋼筆上的裝飾圖案，靈感來自於兒童基金會的標誌。雖然是限量款，但相對容易到手，價格設定也比較平價。包括部分營收在內，萬寶龍會捐贈150萬美元以上給聯合國兒童基金會的識字教育專案。

**和Meisterstück 146的天冠部分做比較**

我們並排了146和限量款的天冠，從上方和側面全方位的觀察比較。限量款有著簡明但豪華的風格。

146    SIGNATURE FOR GOOD

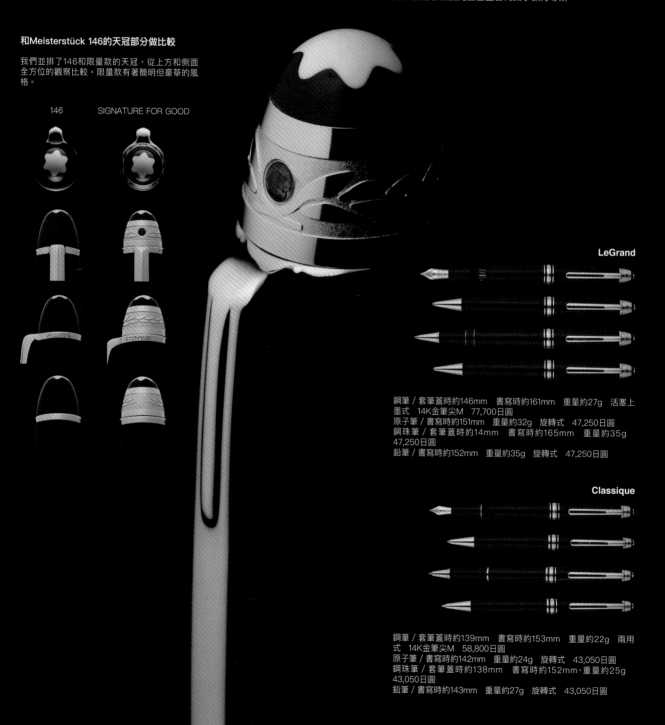

**LeGrand**

鋼筆 / 套筆蓋時約146mm　書寫時約161mm　重量約27g　活塞上墨式　14K金筆尖M　77,700日圓
原子筆 / 書寫時約151mm　重量約32g　旋轉式　47,250日圓
鋼珠筆 / 套筆蓋時約14mm　書寫時約165mm　重量約35g　47,250日圓
鉛筆 / 書寫時約152mm　重量約35g　旋轉式　47,250日圓

**Classique**

鋼筆 / 套筆蓋時約139mm　書寫時約153mm　重量約22g　兩用式　14K金筆尖M　58,800日圓
原子筆 / 書寫時約142mm　重量約24g　旋轉式　43,050日圓
鋼珠筆 / 套筆蓋時約138mm　書寫時約152mm・重量約25g　43,050日圓
鉛筆 / 書寫時約143mm　重量約27g　旋轉式　43,050日圓

## MONTBLANC
# Thomas Mann

## 文學家系列2009 湯瑪斯·曼

萬寶龍的文學家系列從1992年開始上市。第一款作品是「海明威」。從此以後，這些向歷代作家致敬的系列鋼筆，每年都受到文具迷的矚目。2009年的新款題材是德國作家湯瑪斯·曼（Thomas Mann），他在1875年出生於德國北部的呂北克，代表作有《魂斷威尼斯》（Der Tod in Venedig）、《魔山》（Der Zauberberg）等，1929年獲頒諾貝爾文學獎。限量款的簡潔設計，靈感來自於湯瑪斯·曼活躍的裝飾藝術時代。外觀以多層的漆黑樹脂塗料與鍍白金裝飾構成，和作家系列特有的象牙白色白星展現誘人的對比。

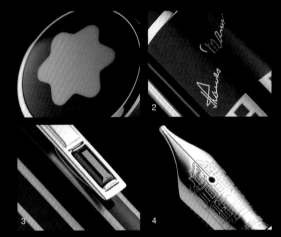

1.在文學家系列中，品牌的白星標誌共通用象牙白色。
2.筆蓋以銀色烤漆刻上「Thomas Mann」的簽名。
3.筆夾上鑲有帶著透明感、瑪瑙黑的鋯石。
4.筆尖雕刻著湯瑪斯·曼在布登勃洛克的老家外型。

鋼筆／套筆蓋時約139mm　書寫時約158mm　重量約56g　活塞上墨式　18K金筆尖F、M、B　134,400日圓　全球限量12000支
原子筆／書寫時約136mm　重量約48g　旋轉式　92,400日圓　全球限量15000支
鋼珠筆／套筆蓋時約140mm　書寫時約159mm　重量約63g　92,400日圓　全球限量6000支
鋼筆（筆尖M）　原子筆　鉛筆（書寫時約138mm　重量約56g）三支套裝302,400日圓　全球限量3000套

*MONTBLANC*

# STARWALKER BLACK MYSTERY

## 星際旅者 漂浮系列 黑色

讓人聯想起未來的外型,透明的天冠裡浮現的白星讓人印象深刻的StarWalker又有新款式上市了。藉由最新的雷射列印技術,在黑色的高級樹脂塗料加工的筆桿上,建構著細膩美麗的線條。這是一款外型輕快,具有裝飾效果的實用作品。除了鋼筆、原子筆以外,還有前端具有彈簧結構的細字筆 (Fineliner) 產品 (57,750日圓)。

原子筆 / 書寫時約140mm・筆桿直徑約13.0mm・重量約42 g・旋轉式・57,750日圓

鋼筆 / 套筆蓋時約140mm・書寫時約150mm・筆桿直徑約12.0mm・重量約40 g・卡式墨水・14K金筆尖EF、F、M、B・74,550日圓

**筆桿直徑12.0mm**

低重心帶來絕佳的掌控感。喜歡握持筆桿後方的人,可以把筆蓋固定在尾栓上調整重心。

尾栓上的螺紋。在書寫時可以用於固定筆蓋。

雷射列印的嶄新模樣。細密又準確的線條,營造出摩登的形象。

採用沒有溝槽的新穎圓形設計。

14K金筆尖。近代風格的簡明設計與筆桿十分搭配。

透明的天冠裡浮現著萬寶龍的白星商標。

MONTBLANC

# BOHÈME PASO DOBLE

奢華的寶曦系列推出新作。Paso Doble是西班牙的鬥牛場常用的進行曲。萬寶龍的工匠受到這首曲子啟發，設計出本款作品的扭索紋模樣。不銹鋼的握位與具有透明感的樹脂塗料筆桿，醞釀出誘人的對比。有紅藍兩種顏色可以選擇。

鋼筆 / 卡式墨水·18K金筆尖M（其他筆尖需訂製）·118,650日圓
原子筆 / 旋轉式·89,250日圓鋼珠筆 / 適用鋼珠筆與細字筆兩種筆芯·103,950日圓

## Paso Doble Blue

Paso Doble 藍色

## Paso Doble Rouge

Paso Doble 紅色

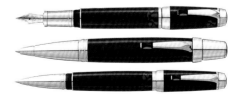

# Ingrid Bergman La Donna

### 英格麗・褒曼 La Donna

繼「葛麗泰・嘉寶」、「瑪琳・黛德麗」之後，專為女性設計的產品群La Diva推出了第三款作品。英格麗・褒曼（Ingrid Bergman）是以驚人的存在感與卓越的演技，三度贏得奧斯卡獎的一流女演員。為了向她致敬，萬寶龍推出了三款外型端莊的作品。La Donna（女性）以黑色高級樹脂筆桿為底，搭配珍珠貝色調的樹脂塗料加工的筆蓋，外型優美典雅。筆夾上鑲有紫水晶。

**原子筆 鋼珠筆 鋼筆**

1915～1982年，出生於瑞典首都斯德哥爾摩（Stockholm）。演出《北非諜影》（Casablanca）等多部知名電影的好萊塢傳奇女星。

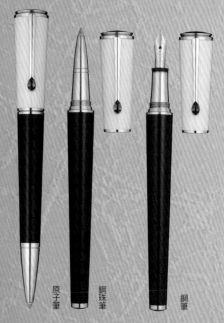

原子筆　鋼珠筆　鋼筆

鋼筆／套筆蓋時約137mm・書寫時約128mm（不套筆蓋）・筆桿直徑約12.6mm・重量約40g・卡式墨水・18K金筆尖F、M・99,750日圓
鋼珠筆／套筆蓋時約137mm・書寫時約129mm（不套筆蓋）・筆桿直徑約12.6mm・重量約45g・82,950日圓原子筆／書寫時約136mm・筆桿直徑約12.6mm・重量約45g・旋轉式・69,300日圓

筆尖是18K金鍍紅色K金，外型婀娜。採用獨特的心型通氣孔。

仿造褒曼穿過的垂襬裙的縐折設計的淡粉紅色筆蓋。反面刻有她的簽名。

---

**column**

限定

### 英格麗・褒曼 La Diva

La Diva（女歌手）是以手工在750純金材質上雕出鮮花模樣，再加上五顆鑽石裝飾的超高級款式。鑲有紫水晶妝點的鮮花模樣顯得美麗動人。

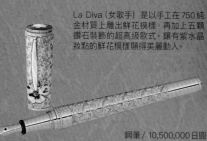

鋼筆／10,500,000日圓・全球限量3支

## MONTBLANC
# Meisterstück Solitaire Doué Silver Barley

自從1986年起，不斷推出使用貴金屬材質作品的
Meisterstück Solitaire系列推出新作品了。新作品的
筆蓋使用925純銀材質，加上大麥造型的扭索紋樣。
預計在2010年繼續推出筆桿、筆蓋都使用925純銀的
款式，以及使用750紅色K金，筆夾鑲鑽石的款式。

146鋼筆／套筆蓋時約146mm·書寫時約160mm·筆桿
直徑約13.2mm·重量約43g·活塞上墨式·18K金筆尖
EF、F、M、B·96,600日圓／144鋼筆·89,250日圓
鋼珠筆／套筆蓋時137mm·書寫時約152mm·筆桿直
徑約10.3mm·重量約35g·69,300日圓
原子筆／書寫時約139mm·筆桿直徑約10.4mm·重量約
36g·旋轉式·69,300日圓

146鋼筆

鋼珠筆

原子筆

18K金筆尖鍍上
白金裝飾。

**Meisterstück Solitaire Doué sterling silver 146**

「Doué」是以樹脂製筆桿搭配金屬筆蓋
的款式系列稱呼。

---

## MONTBLANC
# Max von Oppenheim

### 藝術贊助系列2009 馬克斯·歐本漢

2009年的藝術贊助系列作品，獻給了德國考古學家馬克斯·
歐本漢（Max von Oppenheim）。這款作品外觀設計，靈感
來自於他在1899年於緒利亞北部發現的Tell Halaf新石器時代
遺跡。925純銀製的筆桿外型仿造當時典型的清真寺圓頂。

鍍金的圓環上，刻有敘利亞北
部挖掘的 Tell Halaf 遺跡入口
的浮雕圖樣。

筆尖雕刻的是沙漠游牧民族
(badawi) 圖案，藉此象徵一
生中在各大遺跡之間遊走的歐
本漢的人生。

鋼筆／套筆蓋時約144mm·書寫時
約130mm（不套筆蓋）·筆桿直徑約
11.3mm·重量約73g·兩用式·18K金筆尖F、
M·310,800日圓·全球限量4810支

## MONTBLANC
# Elizabeth I 4810

### 伊莉莎白一世 4810

2010年的藝術贊助系列,要向英國女王伊莉莎白一世致敬。筆蓋和尾栓上,重現了女王十一歲時親自翻譯,以手工刺繡裝訂封面後,獻給後母凱薩琳·帕爾的《罪孽靈魂之鏡》(Miroir de l'âme pécheresse) 封面圖樣。筆桿仿造女王的禮服,以樹脂塗料上色。筆夾根部刻有象徵都鐸王朝的玫瑰圖案。

**伊莉莎白一世**

英格蘭與愛爾蘭女王(在位1558〜1603年)。都鐸王朝最後一任女王,使得英國茁壯成世界級的強國。

column

**Elizabeth I. 888**

以紅色為主色,筆夾刻有女王的王冠,鑲有象徵十字架的0.21克拉綠色石榴石的高級款式。
鋼筆 / 894,600日圓·全球限量888支·2010年5月上市

筆尖刻有王冠及代表在位期間(1558〜1603年)的數字。

插入胸前口袋後,筆夾前端的綠色合成寶石更為顯目。

鋼筆 / 套筆蓋時147mm·書寫時約131mm(不套筆蓋)·筆桿直徑約14.6mm·重量約81g·兩用式·18K金筆尖F、M·290,850日圓·全球限量4810支

## MONTBLANC
# MEISTERSTÜCK
# MONTBLANC
# DIAMOND

使用切割成43面體造型的鑽石，象徵萬寶龍白星商標的Meisterstück新作品上市了。浮現在半圓球狀天冠裡的鑽石，讓人忍不住一看再看。外型設計只有筆蓋環稍做修改，其他部分維持Meisterstück的基本外觀設計。產品既定款式預定推出LeGrand、Classique兩種尺寸。附有0.03～0.06克拉的鑽石，但售價卻比預期中低廉，真是令人開心。

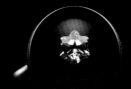 

將鑽石切割成品牌商標「白星」造型。　鋼筆的筆尖是鍍銠裝飾的14K金筆尖，外型秀氣。

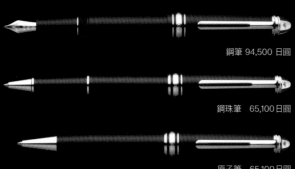

鋼筆 94,500 日圓

鋼珠筆　65,100 日圓

原子筆　65,100 日圓

鋼筆 109,200 日圓

鋼珠筆　80,850 日圓

原子筆　80,850 日圓

**Classique款式**

鋼筆 /
套筆蓋時約140mm·書寫時約154mm·筆桿直徑約11.5mm·重量約21g·活塞上墨式·14K金筆尖F、M
鋼珠筆 /
套筆蓋時約137mm·書寫時約153 mm·筆桿直徑約10.5 mm·重量約24g
原子筆 /
書寫時約140mm·筆桿直徑約10.5 mm·重量約23g·旋轉式

**LeGrand款式**

鋼筆 /
套筆蓋時約146mm·書寫時約158mm·筆桿直徑約13.2mm·重量約26g·活塞上墨式·14K金筆尖F、M
鋼珠筆 /
套筆蓋時約146mm·書寫時約165mm·筆桿直徑約13.6 mm·重量約36g
原子筆 /
書寫時約150mm·筆桿直徑約12.1mm·重量約31g·旋轉式

## [ MONTBLANC NEW MODEL&EVENT ]

# 優美的佳作Meisterstück

Fountain Pen

萬寶龍的代表作品Meisterstück。
自從1924年問世之後，多年來吸引了無數鋼筆迷的最高級筆記用具系列，2016年又新增了在天冠上點綴著鑽石的新作品。

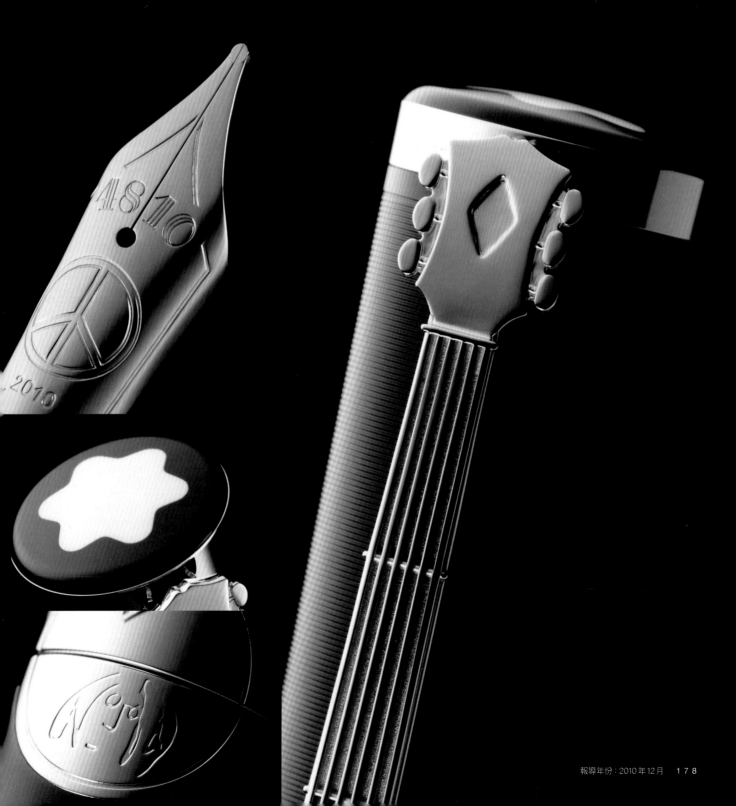

MONTBLANC john lennon Edition

# 雋永流長，
# 約翰·藍儂的不朽追憶

文具廠商的最高峰萬寶龍，融合了音樂史上最偉大的藝術家。2010年秋季，鎮重推出約翰·藍儂七十歲冥誕紀念款式。作品中隨處可見來自約翰·藍儂的設計靈感。跨越時代受人熱愛的藝術家，將附身在文具中與大眾永遠在一起。

在音樂史上留下莫大功績的傳奇藝術家約翰‧藍儂（John Lennon），是「披頭四」的核心人物。不只在樂團時代廣受歡迎，樂團解散後也以歌曲不斷向全球傳遞鮮明的訊息。2010年正巧是約翰‧藍儂的七十歲冥誕。

為了紀念，萬寶龍推出了約翰‧藍儂特別款作品。這款作品為了向約翰‧藍儂的音樂與思想表達敬意，筆夾採用古典吉他造型，筆桿紋路則模仿黑膠唱片的溝痕，並鑲上刻有約翰‧藍儂自畫像的金屬板，隨處可見巧思創意。

至今依舊對全球發揮著影響力的約翰‧藍儂，今後將透過萬寶龍文具，讓人把玩在手，永遠愛在心中。

約翰‧藍儂
Photo:Iain Macmillan. ©Yoko Ono.

## MONTBLANC
### john lennon Commemoration Edition 1940

約翰‧藍儂
Commemoration Edition 1940

以約翰‧藍儂出生年份為準，限量生產1940支。筆桿的幾何圖案，據說靈感來自於紐約中央公園裡的約翰‧藍儂紀念鑲嵌畫。

鋼筆／套筆蓋時約145mm‧書寫時約164mm‧筆桿直徑約14mm‧重量約77g‧活塞上墨式‧18K金筆尖M‧396,900日圓

材料採用半透明白色樹脂塗料加工的925純銀。

藍色的坦桑石用來象徵約翰‧藍儂的藍色眼鏡。

刻有《Imagine》的發行日「02.10.1971」字樣。

## MONTBLANC
### john lennon Special Edition

約翰‧藍儂特別款

靈感來自於古董吉他的不銹鋼筆夾、模仿黑膠唱片溝痕的筆桿紋路、刻有約翰‧藍儂自畫像的金屬板等，隨處可見巧思創意。產品有鋼筆、原子筆、鋼珠筆等，每款皆附贈《Imagine》EP唱片。

實物大

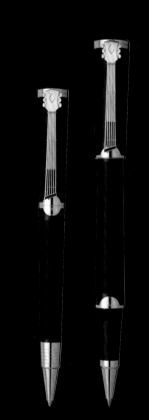

原子筆／書寫時約145mm‧筆桿直徑約12mm‧重量約41g‧旋轉式‧80,850日圓
鋼珠筆／套筆蓋時約146mm‧書寫時約165mm‧筆桿直徑約14mm‧重量約47g‧80,850日圓

鋼筆／套筆蓋時約145mm‧書寫時約164mm‧筆桿直徑約14mm‧重量約40g‧活塞上墨式‧18K金筆尖F、M‧103,950日圓

文學家系列，是萬寶龍為了向留下歷史名作的文豪表達敬意與讚賞，在每年秋季發表的限量款式系列。2010年款式的主題，是美國近代文學始祖，知名作家馬克‧吐溫。外觀設計的主題，來自於對馬克‧吐溫的人生有重大影響的密西西比河。

## MONTBLANC Mark Twain

# 獻給美國近代文學之父
# 文學家系列2010

### 馬克‧吐溫 (Mark Twain)
### (1835–1910)

美國作家、小說家。出身在美國南部的密蘇里州出身。曾發表過《頑童歷險記》(Adventures of Huckleberry Finn)《湯姆歷險記》(The Adventures of Tom Sawyer) 等眾多作品。生前曾在全球各地演講，廣受大眾矚目。

採用深藍色高級樹脂的筆桿。筆桿上雕刻著波浪紋樣用來象徵深受馬克‧吐溫喜愛，對他有終生影響的密西西比河的浪花。

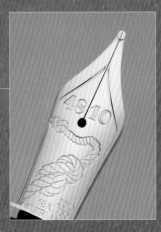

筆蓋環上刻有「馬克‧吐溫」的簽名。

筆尖刻有代表「2fathom」（水深兩噚*）的結繩記號。在導航術語中Mark Twain」代表足以航行的「水深兩噚」。據說馬克‧吐溫會以此為筆名，是因為他曾經在密西西比河上的蒸汽船上工作過。

## LIMITED EDITION Mark Twain
### 文學家系列2010　馬克·吐溫

這款作品的特徵，是為了象徵密西西比河，使用深藍色的筆桿，並且雕刻著代表波浪的紋路。

萬寶龍每年秋季發售的文學家系列。設計概念準確地描繪著作家的人物形象與代表作，廣受愛好者的好評。

2010年款式，主題是美國作家、小說家馬克·吐溫。他著作有《頑童歷險記》、《湯姆歷險記》等經典作品，對全球造成影響。

海明威曾經這麼評論馬克·吐溫：「所有美國近代文學，全肇始於馬克·吐溫著作的

《頑童歷險記》一書。在這之前一無所有，在這之後乏善可陳。」

設計的主題概念是美國密西西比河。密西西比河對馬克·吐溫的生涯有重大影響，他甚至以在蒸汽船上擔任領航員的經驗寫成作品。

讓我們緬懷偉大的美國近代文學之父，以及漫長的密西西比河，在書房裡靜靜的提筆寫作吧。

原子筆／書寫時約142mm·筆桿直徑約13mm·重量約41g·旋轉式·86,100日圓·全球限量15000支

鋼筆／套筆蓋時約143mm·書寫時約162mm·筆桿直徑約14mm·重量約46g·活塞上墨式·18K金筆尖 F·M·B·126,000日圓·全球限量12000支

---

### 向偉大的文豪致敬
### 「文學家系列」

從1992年起每年秋季發售的文學家系列。設計概念準確地描繪著作家的人物形象與代表作，每次發表都深受矚目。由於限量生產，在蒐集家之間相當受到歡迎。

**1992年**
**歐內斯特·海明威**

以《戰地鐘聲》(For Whom the Bell Tolls) 一書揚名世界的作家海明威。外型設計以他活躍的1930年代為概念。

**1998年**
**埃德加·愛倫·坡**

為了向以《厄舍府的沒落》(The Fall of the House of Usher) 一書出名的美國推理小說家致敬，採用神祕的大理石色。

**2000年**
**席勒**

以戲曲《威廉·泰爾》(Wilhelm Tell) 著名的德國劇作家弗里德里希·席勒為主題的款式。

**2005年**
**米格爾·德·塞凡提斯**

以16世紀後半到17世紀初在西班牙活躍的塞凡提斯作品《唐·吉訶德》(Don Quijote de la Mancha) 為主題。

**2006年**
**維吉尼亞·吳爾芙**

英國女性小說家、評論家。以筆桿輪廓及紋樣表現她的代表作《海浪》(the Wave)。

**2008年**
**蕭伯納**

愛爾蘭劇作家。代表作《賣花女》(Pygmalion) 後來改編成音樂劇《窈窕淑女》(My Fair Lady)。

**2009年**
**湯瑪斯·曼**

德國小說家，發表有《魂斷威尼斯》(Der Tod in Venedig)、《魔山》(Der Zauberberg) 等作品，1929年獲頒諾貝爾文學獎。

### 歷年的文學家系列

# STARWALKER MIDNIGHT BLACK

### 星際旅者 漂浮系列 午夜黑

星際旅者又有新作品上市了。Resin款使用黑色樹脂材質，搭配鍍釕*零件。Metal款則是連筆桿都鍍釕，再使用鑽石割刀劃出外觀紋路。

＊釕 (Rutheninm)，一種硬而脆的稀有金屬元素。

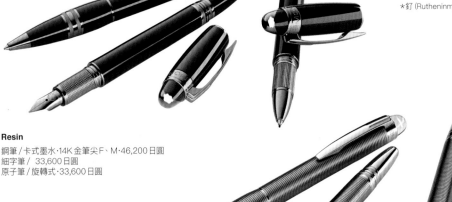

**Resin**
鋼筆／卡式墨水·14K 金筆尖 F、M·46,200 日圓
細字筆／ 33,600 日圓
原子筆／旋轉式·33,600 日圓

半球狀的天冠裡浮現著白星。

**Metal**
鋼筆／卡式墨水·14K 金筆尖 F、M·80,850 日圓
Fineliner／ 63,000 日圓
原子筆／旋轉式·63,000 日圓

以柔軟筆觸為特色的細字筆 (Fineliner) 筆尖。

報導年份：2010 年 7 月

---

### 萬寶龍兩款綠色墨水色澤比較

在萬寶龍的舊款瓶裝墨水中，英國賽車綠色的色調沉穩，頗受玩家好評。這一期我們購買了 2010 新款瓶裝墨水「愛爾蘭綠色」，用來比較新舊兩款綠色墨水的色調。

| 英國賽車綠色 | 愛爾蘭綠色 |
|---|---|
| 細 ——— | 細 ——— |
| 中 ——— | 中 ——— |
| 太 ——— | 太 ——— |
| グリーン | グリーン |

### 萬寶龍墨水讓人期盼的綠色登場

MONTBLANC

愛爾蘭綠色

在替換了玻璃瓶形狀與和顏色版本後，萬寶龍從 2010 年春季開始陸續推出新的瓶裝墨水。新款墨水一共八種顏色，在已經發售的牡蠣灰色、太妃糖棕色之後，愛爾蘭綠色也隆重登場了。

60ml·1,890 日圓

萬寶龍過去曾發表過「葛麗泰·嘉寶」、「瑪琳·黛德麗」、「英格麗·褒曼 La Donna」等，多款專為女性設計的系列產品。2011年特地推出向女明星葛麗絲·凱莉，也就是摩納哥親王蘭尼埃三世王妃致敬的新作品。從筆蓋往筆桿一氣呵成的美麗曲線，讓人捨不得離開視線。

# 獻給葛麗絲王妃的優美致敬鋼筆

## [pen / 新產品&矚目的紙筆]

## COLLECTION PRINCESSE GRACE de MONACO

### 摩洛哥王妃 葛麗絲·凱莉系列

以深紫色的高級樹脂製筆桿搭配香檳金，並以摩納哥王室的菱形紋章裝飾，充滿氣質的一款作品。流線型的筆夾設計，靈感來自於王妃美麗的頸部線條。天冠上刻有王妃的紋章。

葛麗絲·凱莉（Grace Patricia Kelly，1929～1982）。美國人。曾經獲得奧斯卡最佳女主角獎，1957年與摩納哥親王蘭尼埃三世結婚，成為摩納哥王妃。

修長纖細的筆尖。通氣孔採用心型設計。

筆桿後端，為了象徵身為母親的葛麗絲王妃，鑲上珍珠貝母。

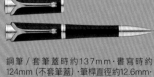

鋼筆／套筆蓋時約137mm·書寫時約124mm（不套筆蓋）·筆桿直徑約12.6mm·重量約38g·兩用式·18K金筆尖F、M·94,500日圓
鋼珠筆／套筆蓋時約137mm·書寫時約121mm（不套筆蓋）·筆桿直徑約12.6mm·重量約38g·78,750日圓
原子筆／書寫時約132mm·筆桿直徑約12.6mm·重量約40g·旋轉式·69,300日圓

筆夾前端鑲有粉紅色黃玉，象徵著葛麗絲王妃喜愛的薔薇花。

# 矚目的商品情報

## *Stationery Collection*

2011年讓人目不暇給的產品陸續登場囉。尤其這一回，有許多以義大利品牌為中心，外觀華麗的彩色筆桿上市。接下來要以鋼筆等文具為主，介紹當季的產品。

攝影 / 北鄉仁

---

MONTBLANC

# Tribute to the Mont Blanc

### 大師傑作 白朗峰禮讚系列

Meisterstück的新作品，一掃象徵性的黑色筆桿形象，推出了新的白筆桿款式。以純白樹脂塗料加工的筆桿，象徵著積雪的白朗峰，握位上刻有山脈全景，以整支筆向白朗峰表達敬意。尺寸分為採用銀環裝飾的Classique，以及粉紅金環裝飾的Mozart兩種。

外型袖珍，可以藏在掌心的 Mozart 。筆記時長度約119 mm。

白星使用美麗的半透明雪水晶材質。

Classique、Mozart 兩款，在握位上都刻著山脈全景與標高的細膩圖樣。

**實物大**

Classique鋼筆 / 套筆蓋時約140mm·書寫時約153mm·筆桿直徑約12mm·重量約47g·卡式墨水·18K金筆尖F、M·109,200日圓

Mozart 鋼筆 / 套筆蓋時約112mm·書寫時約119mm·筆桿直徑約9mm·重量約23g·卡式墨水·18K金筆尖F、M·96,600日圓

---

**限量**

MONTBLANC

# Meisterstück Rainbow House

在2011年3月11的東日本大地震之後，萬寶龍為了支持長腿育英會的專案，製作了Meisterstück特別限量原子筆。這個款式的所有營收，將捐贈給長腿育英會*為了保護震災孤兒而創立的「東北Rainbow House」設施建設專案。

＊為日本民間非營利團體，主要原著父母自殺或因災害死亡的子女。

筆蓋上部鑲有用來代表「愛」的紅寶石，並刻有日本的傳統圖案。

**實物大**

原子筆 / 書寫時約145mm·重量約23g·旋轉式·50,505日圓·日本國內限量1000支

## MONTBLANC
# GAIUS MAECENAS

### 藝術贊助系列2011 蓋烏斯‧梅塞納斯

萬寶龍的特別限量款藝術贊助系列，2011年時，為了紀念上市20週年，推出了紀念藝術‧文化贊助活動之父蓋烏斯‧梅塞納斯 (Gaius Maecenas) 的特別款鋼筆。作品分成以羅馬神殿支柱為設計概念，筆桿用樹脂塗料塗成大理石紋樣的蓋烏斯‧梅塞納斯4810，以及用高級大理石製作的蓋烏斯‧梅塞納斯888兩種。

蓋烏斯‧梅塞納斯4810
鋼筆／146型‧活塞上墨式‧18K金筆尖F‧M‧290,850日圓‧全球限量4810支

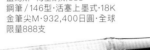

蓋烏斯‧梅塞納斯888
鋼筆／146型‧活塞上墨式‧18K金筆尖M‧932,400日圓‧全球限量888支

筆尖刻有《木偶奇遇記》(Le Avventure di Pinocchio) 裡出現的蟋蟀。

筆蓋刻有皮諾丘及各種動物作為裝飾。

仿造皮諾丘的鼻子設計的尾栓。上墨採用活塞上墨式。

有經典形象的象牙色白星。

## MONTBLANC
# Carlo Collodi

### 文學家系列2011 卡洛‧科洛迪

文學家系列是萬寶龍為了向作家們致敬，每年發表新作的限量系列。2011年的款式，是為了讚揚以《木偶奇遇記》(Le avventure di Pinocchio) 聞名的作家，卡洛‧科洛迪 (Carlo Collodi) 而設計的。2011年適逢義大利統一一百五十週年紀念，因此今年挑選出身在義大利翡冷翠的卡洛‧科洛迪作為主題。暗棕色高級樹脂搭配黑色筆桿，營造出成熟氣息，但筆蓋上的動物雕刻卻又顯露出一股淘氣。

鋼筆／套筆蓋時約142mm‧書寫時約158mm‧筆桿直徑約14mm‧重量約55g‧活塞上墨式‧14K金筆尖‧126,000日圓‧全球限量12000支

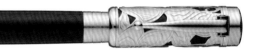

---

**Ink Discovery**

皇家藍色　　愛爾蘭綠色　　薰衣草紫色

酒紅色　　太妃糖棕色　　牡蠣灰色

深夜藍色　　神祕黑色

瓶裝墨水：約91×63mm‧1,890日圓 (60ml)

# MONTBLANC

在2010年整個產品線翻新，除了更換名稱重新上市的顏色以外，還有愛爾蘭綠色、太妃糖棕色、牡蠣灰色等新色上場。每種顏色都有卡水產品，也是讓人開心的事情。

隨著產品線的變更，墨水瓶的外觀也變得更方正了。但是新設計的靴狀墨水瓶「鞋跟」部分一樣可以累積墨水。

卡水墨水：外盒約85×60mm‧全長約38mm‧630日圓 (8支)

筆蓋上刻有強納森·史威夫特像行雲流水一樣的簽名,是一個美麗的點綴。

有四條橫線的筆夾,象徵著「Lilliput」(小人國)國王使用的梯子。

## 以格列佛遊記為題材的文學家系列最新作品

文學家系列鋼筆每年讚揚一名作家,以特殊筆桿取悅書迷。2012年的作家強納森·史威夫特(Jonathan Swift),是以《格列佛遊記》(Gulliver's Travels)聞名。這款鋼筆的靈感,來自於主角、主人公格列佛在第一篇遊記中造訪的小人國。讓人印象深刻的天冠,造型來自於格列佛愛用的三角帽子。

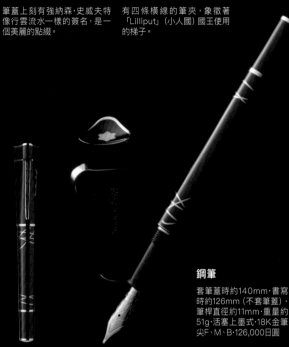

### 鋼筆

套筆蓋時約140mm·書寫時約126mm(不套筆蓋)·筆桿直徑約11mm·重量約51g·活塞上墨式·18K金筆尖F、M、B·126,000日圓

多重的鑲嵌裝飾,代表在小人國海岸上綑綁格列佛的身體用的繩索。

18K金製的筆尖上,刻有小人國軍在格列佛的兩腳之間行軍的樣子。

### 歷年的文學家系列

### 鋼珠筆

套筆蓋時約140mm·書寫時約126mm(不套筆蓋)·筆桿直徑約11mm·重量約59g·88,200日圓

### 原子筆

書寫時約137mm·筆桿直徑約11mm·重量約53g·旋轉式·88,200日圓

### 自動鉛筆

書寫時約137mm·筆桿直徑約11mm·重量約61g·旋轉式·只有限量禮盒(283,500日圓)內才有

鋼筆、原子筆、自動鉛筆限量禮盒內才有的旋轉式鉛筆。

# 限量 JOSEPH II
# 4810

藝術贊助系列2012 約瑟夫二世4810

## 有如身穿宮廷用披風的華麗鋼筆

每年發表一款新作品的藝術贊助系列，目的在讚揚過去數百年來在藝術與文化方面重要的幕後贊助者。2012年讚揚的是天生的王位繼承人，大力培養莫札特的約瑟夫二世（Joseph II）。他的高貴形象，讓人聯想到身穿宮廷用紅披風時的豪華身影。

鋼筆裝在顏色與筆桿的紅色互相搭配的高雅木盒裡。作工精細的木盒，讓人添增持有這套鋼筆的喜悅。

### 鋼筆

套筆蓋時約146mm・書寫時約126mm（不套筆蓋）・筆桿直徑約12mm・重量約89g・活塞上墨式・18K金筆尖M、F・290,850日圓

筆蓋環上的序號。限定數量「4810」，是依據阿爾卑斯山最高峰白朗峰的標高而來。

筆蓋與筆桿上布滿了十字架與橢圓真珠紋樣，豪華得有如宮廷用披風。

筆蓋環上細膩雕刻的紋樣，來自於向神聖羅馬帝國宣誓效忠的金羊毛騎士團首飾。

天冠仿造約瑟夫二世的皇冠外型，顯露出一股高貴又柔和的印象。

刻有約瑟夫二世皇帝紋章的優雅18K金香橫金筆尖。

### 約瑟夫二世
### 限量版888

鍍銠18K金筆尖M・932,400日圓

筆蓋與筆桿採用925純銀製造，以樹脂塗料上色。天冠與筆桿刻有約瑟夫二世的名稱縮寫「JII」，筆夾前端鑲有藍色藍寶石。

### 歷年的藝術贊助者系列

|  |  |
|---|---|
| 1992年 | 羅倫佐・德・麥迪奇 |
| 1993年 | 屋大維 |
| 1994年 | 路易十四 |
| 1995年 | 攝政王（喬治四世） |
| 1996年 | 賽美拉米斯 |
| 1997年 | 彼得一世 |
| 1997年 | 凱薩琳二世 |
| 1998年 | 亞歷山大大帝 |
| 1999年 | 腓特烈二世 |
| 2000年 | 查理大帝 |
| 2001年 | 龐巴度侯爵夫人 |
| 2002年 | 安德魯・卡內基 |
| 2003年 | 尼古拉・哥白尼 |
| 2004年 | 約翰・皮爾龐特・摩根 |
| 2005年 | 羅馬教宗 儒略二世 |
| 2006年 | 亨利・泰德卿 |
| 2007年 | 亞歷山大・馮・洪保德 |
| 2008年 | 法蘭索瓦一世 |
| 2009年 | 馬克斯・歐本漢 |
| 2010年 | 伊莉莎白一世 |
| 2011年 | 蓋烏斯・梅塞納斯 |

**鋼筆** 套筆蓋時約145mm・書寫時約172mm・筆桿直徑約11mm・重量約40g・64,050日圓

**鋼珠筆** 套筆蓋時約145mm・書寫時約172mm・筆桿直徑約11mm・重量約40g・64,050日圓

**原子筆** 書寫時約141mm・筆桿直徑約10mm・重量約27g・旋轉式49,350日圓

筆蓋環上刻有持續不斷自我要求完美的布拉姆斯簽名。

天冠上刻著的白星，象徵著和布拉姆斯一樣，追求不允許妥協的想像力。

# 限量 Johannes Brahms Special Edition

萬寶龍 / 音樂家贊助系列 2012
約翰尼斯・布拉姆斯 特別版

## 讚揚布拉姆斯的文具

以古典音樂和近代音樂的傳奇人物為主題，每兩年發表一次作品的Donation pen（音樂家贊助系列）。這次發表的作品，是以一方面注重傳統，一方面又講究獨創的布拉姆斯的音樂風格為題材。音叉造型的筆夾、筆蓋上的五線譜、筆尖上裝飾著象徵愛與和平的白鴿等，都讓人印象深刻。

### 歷年的Donation pen

| | |
|---|---|
| 1996年 | 雷納德・伯恩斯坦 |
| 2000年 | 梅紐因男爵 |
| 2001年 | 約翰・塞巴斯蒂安・巴哈 |
| 2003年 | 海伯特・馮・卡拉揚 |
| 2005年 | 喬治・蕭提爵士 |
| 2007年 | 阿圖羅・托斯卡尼尼 |
| 2010年 | 約翰・藍儂 |

---

**細字筆** 套筆蓋時約140mm・書寫時約152mm・筆桿直徑約10mm・重量約34g・42,000日圓

**原子筆** 書寫時約140mm・筆桿直徑約13mm・重量約30g・旋轉式・42,000日圓

筆蓋可以旋轉固定在筆桿尾端的螺紋上。能確實固定筆蓋，讓人可以放心動筆。

從側面觀看天冠裡的白星。浮在半空的樣子非常有趣，讓人忍不住想從各種角度觀察。

**鋼筆** 套筆蓋時約140mm・書寫時約150mm・筆桿直徑約10mm・重量約26g・兩用式・14K金筆尖M、F・56,700日圓

# STARWALKER Red Gold Resin

## 充滿氣質的黑×金 星際旅者

萬寶龍「星際旅者」系列一如其名，特徵是可以在透明天冠裡看到浮在半空的白星。現在，這個系列於2012年又新增了以漆黑筆桿和紅色K金相呼應的「StarWalker Red Gold Resin」，以及在彩色金屬筆桿上用紅色K金描繪線條的「StarWalker Red Gold Metal」兩款新作品。

### Red Gold Metal

**鋼筆** 套筆蓋時約140mm・書寫時約150mm・筆桿直徑約10mm・重量約43g・兩用式・14K金筆尖M、F・111,300日圓

**細字筆** 套筆蓋時約140mm・書寫時約152mm・筆桿直徑約10mm・重量約50g・98,700日圓

**原子筆** 書寫時約140mm・筆桿直徑約13mm・重量約44g・旋轉式・86,100日圓

# 讚美偉大的藝術家
## 畢卡索的特製鋼筆

萬寶龍／萬寶龍特別限量款
巴布羅·畢卡索

**珍珠貝母白星**

天冠上是象徵著萬寶龍的白星商標。珍珠貝母材質添增了優雅氣質。

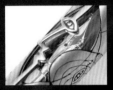

**看得見的筆尖**

筆夾上的側臉採用鏤空設計，讓人可以賞玩筆尖的藝術造型。

**獨特的筆跡看了歡喜**

以發亮的黑字，將畢卡索對於繪畫「年輕女子的肖像」的意見刻在筆桿上。

**完全覆蓋筆桿的筆蓋**

尾栓上描繪著畢卡索深愛的西班牙國旗色彩「紅黃條紋」，筆蓋能完全包覆筆桿，塑造出獨特的外型輪廓。

**凝視著物主的臉**

畢卡索的著名素描作品「Ojo」，就刻在18K金鍍銠筆尖上。

套筆蓋時約148mm‧書寫時約137mm（不套筆蓋）‧18K金鍍銠筆尖‧3,255,000日圓‧全球限量91支

巴布羅·畢卡索（Pablo Picasso）是代表二十世紀的偉大藝術家。他的強烈個性甚至於跨越了藝術圈子，成為足以代表「動盪的二十世紀」的時代象徵人物。2012年8月，萬寶龍發表了「特別限量款巴布羅·畢卡索」，作為產品群最高峰「萬寶龍藝術家系列作品」的新作品。

直到尾栓附近，深深覆蓋著整支筆桿的750純金筆蓋，上面刻著畢卡索本人的筆跡。筆夾設計以畢卡索作品的代表作，裝飾藝術風格的側臉為主題，也讓人印象深刻。相對的，筆桿是外型仿造鉛筆的簡明設計。在筆尖上發出光芒的，是畢卡索的代表作品之一，以西班牙文的「眼睛」命名的「Ojo」素描作品。這款鋼筆作品以畢卡索九十一歲的人生為準，全球限量生產91支。

相信今後會與畢卡索的人格、作品一樣，成為名留青史的一款至高鋼筆佳作。

# LIMITED EDITION ALFRED HITCHCOCK

### 艾佛列·希區考克

**艾佛列·希區考克**
**活塞上墨式鋼筆 (White Gold)**

鋼筆／活塞上墨式·18K金鍍銠筆尖·
2,702,700 日圓·限量80支

18K金製鍍銠筆尖。

18K金＋鍍銠筆尖。

艾佛列·希區考克（Alfred Hitchcock）向來被公認為懸疑電影的巔峰泰斗。2012年，萬寶龍為了向至今依舊充滿存在感的電影大師致敬，推出了特別紀念款鋼筆。筆桿上的螺旋狀紋樣，象徵著代表作《驚魂記》（Psycho）中流入浴缸的鮮血，筆夾模仿凶器匕首的造型。另外還有模仿《迷魂記》（Vertigo）宣傳海報的筆桿紋樣、筆蓋環上的電影底片圖案等，隨處可見模仿希區考克技巧的驚人點子，讓影迷看了牙癢癢的特別限量款。

**艾佛列·希區考克**
**活塞上墨式鋼筆／鋼珠筆**

鋼筆／活塞上墨式·18K金鍍銠筆尖·351,750日圓·限量3000支
鋼珠筆／311,850日圓·限量3000支

---

## *MONTBLANC*
## **Meisterstück Mozart Jewellery Collection Platinum-Plated**

讓握筆的手顯得更美觀的滑順筆桿。菱形格子花紋顯得華麗又高貴。

原子筆　鋼珠筆

鋼筆／套筆蓋時約
113mm·書寫時約
120mm·筆桿直徑約
9mm·重量約28g·
兩用式·18K金鍍銠
筆尖EF、F、M
126,000日圓
鋼珠筆／套筆蓋時
113mm·書寫時約
119mm·筆桿直徑約
9mm·重量約31g
109,200日圓
原子筆／書寫時約
110mm·筆桿直徑約
9mm·重量約25g
98,700日圓

嬌小但便於書寫的重量均衡感。

鋼筆

# **Heritage Collection 1912 Limited Edition**

### 傳承系列1912 限量版

附贈三款可以自由更換的套環式筆夾。

筆桿尾端也刻有白星商標。

這次新研發的筆尖，筆觸柔軟滑順。

旋轉尾栓可以將筆尖收入筆桿內的設計。

以白色珍珠貝母浮雕著白星商標的天冠。

萬寶龍的前身Simplo Filler Pen公司，在1912年發表了活塞上墨式鋼筆「Simplo Safety FillerPen」。這種讓鋼筆可遠離桌面墨水瓶的系統設計，在當時是劃時代的創新點子。一百年後，靈感來自於「Simplo Safety FillerPen」設計的「MONTBLANC Heritage Collection 1912 限量版」創生了。限量產量依照發明年份，定為1912支。

鋼筆／
套筆蓋時162mm·筆記時
120mm（不套筆蓋）活塞上
墨式·1,260,000日圓·全球限
量333支

# ALBERT EINSTEIN® Limited Edition 3000

*MONTBLANC*

亞伯特‧愛因斯坦 限量版 3000

德國的亞伯特‧愛因斯坦（Albert Einstein）是連續發表四種相異的理論，對社會造成重大影響的偉人。為了向這名代表二十世紀的智者表達敬意，萬寶龍推出了這款系列作品。每一款的筆桿上，都刻有改變了世界的物理學公式「E＝MC²」。筆夾前端的球形，以及球形周圍扭曲的格線，用來代表重力的神祕效應。

鋼筆／活塞上墨式‧18K金筆尖M‧346,500日圓全球限量3000支
鋼珠筆／311,850日圓‧全球限量1500支
原子筆／299,250日圓‧全球限量1500支

亞伯特‧愛因斯坦 限量版
99型全球限量99支。
2,929,500日圓。

*MONTBLANC*

# Kong Zi Limited Edition 88

工匠系列 孔子限量版

充滿著工匠精神的Artisan Collection（工匠系列）產品裡，新增了獻給春秋時代的大哲學家孔子的鋼筆作品。筆蓋與筆桿上的五道金屬環代表「五常」，筆尖刻有孔子肖像。限定數量照華人喜愛的幸運數字，設定為8開頭。

**以孔子的帽子作為造型主題**
外型模仿孔子的帽子，帶著優雅弧線的天冠，為整支筆帶來肅穆的氣氛。

**五顆鑽石**
筆夾上鑲著五顆鑽石，用來代表教導數千名弟子的「五常」德行。

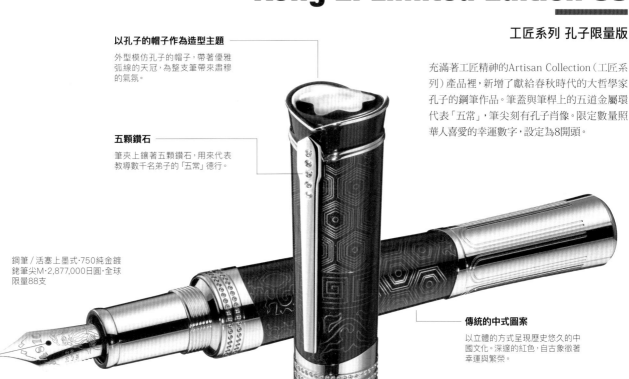

鋼筆／活塞上墨式‧750純金鍍銠筆尖M‧2,877,000日圓‧全球限量88支

**傳統的中式圖案**
以立體的方式呈現歷史悠久的中國文化。深邃的紅色，自古象徵著幸運與繁榮。

# 達文西的求知精神
# 美麗重現

**萬寶龍**
名人系列
# 李奧納多 74

**Leonardo da Vinci**
李奧納多‧達‧文西

義大利文藝復興時期的
巨擘。1452年，出生於托
斯卡納地區的文西村。
不僅是擅長繪畫、雕刻
的藝術家，同時也是在
建築學、工程學、自然科
學方面極具成就的科學
家。代表性的傑作有《蒙
娜麗莎》、《最後的晚
餐》，並留下超過一萬張
的科學插圖原稿。

**達文西的原稿**

達文西於自然科學方面
的研究，跨足機械、數
學、物理、天文、解剖等
多種學科，並留下了龐大
的相關原稿（筆記）。萬
寶龍最新的鋼筆便是以
飛行相關的原稿為基礎
設計。

# MONTBLANC
## GREAT CHARACTERS LIMITED EDITION
# LEONARDO 74

萬寶龍的名人系列，是以歷史上的偉人為主題策劃的系列作品。
2013年的筆款為「Leonardo」，是一款以義大利文藝復興時期
的天才──李奧納多·達·文西關於「飛行」的創意及發明為靈感
設計的迷人鋼筆。

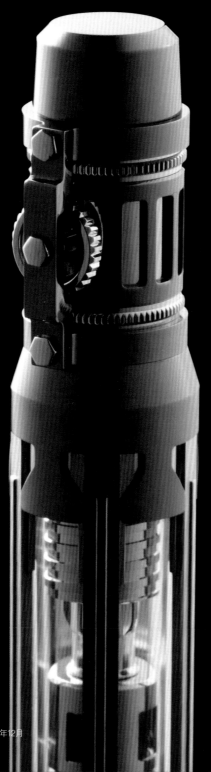

**筆夾上的齒輪**

750玫瑰金製，重現機械發明中經常登場的齒輪。軸心裝飾一顆鑽石。

**白星**

透過開口處可以看見白星。這是為了使白星映照在對側鏡面的設計。

**天冠的刻印**

鍍有PVD膜的刻印。背面鑲有白星（參考左方照片）。

# MONTBLANC
# LEONARDO 74

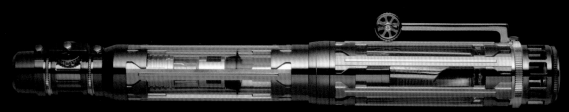

實物大

鋼筆／加筆蓋約149mm．書寫時約124mm（無筆蓋）．筆身直徑約14mm．活塞上墨式．18K金筆尖M．3,633,000日圓．全球限量74支

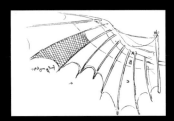

**對飛行表現強烈求知欲的羽翼圖。**本圖為蝙蝠研究時所繪的第74號原稿。這裡的「74」也成為模型名稱及製造數量的來源。

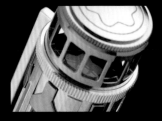

達文西經常使用鏡面文字，也有利用凹面鏡特性的發明。將達文西善用的鏡子裝設於筆蓋內部，藉以反射白星，設計相當講究。

這款以大膽的設計將達文西的求知精神濃縮於一身的迷人限量筆款，於2014年1月登場。以玫瑰金削切而成的零件，與PVD鍍膜的金屬零件形成美麗的對比。筆身採用鏤空構造，象徵學習以人體圖剖析身體構造及組織的精神。內部的上墨機構設計精巧，彷彿能感受到達文西的氣息。品牌的象徵——白星則是裝設於筆蓋內側頂端，可由開口處透過鏡面觀望，整支筆都環繞著達文西傳說中的求知心。另外還有限量3000支的筆款及限量墨水也一同登場。

**筆桿的楔型構造**
以設計圖常見的楔型構造為意象的設計。

**握位的飛行裝置素描圖**
握位刻有達文西原稿上所繪的飛行裝置素描圖，並鍍一層PVD膜。

**筆尖的蝙蝠刻印**
筆尖為18K金，裝飾著達文西鑽研飛行時研究的蝙蝠。

**鏤空的筆桿與上墨機構**
可從鏤空筆桿窺見的內部上墨機構，也設計成精密的機械樣式。

**筆尾的齒輪**
筆尾也設有齒輪。齒輪也是以750玫瑰金打造。

**筆蓋的刻印**
筆蓋刻印著許多素描圖中常見的「達文西圖樣」（Da Vinci Pattern）。

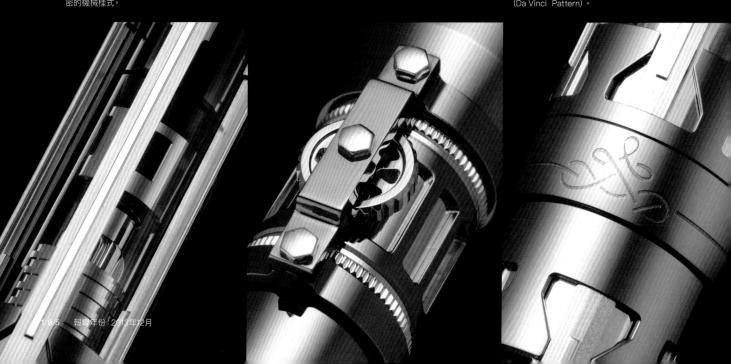

# MONTBLANC
## GREAT CHARACTERS LIMITED EDITION
# LEONARDO 3000

## 限量3000支的
## 銀色筆款

Leonardo 3000是限量3000支的筆款。反射白星的隱藏鏡面、楔型構造、齒輪等設計，都是向達文西於原稿上所留下的創意、發明致敬。

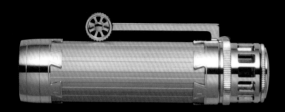

鋼筆／加筆蓋約149mm，書寫時約124mm（無筆蓋），筆身直徑約14mm，重量約69g，活塞上墨式。18K金筆尖M，379,050日圓，世界限量3000支

鋼珠筆／加筆蓋約148mm，書寫時約124mm（無筆蓋），筆身直徑約14mm，重量約78g，339,150日圓，全球限量3000支

### 筆蓋的刻印
筆蓋上有美麗的幾何學「達文西圖樣」刻印。

### 筆夾的齒輪
筆夾前端裝飾著玫瑰金打造的齒輪，是整體設計的亮點。

### 映照在鏡面上的白星
此筆款的構造，同樣是於筆蓋內部裝設達文西發明的鏡面來反射白星。

---

## 歷代名人系列

### Mahatma Gandhi
莫罕達斯·甘地

2009年登場的名人系列第一支筆款。這支鋼筆是為了向印度獨立運動的核心人物莫罕達斯·甘地致敬，設計上也以甘地紡織時使用的紡錘為主題。

## LEONARDO INK
## RED CHARK
李奧納多墨水【代赭色】

萬寶龍經常會推出極具魅力的限量色墨水。本次配合限量型號登場的墨水是「李奧納多墨水」。顏色是表示代赭石的「代赭色」，這是為了向達文西所描繪的烏賊墨色繪畫致敬。帶有濃郁紅色的烏賊墨色，絕妙的深淺色調相當美麗。墨水是期間限量販售。

瓶裝墨水，容量為30ml。2,100日圓（期間限量販售）

LEONARDO INK
Red Chalk

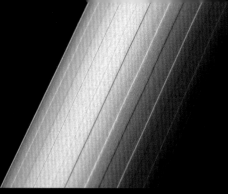

**銀色的陽極氧化鋁材質**

筆身是銀色的陽極氧化鋁材質，加上精緻的直條溝紋設計。

**握位的飛行裝置素描圖**

握位刻有達文西原稿上所繪的飛行裝置素描圖。

**筆尖的蝙蝠刻印**

筆尖為18K金，與Leonardo 74一樣，裝飾著達文西圖樣。

實物大

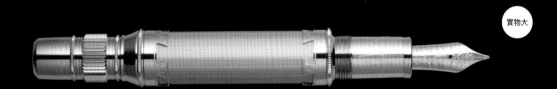

**筆尾的設計**

筆尾的設計十分簡約。旋轉此處後，便可以用活塞上墨。

**筆尾的齒輪設計**

筆尾的設計是一支筆身裝飾著四個齒輪狀的零件。

**筆桿的楔型構造**

筆桿及筆蓋上的設計，以設計圖常見的楔型構造為構想。

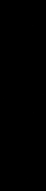

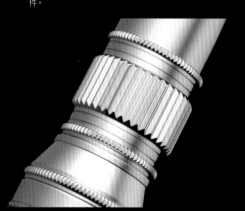

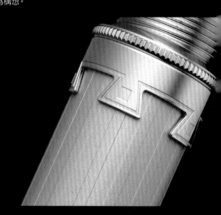

# ALBERT EINSTEIN

亞伯特・愛因斯坦

設計靈感來自於20世紀的天才科學家愛因斯坦所提出的相對論。設計上利用絕妙的曲線，來表現知名的「重力透鏡效應」現象。筆身及尾栓刻印著E=mc2公式。

# ALFRED HITCHCOCK

艾佛列・希區考克

向懸疑電影大師艾佛列・希區考克致敬的設計。將電影中常見的血、刀、他客串演出時的側臉等，以萬寶龍優秀的精湛技藝重現於鋼筆中。

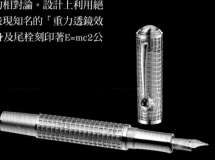

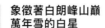

### 象徵著白朗峰山巔 萬年雪的白星

天冠上的白星，象徵著白雪覆蓋下的歐洲最高峰白朗峰的山頂。據說確定使用這個商標時，是在發明Meisterstück之前，Simplo Filler Pen公司剛創業不久的1910年代。

實物大

# MEISTERSTÜCK
# 149

就算是不懂鋼筆的人，也會聽過「萬寶龍」的名字。擁有驚人知名度的萬寶龍，最具代表性的產品是1924年開創的「Meisterstück」系列。Meisterstück的旗艦產品「149」，長年以來一直確保著美觀的實用品、社會地位象徵、文具帝王的地位。無論套筆蓋與否都均衡良好的筆桿長度、直徑，適合長時間書寫，也適合快速筆記。

套筆蓋時約149mm，書寫時約166mm，筆桿直徑約15mm，重量約33g，活塞上墨式，18K金筆尖EF、F、M、B、BB、OM、OB、OBB，89,250日圓

### 見證二十世紀歷史大事的鋼筆象徵

Meisterstück 149是受到全球王室、政治家、文人愛用的款式。在日本也受到作家三島由紀夫和開高健等人愛用。另外這款鋼筆又被叫做「簽約款」，見證了簽署條約、王室婚禮等全球歷史大事。上圖的照片發生在1963年，西德首相康拉德·阿登納 (Konrad Hermann Joseph Adenauer) 在德國科隆市簽署Golden Book (芳名錄) 時，發生臨時找不到筆的意外。這時美國總統約翰·甘迺迪 (John Fitzgerald Kennedy) 伸手把Meisterstück 149借給他使用。

兩端尖銳的魚雷型Meisterstück，是由146型開創的。深藍色的樹脂筆桿、筆蓋根部的三環設計等，是從發明以來到現在都沒改變的基本設計。

# MEISTERSTÜCK
## Platinum Line LeGrand

# P146
—

如果說Meisterstück 149是鋼筆的「帝王」，那麼146就是鋼筆的「楷模」了。這是絕對性的標準款式設計，受到許多後續的鋼筆產品模仿。146型創生在1949年。產品前後大致可以分成四個世代，在古董筆市場上以50年代款式最受歡迎。照片中是套金環、鍍白金裝飾的Platinum Line P146。現在萬寶龍將146型產品稱做「LeGrand」。

鋼筆／套筆蓋時約146mm·書寫時約156mm·筆桿直徑約13mm·重量約25g·活塞上墨式·14K金筆尖EF、F、M、B、BB、OM、OB、OBB·78,750日圓

## 149採用
## 古董球型筆尖 (Kugel nib)

球型筆尖有許多神祕的地方。是許多愛好者嚮往，期望有一天能夠試用的古董筆筆尖。球型筆尖的上層沒有打磨，銥點還維持幾乎球形的外觀。這種形狀，使得筆尖即使180度翻到反面也容易書寫。149的球型筆尖還有一樣特徵，就是會微微朝上彎曲。那獨特的筆觸只有親手寫過才能感受到。

## 149與146筆尖
## 尺寸比較

149和146有一樣很大的差異，在於筆尖的尺寸大小。149筆尖的長度約為27mm，146約為22mm。149的筆尖多出5mm，外觀看來讓人覺得大了兩號尺碼。另外，筆尖上的刻印「4810」代表著白朗峰的標高。

# 讓人每一支都想要！Meisterstück現行產品一覽

FP＝鋼筆　　MP＝自動鉛筆
RB＝鋼珠筆　　DM＝螢光筆
BP＝原子筆　　SK＝素描筆

**149**

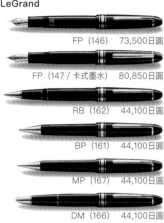

FP　89,250日圓

### LeGrand

FP (146)　73,500日圓

FP (147／卡式墨水)　80,850日圓

RB (162)　44,100日圓

BP (161)　44,100日圓

MP (167)　44,100日圓

DM (166)　44,100日圓

### Platinum Line LeGrand

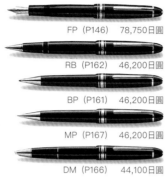

FP (P146)　78,750日圓

RB (P162)　46,200日圓

BP (P161)　46,200日圓

MP (P167)　46,200日圓

DM (P166)　44,100日圓

### 萬寶龍鑽石LeGrand

FP　123,900日圓

RB　97,650日圓

BP　85,050日圓

### Classique 經典系列

FP (145)　55,650日圓

RB (163)　39,900日圓

BP (164)　39,900日圓

MP (165)　39,900日圓

### Platinum Line Classique

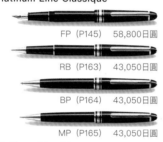

FP (P145)　58,800日圓

RB (P163)　43,050日圓

BP (P164)　43,050日圓

MP (P165)　43,050日圓

### 萬寶龍鑽石Classique

FP　111,300日圓

RB　85,050日圓

BP　72,450日圓

### Mozart 莫札特系列

FP (114)　46,200日圓

BP (116)　37,800日圓

MP (117)　37,800日圓

### Platinum Line Mozart

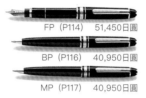

FP (P114)　51,450日圓

BP (P116)　40,950日圓

MP (P117)　40,950日圓

### 萬寶龍鑽石Mozart

FP　99,750日圓

RB　74,550日圓

BP　63,000日圓

### 李奧納多素描筆

SK (169／5.5mm芯)　53,550日圓

## MEISTERSTÜCK
## Classique
# 164
—

Meisterstück除了鋼珠筆和鉛筆以外，還有多種產品。Classique的原子筆「164」是售價較為低廉，又能讓持有者瞬時提升地位的絕佳產品。這是讓人希望一生中能擁有一次的原子筆。

原子筆／書寫時約140mm·筆桿直徑約10mm·重量約23g·旋轉式·39,900日圓

### 浮現的鑽石

以精巧的43面切割象徵著白星，重約0.03～0.06ct的鑽石。無論從那個角度觀看，都顯得光彩動人。

## MEISTERSTÜCK
# Montblanc
# Diamond
## Classique
—

2010年才進入Meisterstück產品群裡，算是較為新穎的款式。白星造型的鑽石懸浮在半球狀的天冠裡。其他基本設計和Platinum Line相同。

鋼筆／套筆蓋時約140mm·書寫時約154mm·筆桿直徑約11mm·重量約21g·兩用式·14K金筆尖F、M·111,300日圓

## MEISTERSTÜCK
# SOLITAIRE
# Tribute to the Mont Blanc
### Classique / Mozart

### 白朗峰禮讚讚系列

奢華地使用黃金、白銀等貴金屬的「Solitaire」也很有魅力。2011年上市的這個款式，特徵是模仿白朗峰山頂積雪的純白樹脂塗料加工筆桿，以及雪白水晶打造的白星。握位上刻有白朗峰山脈全景的輪廓。

Classique鋼筆／套筆蓋時約140mm·書寫時約154mm·筆桿直徑約11mm·重量約47g·卡式墨水·18K金筆尖F、M·111,300日圓
Mozart鋼筆／套筆蓋時約112mm·書寫時約119mm·筆桿直徑約9mm·重量約23g·卡式墨水·18K金筆尖F、M·98,700日圓

# ETOILE DE MONTBLANC

以「能當文具使用的珠寶」作為核心概念，與其他系列款式大有不同，充滿感官刺激的鋼筆。讓人聯想起「腰身」的線條、浮現在半球形天冠裡的鑽石、從內側往外散發光輝的白金色等等，讓人光是看著都感到一股陶醉。

在套筆蓋狀態時，小巧得能藏在掌心，使用時將筆蓋套在筆桿尾端，重心與長度就能恰到好處的Bohème，也是非常實用的作品。像旋轉口紅一樣地旋轉筆桿，就能讓筆尖在握位伸縮進出。

# BOHÈME
# Paso Doble Rouge

筆夾前端的紅寶石、藍寶石，在胸前口袋悄悄發亮的裝飾品系列「Bohème」（實曦系列），也是讓人希望有一天能買到手的鋼筆。筆桿上有著美麗浪濤圖樣的Paso Doble在2009年上市，另外還有藍色的Blue款。

鋼筆／套筆蓋時約110mm·書寫時約135mm·筆桿直徑約12.5mm·重量約45g·卡式墨水·18K金筆尖M·118,650日圓

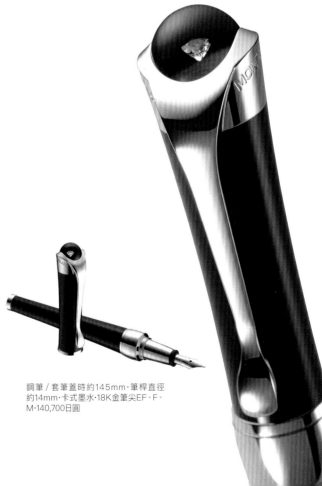

鋼筆／套筆蓋時約145mm·筆桿直徑約14mm·卡式墨水·18K金筆尖EF、F、M·140,700日圓

# 激發購買欲的
# 萬寶龍特別限量款

除了從1992年開始發表,開創了限量版鋼筆風潮的文學家系列、藝術贊助者系列以外,還有運用各種技巧,充滿高級感的特別款、讚揚音樂家的音樂家贊助系列等萬寶龍的限量款式產品。

## 其他特別版

另外還有以歷史人物為主題的限量款式最高峰「Artsian Collection」(工匠系列),以及和企業合作的聯名款式等多種產品。

## Writers Editons
### 文學家系列

從1992年秋季開始,每年發表新作品的暢銷產品系列。為了讚揚留下名作的作家,外觀設計會以作家的形象或代表作為主題,製造特別款式產品。

**1992年 海明威**
向以《戰地鐘聲》等作品聞名的美國小說家·詩人致敬。

## Patron of Art Editions
### 藝術贊助系列

與文學家系列平行上市,從1992年春季起,每年發表新作品的系列。讚揚對於藝術·文化發展有所貢獻的歷史人物。

**1992年 羅倫佐·德·麥迪奇**
讚賞在文藝復興時代,於義大利翡冷翠贊助許多藝術家的貴族麥迪奇家族。

## Donation Pen
### 音樂家贊助系列

為了向在音樂界發揮才華的人表達敬意,每兩年發表一款作品的系列產品。上自巴哈下至約翰·藍儂,跨越的年代相當遙遠。

**2012年 約翰尼斯·布拉姆斯**
讚許19世紀的德國作曲家、指揮家。音叉造型的筆夾、模仿五線譜的筆蓋環,讓人印象深刻。

## MASTERS FOR MEISTERSTÜCK
## L'AUBRAC
—

這是有歷史傳統的法國鑄刀公司Forge de Laguiole與萬寶龍的聯名產品。Forge de Laguiole的特徵,細緻的鉚釘與鐵環傳統紋樣,和筆蓋·筆桿的非洲胡桃木材料相互輝映。

鋼筆/套筆蓋時約148mm·本體約124mm·筆桿直徑約14mm·重量約55g·活塞上墨式·18K金筆尖M·241,500日圓

# Signature for Good COLLECTION
# MEISTERSTÜCK 2013
LeGrand / Classique

萬寶龍另外有一款特別系列，是從2009年開始的Signature for Good（以愛為名系列）。這個系列的部分營收，會捐贈給提升兒童識字率的教育專案，幫助身在艱困環境下的孩童就學。2013年款式的裝飾品是藍色藍寶石。

LeGrand鋼筆：套筆蓋時約146mm·書寫時約156mm·筆桿直徑約13mm·重量約26g·活塞上墨式·14K金筆尖F、M·79,800日圓

**序號**
筆蓋上刻有序號。在專屬網站登錄這個序號，可以瞭解活動現況。

**藍色藍寶石**
筆夾上的天冠，仿照聯合國兒童基金會徽章的顏色，鑲上藍色藍寶石。

**磚牆圖樣**
筆蓋環上方刻著仿造磚牆的紋樣設計。

## 精緻皮件

筆袋或名片夾等Fine Leather Collection於2013年3月起發售。

**Signature for Good Fine Leather**

商用筆記本：51,450日圓
筆袋：22,050日圓等

## 文具

備有LeGrand、Classique兩種尺寸，各有三種筆可以選擇。

**Signature for Good
Meisterstück Classique**

鋼筆：59,850日圓
鋼珠筆：47,250日圓
原子筆：46,200日圓

**Signature for Good
Meisterstück LeGrand**

鋼筆：79,800日圓
鋼珠筆：52,500日圓
原子筆：49,350日圓

# 當季產品・矚目鋼筆

限量

*MONTBLANC*

# Artisan Collection PAUL KLEE Limited Edition 79

工匠系列 保羅・克利限量版 79

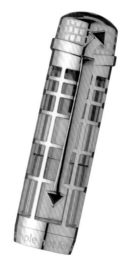

實物大

## 切削金塊 雕琢成的鏤空筆桿

萬寶龍限量款式的最高峰「工匠系列」，推出了奢華至極的佳作。在推崇藝術家巴布羅・畢卡索的前作（2012年）之後，2013年致敬的對象，是表現主義、立體主義、超現實主義等新潮藝術表現的先鋒，對後人造成重大影響的前衛畫家——保羅・克利（Paul Klee）。以金塊切削製作的鏤空筆桿，設計靈感來自於他的代表作《Separation in the Evening》(1922)。從筆夾到筆尖，每一處都充分重現了保羅・克利的世界觀。

鋼筆／套筆蓋時約143mm・書寫時約125mm（不套筆蓋）・筆桿直徑約14.5mm・重量約67g・活塞上墨式・18K金筆尖M・2,835,000日圓・全球限量79支

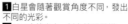

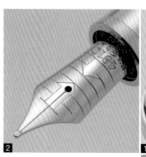

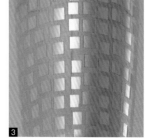

**1** 白星會隨著觀賞角度不同，發出不同的光彩。
**2** 18K金筆尖上，刻有箭頭圖樣。
**3** 筆蓋與尾栓，裝飾著象徵保羅・克利作品的幾何圖案

# Montblanc Patron of Art Edition 2013
# Ludovico Sforza, Duke of Milan

## 藝術贊助系列2013 米蘭公爵 盧多維科·斯福爾扎

**2013年偉大贊助者得獎者 第二代市川猿翁！**

為了讚揚在藝術與文化世界裡，對各領域發展與活性化有功的人物「藝術贊助者」，萬寶龍公司設立了萬寶龍國際文化獎，每年會從全球十二國之中挑選得獎者。2013年的得獎者是日本的第二代市川猿翁\*。

★知名歌舞伎俳優。

以史上聞名的藝術贊助為主題，萬寶龍從1992年起，每年發表藝術贊助系列作品。2013年的主題，是李奧納多·達·文西的庇護者，也是義大利文藝復興時期最光輝的贊助者之一，米蘭公爵盧多維科·斯福爾扎 (Ludovico Sforza)。這款作品訴說他的人生歷程與光芒，在現代重現了後期文藝復興時期的美學意識。

筆尖以上等的純金打造。

**藝術贊助系列米蘭公爵 盧多維科·斯福爾扎 限量版888**

888支限量款式的特徵，是在藍色的樹脂塗料加工筆桿上，畫上達文西圖案，讓人緬懷公爵家族的光榮。

鋼筆·活塞上墨式·18K金筆尖F·932,400日圓·全球限量888支

**藝術贊助系列米蘭公爵 盧多維科·斯福爾扎 限量版4810**

筆桿畫滿銀色的達文西圖案，氣質莊嚴的4810支限量款式。925純銀製。

鋼筆·活塞上墨式·18K金筆尖F·290,850日圓·全球限量4810支

---

# Writers Edition 2013
# Honoré de Balzac

## 文學家系列2013 奧諾雷·德·巴爾札克

向現實主義文學之父巴爾札克（Honoré de Balzac）致敬的系列作品。黑色高級樹脂與灰色亮漆的筆身、綠松石亮漆的精緻筆夾等，設計細節處處表現巴爾札克璀璨的人生。

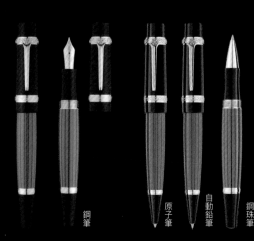

鋼筆

原子筆

自動鉛筆

鋼珠筆

鋼筆/加筆蓋約139mm·書寫時約128mm（無筆蓋）·筆身直徑約14.5mm·重量約52g·活塞上墨式·18K金筆尖F、M·126,000日圓·全球限量10000支。鋼珠筆/98,700日圓·全球限量8400支·原子筆/88,200日圓·全球限量14500支。套組/鋼筆（M）＋原子筆＋自動鉛筆·283,500日圓·全球限量1000組

如照片所示，在筆尖完全轉出的狀態下，將尾栓拉出，旋轉後就能吸入墨水。

*MONTBLANC*

# Montblanc Heritage Collection 1912

### 傳承系列1912 高級樹脂

這支1912年發表的安全筆，是萬寶龍推出的新系列作品，名稱靈感來自於萬寶龍的前身 Simplo Filler Pen Company。高級樹脂製的筆身除了保留往年名品的美感，更搭載嶄新的科技機能，體現萬寶龍經年淬鍊的傳統與革新。

鋼筆：加筆蓋約121mm，書寫時約125mm（無筆蓋），筆身直徑約12.8mm，重量約48g，活塞上墨式，18K 金筆尖 F、M、B，119,700 日圓

將尾栓往右旋轉，筆尖便會從筆桿轉出。往左旋轉，筆尖便會收回筆桿中。

通氣孔為三角形的嶄新設計也很有特色。

白星是珍珠貝母塗層的特殊款式。

實物大

Ultimate Carbon

Carbon

**Carbon**

鋼筆／加筆蓋約140mm·書寫時約150mm·
筆身直徑約10mm·14K金筆尖F、M·
111,300日圓
細字筆／加筆蓋約140mm·書寫時約
152mm·筆身直徑約10mm·93,450日圓
原子筆／書寫時約140mm·筆身直徑約
13mm·旋轉式·79,800日圓

**Ultimate Carbon**

鋼筆／加筆蓋約140mm·書寫時約150mm·
筆身直徑約10mm·14K金筆尖F、M·
136,500日圓
細字筆／加筆蓋約140mm·書寫時約
152mm·筆身直徑約10mm·111,300日圓
原子筆／書寫時約140mm·筆身直徑約
13mm·旋轉式·95,500日圓

# STARWALKER Carbon
# Ultimate Carbon

## 星際旅者 碳纖維 / 終極碳纖維

設計充滿尖端科技感的星際旅者系列，增添了二種使用碳纖維材質的
筆款。筆身均採用無煙煤，以碳纖維編織出美麗的幾何圖樣；獨樹一
格的瀟灑書寫用具就此誕生。

鑲於透明筆蓋內的白星。Ultimate
Carbon的筆蓋及筆身採用同樣的設計。

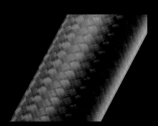

由上千條纖維編織而成的絲線，幻化為
整齊的線條。使用的纖維是非常堅固且
輕量的碳纖維。

StarWalker Carbon的筆尖材質14K金·
並以鉑金裝飾。書寫手感纖細而柔和。

**Carbon**

細字筆　原子筆　鋼筆

**Ultimate Carbon**

細字筆　原子筆　鋼筆

StarWalker Carbon 以 鉑 金 鍍 層·
StarWalker Ultimate Carbon 的 筆 身
則為 釘合金製。

MONTBLANC

# MEISTERSTÜCK Platinum Line Leonardo Sketch Pen

## 李奧納多素描筆

這支素描筆兼具機能性及洗鍊高雅的外觀。深黑色高級樹脂筆身，散發優美氣質。

素描筆／加筆蓋約124mm·筆身直徑約18.5mm·55,650日圓

在天冠裝飾白星，已成為萬寶龍的註冊商標。

與自動鉛筆同樣搭載按壓式結構，可重複按壓出粗筆芯。

**限量**

MONTBLANC

# MEISTERSTÜCK Solitaire Doué Stainless Steel

## 特別版經典原子筆 伊勢丹紳士館 10週年紀念款

為慶祝2013年迎接10週年的東京新宿伊勢丹紳士館 (ISETAN MEN'S)，誕生了這支原子筆。瀟灑俐落的設計，非常適合流行敏感度高的男士。

原子筆／旋轉式·61,950日圓·日本限量500支

以雷射雕刻技術將伊勢丹的紋樣雕琢於筆身。

不鏽鋼筆蓋上閃耀的白星。

# Tribute to the Mont Blanc LeGrand

## 大師傑作 白朗峰禮讚系列

萬寶龍品牌標誌「白星」的靈感，來自覆蓋於白朗峰山頂的六條冰河，Tribute to the Mont Blanc 系列的誕生，便是為了向這座阿爾卑斯的最高峰致敬。這次在以往的 Mozart 及 Classique 規格陣容中，新增添了 146 規格的 LeGrand 筆款。

鍍銠加工的 18K 金筆尖。純白色的禮盒上施有銀箔燙印，包裝內含白朗峰山脈的傳單。所有的設計均充分體現歐洲最高峰之名。

以超越百年歷史，歐洲最優秀的精湛工藝，將乳石英削磨成象徵完成品的白星。

白金鍍層的握位上裝飾著雷射雕刻的白朗峰山脈全景，並附有各個山脈的介紹。

亮面塗漆的筆蓋及筆身。這支筆最人的特色——雪白，代表讚頌品牌標誌所象徵的白朗峰山頂。

### 本系列的魅力

白朗峰禮讚系列充分展現出白朗峰的雄偉氣度。每一處細節都表現精巧的設計及匠心技藝，令人聯想起白朗峰山頂的白雪、冰河及岩石。

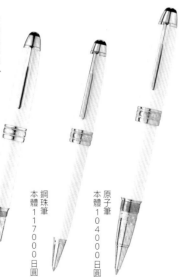

本鋼筆 144000 日圓

本鋼珠筆 117000 日圓

本原子筆 104000 日圓

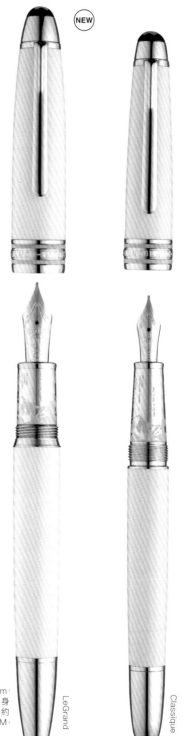

NEW

實物大

2014年筆款

鋼筆／加筆蓋約 146mm，書寫時約 160mm，筆身直徑約 13.6mm，重量約 62g，18K 金筆尖 F、M，本體 144,000 日圓

LeGrand

Classique

Mozart

18K 金的筆尖刻有
亨利·史坦威的肖像。

# MONTBLANC
# Patron of Art 2014
# Henry E. Steinway

## 藝術贊助系列2014 亨利 · 史坦威

2014年發表的萬寶龍藝術贊助系列筆款，是為了讚頌世界三大鋼琴製造商之一，Steinway & Sons（史坦威公司）的創立者——亨利·史坦威。創業於1853年的Steinway & Sons，是鋼琴製造業的先驅，也是建造紐約第一座音樂廳的企業，這支鋼筆的設計便是為了對這位創立公司，在音樂支援方面有極大貢獻的人物表達敬意。按照往年慣例，這支鋼筆有全球限量888支，及全球限量4810支兩種款式。

筆夾是模仿用於削製鋼琴側面木材的「螺絲夾」。

表現由史坦威公司發明並取得專利的「Overstrung技法」（交叉弦列：將中、高音部的琴弦與低音弦傾斜交叉，增加音量，使音色餘韻更漂亮的構造）的鏤空筆蓋。交錯的線條設計也呈現出平檯鋼琴之美。

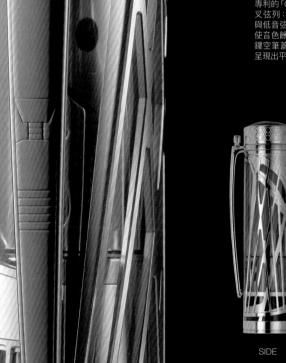

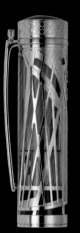

SIDE          BACK

### Patron of Art 2014 Henry E. Steinway
# 888

描繪鋼琴鍵盤的黑白筆身，令人印象深刻。鏤空筆蓋使用Solid Yellow Gold（18K 純 金），搭配精巧雕刻的筆蓋飾環。

實物大

鋼筆／加筆蓋約148mm·本體約125mm·筆身直徑約14mm·重量約66g·活塞上墨式·18K 金筆尖 M·本體 975,000 日圓·全球限量 888 支

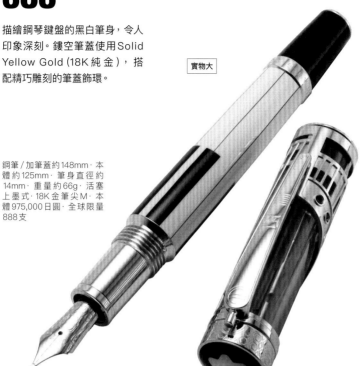

正方形的筆盒。白底的內盒上閃耀著史坦威公司的商標。

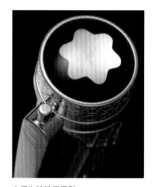

白星為珍珠貝母製。

### Patron of Art 2014 Henry E. Steinway
# 4810

以平檯鋼琴閃耀著光芒的漆黑色為構想，筆身採用黑色亮漆打造，非常美麗。金屬零件均鍍黃色合金，表面以平光與亮面的鍍層交錯組合，強調立體感。

實物大

筆蓋飾環上刻印著史坦威公司的「Steinway & Sons」字樣及序號。

鋼筆／加筆蓋約145mm·本體約125mm·筆身直徑約14mm·重量約52g·活塞上墨式·18K 金筆尖 F、M·本體 290,000 日圓·全球限量 4810 支

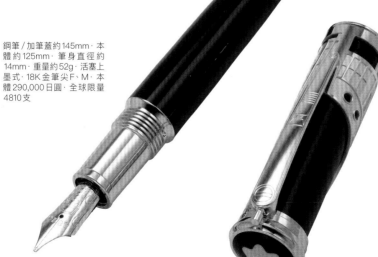

筆盒為長方形。光澤耀眼的黑色內盒是以鋼琴為意象。

白星是黑色與白色的高級樹脂製。

# 高級書寫用具類
# 充滿魅力的當季商品

2014年夏季至冬季，大受矚目的高級書寫用具，一次介紹給您！

文字／井浦綾子（編輯部）　攝影／北鄉仁、森田賢治

*MONTBLANC*

# James Watt
# Limited Edition 83

詹姆斯·瓦特83

鏤空的筆身，加上精巧機械式設計的極品筆款，今日依然深受歡迎。萬寶龍頌讚偉人的最高級系列「名人系列」最新作品，是以蘇格蘭的代表性發明家及機械工程師——詹姆斯·瓦特為主題。發明蒸汽機，並自行改良進化的瓦特，是掀起18世紀後半至19世紀時期工業革命的重要人物。他另一項廣為人知的事蹟，就是將動力單位訂定為「馬力」。筆款名中的83，代表他83年的人生，也是限定生產的數量。

鋼筆／加筆蓋約143mm·本體約133mm·筆身直徑約16mm·重量約72g·活塞上墨式·18K金筆尖M·3,760,000日圓·全球限量83支

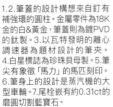

1.2.筆蓋的設計構想來自釘有補強環的圓柱。金屬零件為18K金的白&黃金，筆蓋則為鍍PVD的鈦製。3.以瓦特發明的離心調速器為題材設計的筆夾。4.白星標誌為珍珠貝母製。5.筆尖有象徵「馬力」的馬匹刻印。6.筆身上的設計是蒸汽機的大型車輪。7.尾栓嵌有約0.31ct的磨圓切割藍寶石。

*MONTBLANC*

# Meisterstück 90 Years Collection
# Limited Edition 90

**Meisterstück系列90週年**
**限量版90**

2014年春天登場的Meisterstück系列90週年筆款，引起了相當熱烈的討論（請參考P.136）。而這支高級筆款繼鏤空款後，又誕生了限量筆款。純金的筆身及筆蓋，全都刻有扭索紋，整支筆散發著獨樹一格的高級感

白星標誌為珍珠貝母製。

18K金的玫瑰金筆尖是90週年的特別設計。

筆蓋飾環鑲有90顆鑽石（0.27ct）。

鋼筆／加筆蓋約146mm·筆身直徑約13.5mm·重量約52g·活塞上墨式· 18K金筆尖M·本體3,166,000日圓·全球限量90支
鋼珠筆／本體2,912,000日圓

---

*MONTBLANC*

# Montblanc Writers Edition 2014
# Daniel Defoe

**文學家系列2014 丹尼爾·狄福**

1992年起每年都會發表新品的文學家系列，2014年版也終於問世。此筆款是為了向冒險小說《魯濱遜漂流記》的作者，同時也是被譽為近代英國小說之父的丹尼爾·狄福（Daniel Defoe）致敬。筆身上處處顯露出魯賓遜在無人島的簡樸生活，以及小說中登場的事物。

筆夾作成羽毛的外形，令人聯想到慰藉孤寂的主人翁的鸚鵡「Poll」。

筆尾及筆蓋飾環上的裝飾，象徵18世紀當時裝飾在書籍封面上的圖樣。

筆蓋上刻印著丹尼爾·狄福的簽名。

同時也有販售文學家系列限量的棕櫚綠色墨水。

鋼筆／加筆蓋約142mm·本體約129mm·筆身直徑約13.5mm·重量約37g·活塞上墨式·18K金筆尖F、M·本體120,000日圓

鋼珠筆／本體100,000日圓。原子筆／本體93,000日圓。鋼筆、原子筆、自動鉛筆3支組／本體308,000日圓

---

*MONTBLANC*

# Meisterstück Solitaire
# Moon Pearl

**Meisterstück Solitaire 月珍珠**

鑲嵌著七條彩虹珍珠貝母片的筆款，是筆身採用黑色高級樹脂的Meisterstück系列新作。奢華地使用大溪地產黑蝶真珠蛤的珍珠貝，搭配鍍鉑金的金屬零件。另有LeGrand尺寸的鋼筆及鋼珠筆。

鋼筆：本體317,000日圓
鋼珠筆：本體291,000日圓

---

*MONTBLANC*

# StarWalker
# Extreme Collection

**星際旅者**
**風尚系列**

都會風的星際旅者系列最新作品。分別有黑色高級樹脂加上釘鍍層的「Extreme」款，以及不鏽鋼加上PVD鍍層的「Extreme Steel」款二種。另外也有點擊螢幕用的觸控筆。

**StarWalker Extreme**

鋼筆／14K金筆尖F、M·66,000日圓。觸控筆／60,000日圓。原子筆／46,000日圓（均為本體價格）

**StarWalker Extreme Steel**

鋼筆／14K金筆尖F、M·124,000日圓。觸控筆／108,000日圓。原子筆／87,000日圓（均為本體價格）

# 高級書寫用具
# 充滿魅力的當季商品

2014年冬季的高級書寫用具新品，一次介紹給您。滿溢著年末氣息的豪華限量筆款接連登場！

文字／馬庭AI（編輯部）　攝影／北鄉仁

筆尖描繪著象徵甘迺迪的偉業之一「阿波羅計畫」的月球登陸船。

筆夾上淡淡地刻有甘迺迪的縮寫「JFK」。

3條銀色飾環，代表甘迺迪家的兄弟們，包含哥哥喬瑟夫及弟弟羅伯特。

表現甘迺迪身穿海軍藍西裝的英挺身姿。

藍色飾環的構想來自於甘迺迪海軍時期的階級章。

*MONTBLANC*

# Great Characters
# John F. Kennedy
# Special Edition

### 名人系列 約翰·甘迺迪 特別版

至今為止以希區考克、愛因斯坦等歷史偉人為主軸，引起不少話題的MONTBLANC Great Characters系列，最新的主題是約翰·甘迺迪。筆身以海軍藍色的西裝身姿為靈感，隨處裝飾著象徵「JFK」（John F. Kennedy）的設計，令人想起他同時也是深受愛戴的時尚領導人。

鋼筆／加筆蓋約146mm·書寫時約159mm·活塞上墨式·14K金585純金鍍銠筆尖F、M·含稅111,240日圓
鋼珠筆／含稅93,960日圓
原子筆／含稅86,400日圓

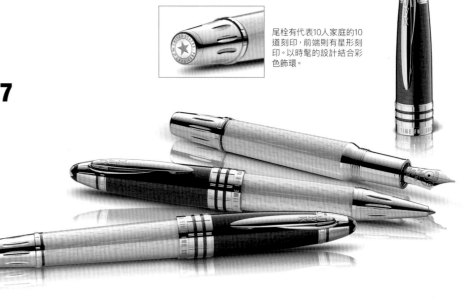

尾栓有代表10人家庭的10道刻印，前端則有星形刻印。以時髦的設計結合彩色飾環。

**限量**

*MONTBLANC*

# Great Characters
# John F. Kennedy
# Limited Edition 1917

### 名人系列 約翰·甘迺迪 限量版 1917

此為以約翰·甘迺迪為主題的限量版筆款。鋼筆的筆尖刻有甘迺迪愛用船的救生圈。飾環上則刻印他提出的標語「A time for greatness」（偉大時刻）。

鋼筆／加筆蓋約146mm·書寫時約159mm·活塞上墨式·18K金750純金鍍銠筆尖M·含稅411,480日圓·鋼珠筆／含稅369,360日圓
原子筆／含稅354,240日圓·全球限量各1917支

# Bohème Blanche / Bohème Bleue

寶曦系列 白雪 / 寶曦系列 藍寶

想必無論男性或女性，都希望人生中能入手一支如此美麗的筆。外形豐滿嬌媚，裝飾在筆夾上的彩色寶石流露優雅氣質，這款寶曦系列的最新作品，共有美麗的白色及藍色兩種筆身。筆桿及筆蓋部分，刻有配合寶曦系列腕錶的波浪紋樣。白色的「Bohéme Blanche」（寶曦系列 白雪）共有鋼筆、鋼珠筆、原子筆3種筆款；藍色的「Bohéme Bleue」（寶曦系列 藍寶）則僅推出鋼筆。

**Bohème Blanche**
鋼筆／加筆蓋約109mm·書寫時約134mm·卡式墨水管· 18K金筆尖F、M·含稅119,880日圓
鋼珠筆／書寫時約146mm·筆身直徑約11.5mm·重量約49g·含稅119,880日圓
原子筆／書寫時約113mm·筆身直徑約11mm·重量約38g·旋轉式·含稅90,720日圓

**Bohème Bleue**
鋼筆／加筆蓋約109mm·書寫時約134mm·卡式墨水管·18K金筆尖M·含稅465,480日圓

**Bohème Blanche**

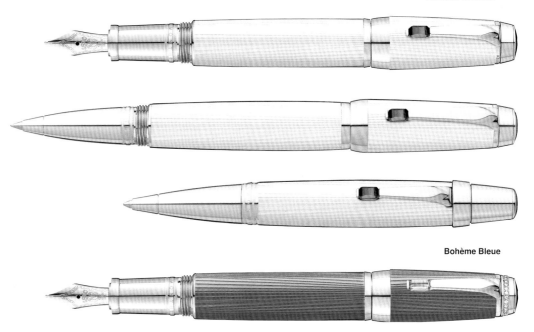

**Bohème Bleue**

「Bohème Blanche」的筆夾上鑲有藍寶石，「Bohème Bleue」的筆夾上則是裝飾著淡藍色的藍寶石，為筆身點綴璀璨光芒。

# 萬寶龍的第100年禮讚

## MONTBLANC
## Heritage Collection 1914

傳承系列1914

**Limited Edition 333**

筆尖為18K金 (M) 筆蓋及筆尾為鈦製，筆身為鋁製（珊瑚紅亮漆鍍層）。珍珠貝母製的註冊商標以藍寶石水晶玻璃保護。本體1,760,000日圓。（2014年10月發售·全球限量333支）

同往年的Safety Filler系列，旋轉筆尾來轉出筆尖。

**Limited Edition 1000**

筆尖為18K金 (M)，筆身為黑色亮漆，天冠的白星標誌為珍珠貝母製。本體614,000日圓。（2014年10月發售·全球限量1000支）

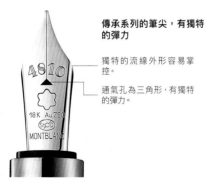

**傳承系列的筆尖，有獨特的彈力**

獨特的流線外形容易掌控。

通氣孔為三角形，有獨特的彈力。

果然還是想入手一支珊瑚紅的333！因為這支筆的外形、顏色、質感，可說是濃縮了一百年前的萬寶龍傳統樣式。傳承系列發表於2012年，用意在將一百年前的筆款範本重新復活於現代。本次介紹的MONTBLANC Safety Filler系列筆款本來自於1914年登場，暱稱為「Goliath巨人」，有著親人的大容量儲墨槽，堪稱萬寶龍史上最大尺寸的筆款。令人聯想到珊瑚礁的珊瑚紅，是20世紀初期的萬寶龍象徵先進的設計之一。當時的鋼筆材質為硬質橡膠，333則是使用鈦和鋁製成。是一支令人由衷想寫寫看的珍稀華麗筆款。

# 只有數位化
# 是不夠的！

## MONTBLANC
## StarWalker Extreme 星際旅者 風尚系列

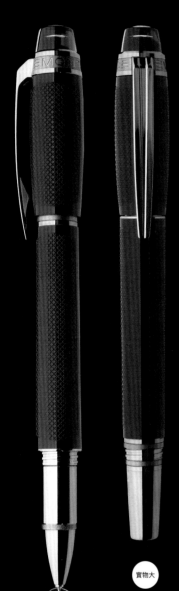

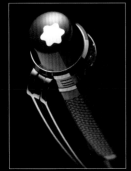

漂浮著白星標誌的天冠，因線條筆直，顯得更沉著帥氣。

觸控筆 / 加筆蓋 約136mm・書寫時約150mm・筆身直徑約12mm・重量約43g・含稅64,800日圓

實物大

觸控筆的半導體晶片（silicon disk）筆尖，可對應多種觸控面板。

### 可當作鋼珠筆

可使用鋼珠筆的替換筆芯，各含稅1,944日圓（2支入）。萬寶龍推出7種顏色的墨水。

| 神祕黑 Mystery Black（M、F） | 太平洋藍 Pacific Blue（M、F） | 夜宴紅 Night Fair Red（M） | 幸運綠 Fortune Green（M） |
| --- | --- | --- | --- |
| 栗子咖 Chestnut Brown（M） | 水晶紫 Amethyst Purple（M） | 巴貝多藍 Barbados Blue（M） | |

### 也可當作細字筆

萬寶龍的簽字筆有種獨特的流暢書寫感。這支筆款也可以使用替換筆芯（2色），各含稅1,944日圓（2支入）。

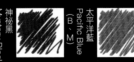

| 神祕黑 Mystery Black（B、M） | 太平洋藍 Pacific Blue（B、M） |
| --- | --- |

萬寶龍的新觸控筆尖，能於數位設備的液晶面板上，產生高品質的觸控效果。筆本身為新型的星際旅者系列筆款，有PVD鍍膜的筆身和外形筆直的天冠。筆芯可用於鋼珠筆及細字筆，鋼珠筆和油性原子筆一樣，共有7種顏色。只要有一支，便能享受從數位設備無縫銜接到類比工具的書寫感，以及多彩多姿的墨水顏色。

# 高級書寫用具
# 充滿魅力的當季商品

2015年春夏的高級書寫用具華麗登場。
限量筆款及新色接連發表，令人想立刻入手的筆款齊聚一堂。

文字／室井愛希（編輯部）　攝影／北鄉仁

限量

*MONTBLANC*

# Henry Spencer Moore Limited Edition 88

### 亨利・斯賓賽・摩爾 限量版88

宛如自筆身溶出香檳金的美麗設計，是向英國雕刻家亨利・斯賓賽・摩爾致敬之作。就像他所發表的各式青銅製雕塑一樣，這款筆完美融合了抽象的外形及耀眼的黃金光芒。筆身以146為原型，無論何時，都能從筆蓋的鏤空部分，以最棒的角度俯瞰筆尖。

鋼筆／750純金筆尖M・　4,529,520日圓（含稅）・全球限量88支

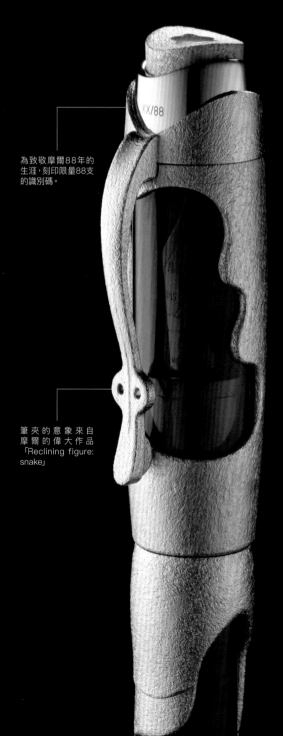

為致敬摩爾88年的生涯，刻印限量88支的識別碼。

筆夾的意象來自摩爾的偉大作品「Reclining figure: snake」

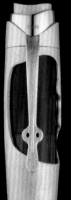

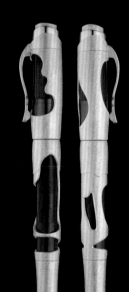

筆尖上刻有雙手的圖樣，靈感來自於摩爾的素描畫。

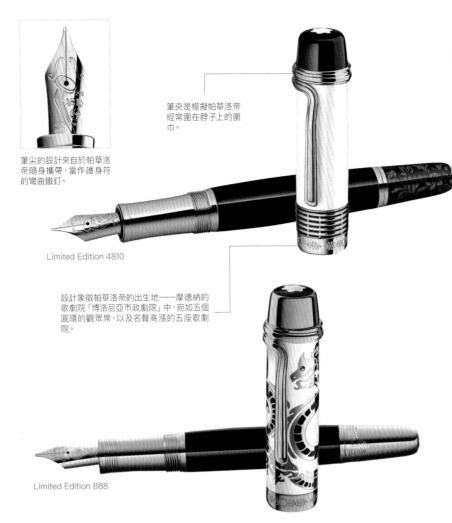

筆尖的設計來自於帕華洛帝隨身攜帶，當作護身符的彎曲鐵釘。

筆夾是模擬帕華洛帝經常圍在脖子上的圍巾。

Limited Edition 4810

設計象徵帕華洛帝的出生地——摩德納的歌劇院「博洛尼亞市政劇院」中，宛如五個圓環的觀眾席，以及名聲高漲的五座歌劇院。

Limited Edition 888

*MONTBLANC*

# Patron of Art Edition Luciano Pavarotti

## 藝術贊助系列
### 盧奇亞諾·帕華洛帝

2015年的藝術贊助系列，推出了讚頌2007年過世的義大利男高音歌手盧奇亞諾·帕華洛帝（Luciano Pavarotti）的鋼筆。他除了有傳說中的美妙歌聲，對於培育年輕世代更是盡心盡力、用心至深，在藝術贊助方面亦是偉大的人物。4810的筆尾設計，靈感來自於他最愛的夏威夷花襯衫，表現他私底下的形象；888的筆蓋則是以他的代表作「杜蘭朵」的龍等，演繹帕華洛帝的生涯。

Limited Edition 4810：18K金筆尖F、M·活塞上墨式·321,840日圓（含稅）·全球限量4810支
Limited Edition 888：18K金筆尖M·活塞上墨式·1,125,360日圓（含稅）·全球限量888支

*MONTBLANC*

# Meisterstück RedGold Resin

## 大師傑作系列
### 玫瑰金鍍層

「Meisterstück」可說是萬寶龍的代名詞，於90週年系列登場的玫瑰金鍍層筆款，在眾所期待之下固定商品化。90週年的刻印也改為固定商品的4810刻印，漆黑的高級樹脂增添奢華氛圍。

149

現行的鍍金加工

LeGrand

Classique

149鋼筆／加筆蓋約149mm·書寫時約166mm·筆身直徑約15mm·活塞上墨式·18K金筆尖·106,920日圓（含稅）
LeGrand鋼筆／加筆蓋約146mm·書寫時約156mm·筆身直徑約13mm·活塞上墨式·14K金筆尖·79,920日圓（含稅）。原子筆／書寫時約151mm·筆身直徑約13mm·旋轉式·52,920日圓（含稅）
Classique鋼筆／加筆蓋約140mm·書寫時約154mm·筆身直徑約11mm·活塞上墨式·14K金筆尖·66,960日圓（含稅）。原子筆／書寫時約140mm·旋轉式·48,600日圓（含稅）
※字幅種類有EF、F、M、B、BB、OM、OB、OBB尖8種。

# Meisterstück
# White Solitaire
# RedGold Classique

## 大師傑作系列
## 尊貴白
## 玫瑰金經典

天冠的萬寶龍白星商標，為固定的白色
樹脂製。

2011年甫一登場便博得廣大人氣的
「白朗峰禮讚系列」（Tribute to the
MONT BLANC），重新改版上市。握位
的白朗峰群山刻印消失，天冠的萬寶龍
白星商標由石英製改為樹脂製。氣質一
樣高雅，風格卻更接近經典商品。

Classique鋼筆／加筆蓋約140mm·書寫時約
154mm·筆身直徑約11mm·吸卡兩用式·18K金
筆尖F、M·129,600日圓（含稅）
原子筆／旋轉式·100,440日圓（含稅）

原子筆

鋼筆

---

限量

# Meisterstück
# Solitaire Blue Hour

## 大師傑作系列 暮藍

特別版Solitaire筆款登場。LeGrand及Classique兩版的深藍色筆身上，裝飾著
以散落的寶石為意象設計而成的六角形圖樣。隨著照射的光芒，筆身能變換各
種風貌，例如日落前的寬闊藍天，或都會夜晚交織的光線等。149版是藍色的
鏤空筆身加上金屬風格的裝飾，顯露奢華氣質。

149鋼筆／加筆蓋約149mm·本體約132mm·筆身
直徑約15mm·活塞上墨式·鍍銠Au750金筆尖F、
M·1,096,200日圓（含稅）·限定2年生產
LeGrand鋼筆／吸卡兩用式·鍍銠Au750金筆尖
F、M·190,080日圓（含稅）·中型原子筆／旋轉
式·127,440日圓（含稅）
Doué Classique鋼筆／活塞上墨式·鍍銠Au750
金筆尖F、M·136,080日圓（含稅）·鋼珠筆／
109,080日圓（含稅）

Solitaire LeGrand

Solitaire

Solitaire Doué Classique

鏤空149

## MONTBLANC
# Meisterstück selection

### 大師傑作系列 精選

3次元短吻鱷魚紋樣的皮革筆袋推出了新色,分別為男女都能使用的摩卡色、 灰褐色、藍紫色。搭配萬寶龍的筆來使用,更添一層華麗的形象。

單支裝筆袋附拉鍊 / 25,920日圓。二支裝筆袋附拉鍊 / 32,400日圓 (含稅)

灰褐色

摩卡色

藍紫色

## MONTBLANC
# StarWalker Urban Speed

### 星際旅者 都會極速系列

黑色筆身襯托出筆夾上的紅線,展現都會俐落的形象。可觸控液晶螢幕的觸控筆,還能更換筆芯,當作鋼珠筆使用,是相當高科技的筆款。

鋼筆 / 加筆蓋 約136mm·書寫時約150mm·筆身直徑約12mm·卡式墨水管·14K金筆尖F、M·82,080日圓 (含稅)
觸控筆 / 加筆蓋約136mm·書寫時約150mm·筆身直徑約12mm·73,440日圓 (含稅)

裝有透明矽膠墊的筆尖,可以滑順地觸控液晶螢幕。

---

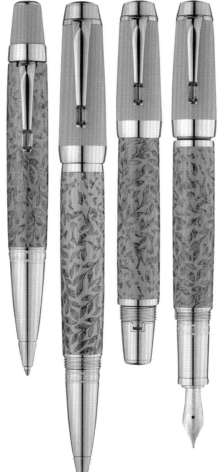

干邑白蘭地色、灰色、玫瑰金色相互對比映襯,十分美麗。

新色

## MONTBLANC
# Bohème Doué Moongarden

### 寶曦系列 天賦月苑

萬寶龍的寶曦系列,特色為筆夾上閃耀的彩色寶石,以及渾圓小巧的外形輪廓。2015年新作Doué Moongarden的筆身以金色的樹葉紋樣裝飾,色調與玫瑰金相當契合,令人聯想到夜晚時分,月光灑落的模樣。高雅的氣質想必激發了愛好者的佔有欲。

鋼筆 / 加筆蓋約110mm·書寫時約135mm·筆身直徑約13mm·重量約41g·活塞上墨式·18K金筆尖F、M·128,520日圓 (含稅)
鋼珠筆 / 加筆蓋約124mm·書寫時約116mm·筆身直徑約14mm·重量約49g·99,360日圓 (含稅)
原子筆 / 加筆蓋約110mm·筆身直徑約13mm·重量約37g·旋轉式·87,480日圓 (含稅)

# 高級書寫用具
# 充滿魅力的當季商品

於2015年夏秋之際登場，最受矚目的高級書寫用具筆款，一次公開。
多采多姿的美麗筆款齊聚一堂。

文字 / 室井愛希（編輯部）　攝影 / 北鄉仁

限量

*MONTBLANC*

# Henri de Toulouse=Lautrec Limited Edition 91

亨利・德・土魯斯＝羅特列克
限量版91

向活躍於19世紀後半葉的畫家羅特列克致敬的鋼筆。羅特列克雖然生命短暫，但仍留下許多描繪女性的畫作，以及運用石版畫技術的作品。以穿著束腹的美麗腰身為形象設計的鋼筆，靈感來自於他多次描繪的《紅磨坊》。帶紅色的黑色筆身上雕著波紋圖樣，筆一動便閃閃發光，是一支從360度方向凝視都相當美麗豪華的鋼筆。由於羅特列克的代表作《拉・古留》發表於1891年，因此限量91支。

鋼筆 / 加筆蓋約145mm・本體約131mm・筆身直徑約14mm・重量約54g・活塞上墨式・18K金筆尖M・4,675,320日圓（含稅）・限量91支

實物大

珍珠貝母製的白星標誌
華麗耀眼。

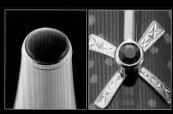
筆夾及尾栓鑲有紅石榴石。尾栓的紅石榴石為0.84克拉，相當奢華。

筆尖上雕刻著專為喜愛帽子的羅特列克設計的圖樣。

天冠以金色裝飾，代表托爾斯泰出身貴族。

飾環的設計，令人聯想起象徵當時俄國的法貝熱彩蛋。

筆尖刻有托爾斯泰的肖像。

筆尾的綠孔雀石及原木材質流露美麗而優雅的形象。

## MONTBLANC
# Montblanc Writers Edition
# Leo Tolstoy

### 文學家系列 列夫·托爾斯泰

萬寶龍的文學家系列，是向偉大作家表示敬意的系列筆款。2015年推出的是列夫·托爾斯泰（Leo Tolstoy），代表作品有《安娜·卡列尼娜》、《戰爭與和平》等，對文學及社會方面影響甚鉅，同時他也是眾所周知的和平主義者。這次除了推出特別版，另外還有更加奢華的限量版1868登場。

鋼筆的筆尖，刻有托爾斯泰家的家徽。

筆蓋刻有托爾斯泰的簽名。

### Leo Tolstoy Limited Edition 1868

宛如以鐵鎚敲擊而成的金色筆身，靈感來自於托爾斯泰樸實的生活哲學，以及象徵當時俄國的法貝熱彩蛋。木材製成的筆尾是以他沉睡的古木為意象。耀眼的藍色與金色，對比沉穩的深咖啡色，彷彿如實呈現托爾斯泰的人生故事。

Leo Tolstoy
Limited Edition 1868
鋼筆／加筆蓋約143mm·本體約122.5mm·筆身直徑約15mm·重量約70g·活塞上墨式·18K金筆尖M·525,960日圓（含稅）·全球限量1868支

### Leo Tolstoy Special Edition

主色調的藍色及深灰色，是《戰爭與和平》初版的封面用色，也是他書寫作品時所用的工作桌的顏色。表現樸質生活及手工作業的凹凸筆身，質感非常舒適。自動鉛筆只有購買三件套組才能購得。

Leo Tolstoy
Special Edition
鋼筆／加筆蓋約143.5mm·本體約122mm·筆身直徑約15mm·重量約57g·18K金筆尖F、M·129,600日圓（含稅）
鋼珠筆／加筆蓋約143.5mm·本體約119.5mm·筆身直徑約15mm·重量約66g·108,000日圓（含稅）
原子筆／加筆蓋約139.5mm·筆身直徑約15mm·重量約66g·100,440日圓（含稅）
三件套組（鋼筆、原子筆、自動鉛筆）：332,640日圓（含稅）

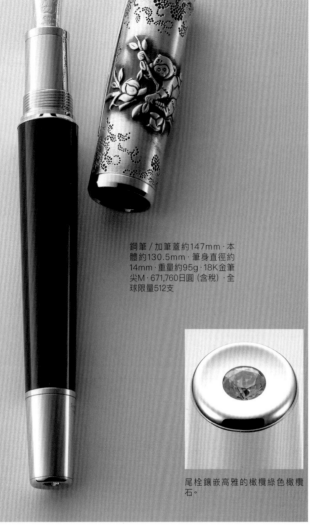

鋼筆／加筆蓋約147mm，本體約130.5mm，筆身直徑約14mm，重量約95g，18K金筆尖M，671,760日圓（含稅），全球限量512支

*MONTBLANC*

# Oriental Zodiac
# The Monkey

十二生肖系列
猴年

此為萬寶龍第一支以生肖為主題的鋼筆。以纖細的工法，將2016年的生肖——「猴」浮雕於筆蓋上，天冠飾環上還刻有猴年的年份。筆身為純銀製，極富厚重感。

尾栓鑲嵌高雅的橄欖綠色橄欖石。

筆尖和筆蓋一樣有猿猴母子的雕刻。

天冠飾環上刻有猴年的年份1944、1956、1968、1980、1992、2004、2016等數字。

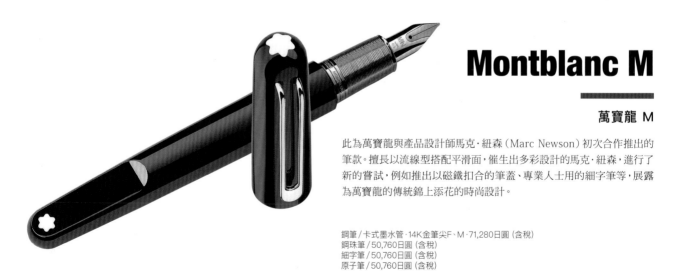

# Montblanc M

萬寶龍 M

此為萬寶龍與產品設計師馬克·紐森（Marc Newson）初次合作推出的筆款。擅長以流線型搭配平滑面，催生出多彩設計的馬克·紐森，進行了新的嘗試，例如推出以磁鐵扣合的筆蓋、專業人士用的細字筆等，展露為萬寶龍的傳統錦上添花的時尚設計。

鋼筆／卡式墨水管，14K金筆尖F、M，71,280日圓（含稅）
鋼珠筆／50,760日圓（含稅）
細字筆／50,760日圓（含稅）
原子筆／50,760日圓（含稅）
觸控筆／58,320日圓（含稅）

**觸控筆**
重量約37g · 58,320日圓 (含稅)

**細字筆**
重量約33g · 50,760日圓 (含稅)

**原子筆**
重量約35g · 50,760日圓 (含稅)

**鋼筆**
重量約29g · 14K金筆尖F、M · 卡式墨水管 · 71,280日圓 (含稅)

**可用於數位面板**

以半導體晶片製的筆尖，可對應各式各樣的數位觸控系統。即使在大畫面化的數位面板上，也可以實際體驗到高品質的書寫質感。

全筆款尺寸均相同
加筆蓋約140mm · 書寫時約125mm · 筆身直徑約11mm

**MONTBLANC第一支細字筆**

此系列加入了可寫出高精度細線的細字筆，書寫時的觸感滑順，不必使力便能輕鬆書寫，寫細字也十分容易。

書寫出的直線

**筆芯 · 各1,188日圓 (含稅)**

鋼珠筆
重量約35g · 50,760日圓 (含稅)

Capless System用
筆芯 · 各1,512日圓 (含稅)

**筆尖有MN字樣的刻印**

筆尖為鍍銠及鍍釕的雙色調，2015年中製造的筆款也有馬克·紐森的首字母刻印。

**專用8色卡式墨水管**

筆尾的設計極具特色，鋼筆本身為卡式墨水管換墨，可以藉此機會嘗試原廠的豐富色彩。

8支入，各648日圓 (含稅)

萬寶龍史上第一次與委外設計師攜手合作，便請來設計師馬克·紐森，他擅長流線造型，也曾經參與Apple Watch的設計，是站在潮流尖端的當代產品設計師。

雙方共同合作的萬寶龍M系列鋼筆，非常有萬寶龍的風格，馬克·紐森十分尊重萬寶龍的傳統，同時徹底追求書寫用具的機能性，致力打造出新一代的經典書寫用具。

當然筆身也充滿馬克·紐森的風格，此系列的筆，是萬寶龍史上第一次在筆蓋之外，又於書寫用具的側面配置第二顆白星標誌。書寫時，白星標誌恰好正對著使用者的視角，充分滿足使用者的佔有欲。設計師的堅持不只這些，他還在筆蓋及筆尖鑲入小型磁鐵，當蓋上筆蓋時，白星標誌必定會與筆夾呈一直線。這樣的設計令萬寶龍M不只書寫時，光是擺在桌上，也能保持靈敏俐落的形象。

# 高級書寫用具
# 充滿魅力的當季商品

從2015年跨2016年冬季的高級書寫用具，
到各種特惠資訊，給您滿滿享受愉快寒冬的情報資訊！

文字／室井愛希（編輯部）　攝影／北鄉仁

實物大

限量

**MONTBLANC**

# Montblanc Great Characters
# Andy warhol

## 萬寶龍 名人系列
## 安迪・沃荷

名人系列是萬寶龍為了讚頌20世紀留下偉大功績的人物所推出的系列。2015年版為在藝術方面對世界帶來巨大影響的安迪・沃荷（Andy warhol）。他自1960年代起便在許多藝文場合留下作品，想必有不少人聽到普普藝術便會聯想到安迪・沃荷。以安迪・沃荷的三件代表作為主題設計的筆款，外形筆直，天冠的造型來自於金寶湯的番茄罐頭。每一種設計，都令觀賞者一眼便能充分感受其中的樂趣。

**Andy Warhol**
**Limited Edition 100**

鋼筆的底色為鮮艷的英國藍亮面塗漆，約90mm長的筆蓋上，描繪著安迪・沃荷的代表作《美元》。筆身上則以鏤空方式雕琢出美元符號。筆蓋飾環上刻印著他的名言：「賺錢是藝術，工作也是藝術，而在商業上成功則是最棒的藝術。」

鋼筆／加筆蓋約142mm・本體約129mm・筆身直徑約14mm・重量約89g・活塞上墨式・750純金筆尖M・4,383,720日圓（含稅）

以罐頭頂端為意象設計的天冠，鑲有珍珠貝母製的萬寶龍白星標誌，璀璨耀眼。

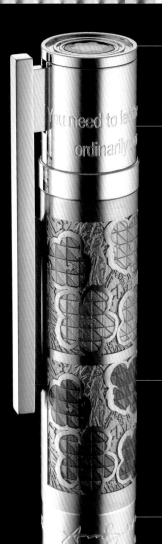

天冠的萬寶龍白星標誌為高級樹脂製。

筆蓋飾環上刻有安迪·沃荷的名言：「試著將索然無趣的小事轉變成突如其來的驚喜。」（You need to let the little things that would ordinarily bore you suddenly thrill you.）

花朵圖樣上有著三角形的刻紋，充分將萬寶龍的個性寄託於花朵之中。

安迪·沃荷的簽名自然地點綴在筆身上。

## Andy Warhol
## Limited Edition 1928

以安迪·沃荷運用絹印技法量產的作品之一《花1964》為題材的設計。不鏽鋼製的筆蓋，意象來自於他以銀披覆的工作室「銀工廠」；取下筆蓋後現出的花朵圖樣，搭配灰色的筆身，非常和諧美麗。

鋼筆／加筆蓋約145mm·本體約128mm·筆身直徑約14mm·重量約89g·活塞上墨式·750純金筆尖M·430,920日圓（含稅）
鋼珠筆／加筆蓋約144mm·本體約127mm·筆身直徑約14mm·重量約94g·387,720日圓（含稅）

## Andy Warhol
## Special Edition

加入安迪·沃荷代表性的絹印作品之一《金湯寶濃湯罐》元素的設計。將最有特色的紅白濃湯罐以黑白色調鏨刻於不鏽鋼上，與藍色高級樹脂製的筆桿相當契合。萬寶龍成功地將安迪·沃荷的普普藝術作品，時尚地融入筆身中。

鋼筆／加筆蓋約145mm·本體約128mm·筆身直徑約13mm·重量約74g·活塞上墨式·14K金筆尖F、M·118,800日圓（含稅）
鋼珠筆／加筆蓋約145mm·本體約128mm·筆身直徑約13mm·重量約89g·102,600日圓（含稅）
原子筆／加筆蓋約144mm·筆身直徑約13mm·重量約86g·旋轉式·95,040日圓（含稅）

尾栓也設計成罐頭的模樣，與天冠成對。

筆蓋飾環上刻有安迪·沃荷的名言：「藝術是你可以自由揮灑之處。」（Art is what you can get away with.）

*MONTBLANC*

# Desk Accessories

## 文書配件

萬寶龍新推出適合搭配書寫用具的各式文書配件。筆盒及壓墨器使用義大利產的全粒皮面小牛皮,木頭部分則以可看見木紋的透明塗層加工。全製品均統一為充滿高級感的黑色,並裝飾著萬寶龍的白星商標,為桌面演繹高雅時尚感。

可收納MONTBLANC 149的筆架。筆盒的內層可以取下來反放,也可以收納補充墨水。

① 信件匣 / 230×90×132mm·含稅75,600日圓

② 相框 / 220×170×21mm·含稅57,240日圓

③ 拆信刀 / 190×25×5mm·含稅29,160日圓

④ 筆盒 / 220×100×33mm·含稅75,600日圓

⑤ 筆架149 / 含稅65,880日圓·於2015年後半至2016年販售

⑥ 壓墨器 / 175×70×45mm·含稅65,880日圓

⑦ 文件匣 / 320×250 ×60mm·含稅75,600日圓

⑧ 桌墊 / 495×650mm·含稅115,560日圓

*MONTBLANC*

# StarWalker World Time

### 星際旅者 世界時光

萬寶龍筆款。筆身及筆蓋上刻有世界時區地圖及數字，旋轉筆尾還可以顯示23個都市的當地時間。鍍鈦及PVD的筆身，不但輕盈且耐用，攜帶也非常便利。筆尖為Au750白金鍍釕加工。世界地圖的刻印中，可顯見白金色的地面，使筆身看起來彷彿有二種顏色。此筆款是將星際旅者系列的未來感設計，融合時間顯示功能的逸品。

鋼筆／兩用式·Au750筆尖M·730,080日圓（含稅）
細字筆／700,920日圓（含稅）

---

*MONTBLANC*

# Donation Pen Johann Strauss II

### 音樂家贊助系列 約翰·史特勞斯二世

筆蓋飾環上刻印著約翰·史特勞斯二世的簽名。

以著名音樂家為主題的音樂家贊助系列，新作的形象人物為19世紀末以奧地利維也納為重心，名聲遠播的「華爾滋之王」約翰·史特勞斯二世（Johann Strauss II）。筆蓋上刻有他的簽名，仿小提琴弓的筆夾以及令人聯想到小提琴的琥珀色觀墨窗，點綴於簡約的筆身上。

筆尖上的刻印靈感來自於他的代表作之一——輕歌劇《蝙蝠》。

鋼筆／活塞上墨式·14K金筆尖F、M·100,440日圓（含稅）
鋼珠筆／84,240日圓（含稅）
原子筆／64,800日圓（含稅）

---

*MONTBLANC*

# Masters for Meisterstück Firenze

### 大師傑作巨匠系列 佛羅倫斯

此為萬寶龍讚頌各種工匠職人的系列最新筆款。義大利的佛羅倫斯自文藝復興時代起，便因優秀的專業手工藝，成為皮革製品的名產地。誕生於此的高級咖啡色皮革筆款，均為LeGrand規格，並裝飾著象徵職人技藝的手工刺繡。

鋼筆／加筆蓋約146mm·兩用式·18K金筆尖M·321,840日圓（含稅）
鋼珠筆／306,720日圓（含稅）

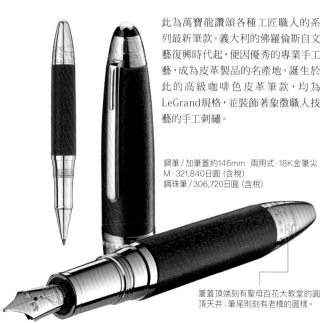

筆蓋頂端刻有聖母百花大教堂的圓頂天井；筆尾則刻有老橋的圖樣。

## 888

橘紅色亮面塗漆搭配純玫瑰金的優雅888筆款。筆蓋飾環上刻印著佩姬度過晚年的威尼斯象徵——聖馬爾谷的獅子圖樣，並鑲有10顆石榴石。天冠以白色大理石打造、筆尾鑲嵌著鑽石等，設計非常奢華。

### MONTBLANC

# Patron of Art Edition Peggy Guggenheim

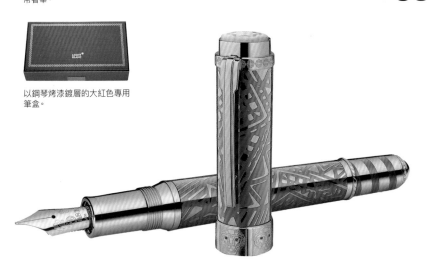

以鋼琴烤漆鍍層的大紅色專用筆盒。

### 藝術贊助系列
### 佩姬·古根漢

2016年的藝術贊助系列，主角選擇了為推進現代藝術傾心盡力的佩姬·古根漢（Peggy Guggenheim）。佩姬是20世紀藝術的收藏家，憑藉優異的眼光挖掘新興藝術家的作品，並給予支援。146規格的筆身以裝飾藝術風格作品的紋樣裝飾，筆尾描摹她度過晚年的威尼斯的繫纜柱，筆尖則設計為她一生最珍愛的愛犬腳印。

4810鋼筆／加筆蓋約143.5mm·本體約131mm·筆身直徑約13.8mm·重量約68g·兩用式·18K金筆尖F、M·329,400日圓（含稅）·限量4810支
888鋼筆／18K金筆尖M·1,107,000日圓（含稅）·限量888支

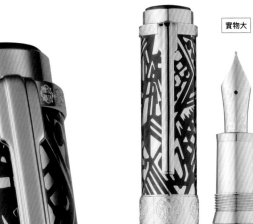

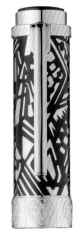

實物大

### 佩姬·古根漢

1898～1979年。出生於紐約市，大半生涯都在歐洲度過。以康丁斯基為首，引薦過許多年輕的藝術家，並大獲成功。度過晚年的宅邸在她過世後被改裝成美術館，並將她的所有收藏對外開放參觀。

## 4810

於鉑金鍍層的筆蓋及筆身上，以鑲嵌黑色亮面塗漆，來表現可令人聯想起結構主義作品的紋樣。線條筆直，似乎寓意著裝飾藝術風格的筆蓋天冠，鑲有白色高級樹脂製的萬寶龍白星標誌。

鑲嵌著萬寶龍的白星標誌，大而平滑的天冠。

佩姬與14隻心愛的拉薩犬共同生活，因此18K金筆尖便設計為拉薩犬的腳印圖樣。

天冠側面刻印著產品序號。

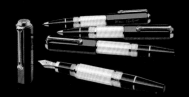

# Montblanc Writers Edition 2016 William Shakespeare

白色筆桿上裝飾著描摹羽毛筆的圖樣。白色是上演喜劇時劇場揚起的旗幟顏色，莎士比亞的作品中，較廣為人知的喜劇有《無事生非》、《皆大歡喜》等。

鋼筆／18K金筆尖F、M．124,200日圓（含稅）
鋼珠筆／102,600日圓（含稅）
原子筆／97,200日圓（含稅）
鋼筆、鋼珠筆、自動鉛筆三件組／329,400日圓（含稅）
鋼筆、原子筆、自動鉛筆三件組／318,600日圓（含稅）

## 文學家系列2016
## 威廉・莎士比亞

文學家系列是為了讚頌歷史上的偉大作家，於1992年起推出的系列筆款。推出第26號作品的2016年，主題選擇去世400年的英國文藝復興戲劇代表作家——威廉・莎士比亞（William Shakespeare）。共有二種融入莎士比亞作品概念的設計登場。

鋼筆／加筆蓋約142.2mm・本體約128.4mm・筆身直徑約13.7mm・重量約75g・活塞上墨式・18K金筆尖M・518,400日圓（含稅）

筆蓋飾環上裝飾的雕刻，分別以莎士比亞留下的作品為主題設計。

左：哈姆雷特
右：李爾王

左：亨利五世
右：奧賽羅

左：馬克白
右：暴風雨

左：凱撒大帝
右：羅密歐與茱麗葉

### William Shakespeare 1597

筆身的設計靈感來自於英國環球劇場所揚起的紅旗及黑旗；紅色代表正上演歷史劇，黑色則代表悲劇。以《羅密歐與茱麗葉》的出版年份為緣由，限量1597支。

尾栓底部雕刻著王室的都鐸玫瑰紋章。

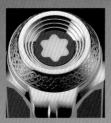

筆蓋的設計意象為環繞著環球劇場的包廂座位（balcony）。

描繪著放射狀線條的藍色塗層，重現象徵當時神聖、權力、財富之意的寶藍色。

握位雕刻著莎士比亞的簽名。

18K金筆尖上刻印著經典名劇《羅密歐與茱麗葉》陽台一幕的場景。

# Meisterstück Ultra Black

## 大師傑作系列 極黑

1924年起持續推出的大師傑作系列，推出霧面黑筆款。由霧面質感的高級樹脂筆身，加上鍍釘的金屬零件結合而成的極黑鋼筆，頭尾兩端均以金屬零件裝飾，表現沉著冷靜的都會風格。

**比較Meisterstück 鍍金LeGrand與 極黑LeGrand**

將每個部分逐一比對，再次探詢這兩支鋼筆的魅力吧。比較的照片中，鍍金款以「基本」表示、極黑款以「UB」表示。

UB的筆尖為14K金鍍釘的單色筆尖。

三連環的設計也與基本不同。

筆夾造型相同，分別以不同材質鍍層。

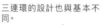

UB的觀墨窗呈現霧面玻璃的氛圍。

UB的筆桿材質為霧面質感的高級樹脂。

UB的天冠有鍍層加工。

鋼筆／加筆蓋約146.2mm・書寫時約160mm・筆身直徑約13mm・重量約30g・活塞上墨式・14K金筆尖・97,200日圓（含稅）
原子筆／加筆蓋約137.8mm・筆身直徑約10.5mm・重量約23g・旋轉式・60,480日圓（含稅）
鋼珠筆／70,200日圓（含稅）

---

筆夾上氣質穩重的藍色寶石熠熠生輝。

# MONTBLANC Muses Poudré

## 萬寶龍繆思系列

Muses Poudré系列的設計靈感，來自於1950年女性華麗的服裝時尚。此筆款於2011年推出，延續摩納哥葛麗絲王妃系列筆款的設計，並增添女性風韻。

鋼筆／加筆蓋約137mm・本體約124mm・筆身直徑約12.5mm・重量約37g・吸卡兩用式・14K金筆尖F、M・118,800日圓（含稅）
鋼珠筆／102,600日圓（含稅）
原子筆／86,400日圓

尾栓以珍珠貝母裝飾。

纖細的14K金筆尖，通氣孔也打造成愛心形。

# StarWalker Platinum-Coated Doué

## 星際旅者系列 鍍鉑金Doué

自2003年登場以來，星際旅者系列近未來感的設計及漂浮於天冠的萬寶龍白星標誌相當受歡迎。筆蓋、筆夾、筆尖的鉑金色及黑色樹脂形成絕妙平衡。此一筆款有細字筆及原子筆二種。

細字筆／加筆蓋約140mm・書寫時約150mm・筆身直徑約12mm・重量約39g・59,400日圓（含稅）
原子筆／51,300日圓（含稅）

天冠漂浮著萬寶龍的白星標誌。

# Augmented Paper

## 數位擴增筆記本

萬寶龍融合數位與類比的精心之作。搭配專用的星際旅者原子筆，可將寫在紙上的內容傳送到數位設備。全套產品呈現出高級感。

APP的圖示也很有魅力。

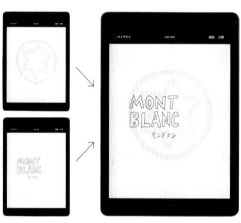

皮革檔案夾 / 闔起時約200W×250H×20Dmm、開啟時約535W×250Hmm、安裝筆記本時重量約676g
附屬品 / 皮革檔案夾1個、星際旅者原子筆一支、橫線筆記本1冊、充電用USB纜線、原子筆替換筆芯三支、替換筆芯更換用鉗子1把
含稅83,160日圓

在筆記本上寫字後，按下按鈕，就可以將筆跡完全數位化，轉送到數位設備中。

特製禮盒的設計，刺激人的購買欲。

在繪圖模式下，可以選擇三種筆尖和九種萬寶龍墨水顏色。不同筆尖的筆觸和色調變化也各有不同。

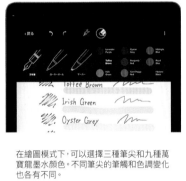

可以將兩個檔案合成一個。在分解模式下，可將檔案復原，甚至切割成更多檔案。

右：闔起時的外觀彷彿系統手帳。
左：附有專用的星際旅者原子筆。採用小號替換筆芯，購買時會附贈三支。

萬寶龍工匠系列作

# MONTBLANC Homage to Kyoto Artistry

## 向京都藝術致敬

## Limited Edition 55

2017年5月，為了讚揚日本文化、京都藝術，萬寶龍推出了豪華絢爛的鋼筆最新作品。創作主題是以著名的京友禪和服企業「千總公司」傳承的《源氏物語》圖樣。融合了千總的設計師與萬寶龍的工匠技術，把京友禪的世界輕妙地顯現在鋼筆上。

### 以浮雕塑造立體表現

筆蓋與筆桿使用霧面加工過的925純銀鑄造而成。並以手工方式雕刻紋樣，最後鑲嵌上18K金純金製的飾品，塑造出豐沛的立體感。

### 筆尖雕刻
### 有千總和服

千總公司在西元1555年於京都創業，是有著462年歷史的一流和服老店。同時有著染織絹產品、與皇親國戚打交道的歷史。他們專精在江戶時代中期發展的染色技術，也就是所謂的手繪友禪，到今天仍然是京友禪技術的象徵。為了向他們的傳統表達敬意，本作的筆尖細緻地雕刻著千總公司的和服。

### 筆蓋環與握位下方的「源氏香」圖案

筆桿與筆蓋之間的裝飾環上，雕刻著源氏香的圖案。源氏香是在《源氏物語》中介紹的一種香道作法。燃燒香料或香木，辨別香氣種類，以直線和橫線的52種組合，為香氣分類。每一種圖案都以源氏物語的卷名命名。

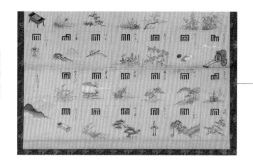

### 珍珠貝母商標

筆蓋頂端的萬寶龍白星商標，使用珍珠貝母 (mother of pearl) 打造。這是一種具有透明感，會隨光線條件顯露不同色調的神秘材料。

### 以源氏物語的兩個場景為題材的裝飾

筆桿的圖案中，以伴隨著光源氏走完人生的御所車為畫面上的主題。筆蓋上則是描繪《源氏物語》第5帖〈若紫〉中的著名場景，刻畫著飛鳥和宮廷的景象。

尾栓上刻著傳統的吉祥圖案花菱紋樣。花菱是以菱形輪廓描繪花瓣，也是有格調的傳統圖案。

鋼筆的禮盒中鋪設著緩衝墊子，墊子使用千總公司的友禪布料，上面描繪著用來設計筆桿的草圖。

### 由下往上強調遠近感的版面

在和服中，有一種在下方安排近景或較大的圖案，在衣襟附近繪製較小的圖案或遠景，使平面圖案產生遠近感的技巧。本次作品中也採用這種技術，在鋼筆筆桿描繪近景，筆蓋上描繪遠景。

鋼筆 / 本體約120mm・筆蓋約57mm
含稅3,456,000日圓・全球限量55支

# 日本與歐洲傳統、工匠精神的角力

萬寶龍日本CEO總裁
**Maxime Harra**
曾任UAE零售經理，2014年起擔任現職。生於法國。

×

千總 常務董事
**礒本 延**
本作品的千總方面代表人，以製作人身分率領設計團隊。

訪談地點在京都‧清水寺的成就院。成就院的庭園被稱做「月庭」，榮獲國家指定為名勝。

——這次的主題會挑選「日本的美」、「京都藝術」，決心與千總公司合作的理由是什麼？

**總裁：**「工匠系列」鋼筆以往是以個別的藝術家為主題。而本作品是從兩年前開始在日本企劃，構思不針對個人，純粹讚揚日本文化、藝術的主題。我們認為和服是在日本文化中，特別具有歷史的獨特傳統。而當我們遇上了繼承高度傳統技術的千總公司，總算能夠實現這次的作品。

**礒本：**千總是創業462年的京友禪和服企業。我們的手繪友禪、金箔、刺繡，都是由工匠親手製作的。我們對萬寶龍注重工匠精神的態度產生共鳴，所以決心一起合作。另外，千總以往也曾和全球各大品牌合作，挑戰新的表現形式。

——會選擇《源氏物語》作為主題的理由是？

**礒本：**千總生產女性和服，而萬寶龍則是生產許多男性喜好的鋼筆，所以我們想挑選男女相識的故事作主題。在江戶時代的「小袖」中，常常使用所謂「御所解文樣」，也就是以古典故事為主軸的紋樣設計。我們從千總收藏的幾百件江戶時代小袖之中，挑選以《源氏物語》為題材的圖樣，

充滿京友禪風格的豪華金彩與刺繡（上圖）。以鑲嵌18K純金的方法，在鋼筆上重現這種增添光輝的藝術手法（右圖）。

由萬寶龍日本行銷總監中晴世小姐擔任訪談口譯。

文字／井浦綾子（編輯部）　攝影／幸田太郎（STUDIO ROOTS）　報導年份：2017年6月

## 清水寺奧之院特別演出
## 能歌劇「Nopera AOI 葵」

活動當天在清水寺本殿舉辦奉納式（祈禱），之後在清水寺奧之院特別演出以《源氏物語》為主題的能歌劇「Nopera AOI 葵」。所謂能歌劇，是結合了能樂、現代音樂、服飾的一種演出方式，核心概念是「結合日本團統與最尖端的創作方式」。下圖是《源氏物語》第9帖〈葵〉的一個場面，正試圖以祈禱的方式，排除附身在葵夫人身上的六條夫人怨靈。以融合視覺與聽覺的現代方式，重新詮釋古典作品的劇情。

主演的能×現代音樂藝術家青木涼子，曾受邀參加全球各大音樂節發表演出。

## MONTBLANC
## Homage to
## Kyoto Artistry
### 向京都藝術致敬

Limited Edition 55

在京都‧清水寺舉辦本作發表會時，邀請了主播堤信子等名人，為活動錦上添花。

改寫成現代風格之後作為提案。

**總裁：**我們拿到好此描繪《源氏物語》的和服圖案後，與德國總公司商談挑選、推動企畫。這還是第一次要在小小的鋼筆上起草和服圖案，相信給千總公司的人添了不少麻煩。

**礦本：**從根本上來說，萬寶龍和千總雙方都注重描繪作品核心後，雕琢作品成形的作風。我們平時畫圖時使用的是鉛筆，不過這次則特別改用 Meisterstück 的 LeGrand 等萬寶龍鋼筆和墨水。線條強弱和墨水的濃淡，能表達的細節豐富得讓我們感到驚訝。

——對於完成的作品有什麼感想？

**總裁：**我們決心只使用雕刻方式表達色彩繽紛的京友禪圖樣，完成了尊重雙方工匠精神的新穎作品。

**礦本：**平面圖案在金屬的厚度和質感之下，產生了立體感，昇華的成果超出想像，讓我又驚訝又佩服。

**總裁：**萬寶龍真的非常重視日本的藝術與文化。以後我們還會企劃各種作品，請大家拭目以待！

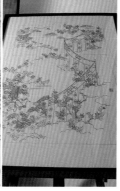

本作的圖案使用萬寶龍鋼筆與墨水描繪。上圖是為了紀念本作完成而製作的特選和服，以及鋼筆繪製的圖案。由此可以得知設計圖如何轉化成色彩鮮豔的友禪染布料。

右圖是在千總公司裡負責手繪友禪圖案的設計師繪製的鋼筆設計圖。大量描繪這種設計圖之後，交給德國的萬寶龍設計師挑選，修改成適合製作筆桿的圖樣。

# 高級筆記具領域之中 充滿魅力的當季商品

2017年春夏季高級筆記用具介紹。
今年夏天，讓人期待與暢銷限量系列作品與當季新作的相遇！

文字／小池昌弘（編輯部） 攝影／北郷仁

限量

*MONTBLANC*

# Writers Edition 2017 Antoine dé Saint-Exupéry Limited Edition 1931

### 文學家系列 2017
### 安東尼‧聖艾修伯里限量版1931

2017年萬寶龍的文學家系列，主題是以《小王子》（Le Petit Prince）著名的安東尼‧聖艾修伯里（Antoine dé Saint-Exupéry）。筆蓋上設計開有小窗口，可以窺見筆尖，有如飛機的駕駛艙。這正符合聖艾修伯里的飛行員身分。從這支講究每一個細節設計的鋼筆，能感受到精妙的世界觀。

鋼筆／加筆蓋約146mm‧本體約123mm‧筆桿直徑約14mm‧重量約75g‧18K金筆尖M‧含稅460,080日圓‧2017年7月發售

白星商標以黑暗中會發光的SuperLuminova超螢光塗層上色。設計靈感來自於聖艾修伯里的《夜間飛行》（Vol de Nuit）。

筆桿上的「小王子」圖樣，和舊化處理的筆桿十分相稱。

文學家系列第一次採用鏤空筆蓋。從小窗口可以窺見到筆尖。

安東尼‧聖艾修伯里的整體外觀

MONTBLANC

# Patron of Art Edition 2017
# Scipione Borghese

### 藝術贊助系列2017
### 紅衣主教 西比奧內·貝佳斯

生於西元17世紀的樞機主教西比奧內·貝佳斯（Scipione Borghese），是畫家卡拉瓦喬和雕塑家貝里尼的贊助人。2017年的藝術贊助系列，以他建立的貝佳斯美術館的大理石紋地板、教堂的薔薇窗，以及古希臘的色薩利圓柱作為表徵。

刻有西比奧內·貝佳斯紋章的筆尖。

尾栓末端鑲有紅玉髓，刻有肖像畫。

天冠造型模仿象徵神職人員的樞機主教帽。

### 西比奧內·貝佳斯 4810

為象徵貝佳斯美術館的地板，筆桿採用granite（花崗岩）材質的款式。特徵是具有美麗的大理石紋。

鋼筆 / 加筆蓋約147mm·筆桿直徑約14mm·重量約80g·18K金筆尖F、M·含稅298,080日圓·限量4810支

### Scipione Borghese888

外型設計仿造教堂的薔薇窗、古希臘的色薩利圓柱。筆桿和筆蓋使用綠色的大理石材質。

鋼筆 / 18K金筆尖M·含稅987,120日圓·限量888支

MONTBLANC

# Heritage Collection
# ROUGE&NOIR

### 傳承系列 紅與黑

「傳承系列 紅與黑」推出了兩款新的顏色。深邃的棕色色調，以及纏繞著金屬筆桿的蛇紋雕刻，帶來一種豔麗的形象。

蛇眼鑲有干邑色的石榴石。

### 特別版
### 熱帶棕色

熱帶棕色版本，給人一種宛如萬寶龍初期產品的古典巧克力色的形象。

鋼筆 / 加筆蓋約136.5mm·本體約126mm·筆桿直徑約10mm·重量約35g·活塞上墨式·14K金筆尖F、M·含稅97,200圓
鋼珠筆 / 含稅73,440日圓
原子筆 / 加筆蓋約126mm·筆桿直徑約10mm·重量約35g·旋轉式·含稅60,480日圓

### SolitaireSerpent
### 限量版 1906

黃銅材臂，霧面鍍鉑金的筆桿。外型設計仿造1922～1932年生產的鋼筆造型。

加筆蓋約136.5mm·筆記時約126mm·筆桿直徑約10mm·重量約46g·活塞上墨式·18K金筆尖M·含稅248,400日圓
鋼珠筆 / 含稅221,400日圓

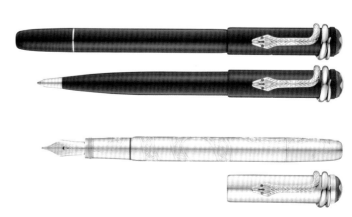

### Meisterstück
### The Gift of Writing skeleton 149

The Gift of Writing skeleton 149是本次作品中的
矚目焦點款式。遍布產品各處的各國文字設計,代
表著萬寶龍長期講究書寫教育的深厚思念。

加筆蓋約150mm·本體約132mm·筆桿直徑約
15mm·重量約65g·活塞上墨式·18K金筆尖M·含
稅1,126,440日圓

鑲嵌著高級藍寶石的
天冠。這也是兒童基
金會系列的象徵。

與筆桿一樣,
筆尖也刻有各
國文字。

筆桿上刻有拉
丁文、阿拉伯
文、中文、日
文、韓文、印
度文等六種文
字。

在2004年,萬寶龍與聯合國兒童基金會締結了合作關係。而2017
年,萬寶龍更擴大推展了兒童基金會系列「The Gift of Writing」
(書寫之禮)產品。筆桿上以六國文字,仿照羅塞塔石碑風格設
計,各款產品的筆蓋頂端鑲嵌著藍寶石。

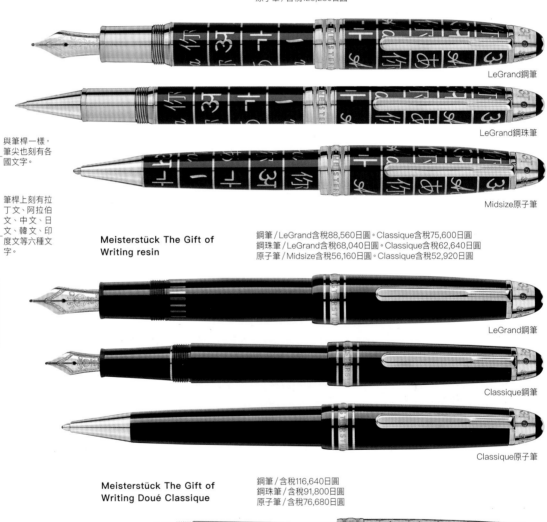

### Meisterstück The Gift of
### Writing Solitaire Lacquer

鋼筆/加筆蓋約146.5mm·本體約125mm·筆桿直徑約13mm·重量約62g·活塞
上墨式·18K金筆尖F、M·含稅186,840日圓
鋼珠筆/含稅151,200日圓
原子筆/含稅125,280日圓

LeGrand鋼筆

LeGrand鋼珠筆

Midsize原子筆

### Meisterstück The Gift of
### Writing resin

鋼筆/LeGrand含稅88,560日圓。Classique含稅75,600日圓
鋼珠筆/LeGrand含稅68,040日圓。Classique含稅62,640日圓
原子筆/Midsize含稅56,160日圓。Classique含稅52,920日圓

LeGrand鋼筆

Classique鋼筆

Classique原子筆

### Meisterstück The Gift of
### Writing Doué Classique

鋼筆/含稅116,640日圓
鋼珠筆/含稅91,800日圓
原子筆/含稅76,680日圓

Classique鋼筆

Classique原子筆

## MONTBLANC
# StarWalker Spirit of Racing

星際旅者
賽車精神

充滿動感形象的賽車精神產品，又分成雙色調的Doué，以及發出酷炫光輝的Metal兩種款式。Doué的筆桿仿造賽車輪胎的防滑溝紋。Metal則是採用賽車排檔及輪圈使用的防滑滾花加工紋樣。

鋼筆 / Doué含稅68,040日圓 / metal含稅126,360日圓
簽字筆 / Doué加筆蓋約140mm·筆記時約152mm·筆桿直徑約12mm·重量約43g·含稅55,080日圓。Metal加筆蓋約135mm·筆記時約149mm·筆桿直徑約12mm·重量約57g·含稅103,680日圓
原子筆 / Doué加筆蓋約137mm·筆桿直徑約11.5mm·重量約35g·旋轉式·含稅47,520日圓

Doué Fineliner

Doué 原子筆

Metal Fineliner

## MONTBLANC
# StarWalker Ceramics White

星際旅者
陶瓷白

2002年開始銷售的星際旅者系列作品，推出了新款式「陶瓷白」。基於人體工學的流線型設計，以及透明天冠中漂浮在半空的白星商標一如以往，另改用賽車業界常用的耐熱陶瓷做為筆桿材料。

簽字筆 / 加筆蓋約135.5mm·筆記時約149mm·筆桿直徑約12mm·重量約62g·含稅130,680日圓
原子筆 / 含稅110,160日圓

漂浮在半空中的萬寶龍白星商標。

限量

## MONTBLANC
# Homage to Marco Polo "Il Milione" Limited Edition1

萬寶龍向馬可波羅致敬
「Il Milione」限量版

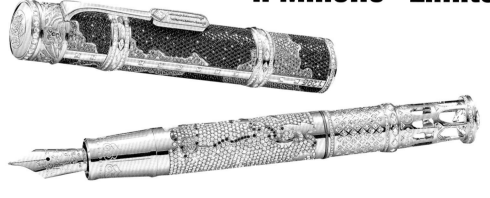

為了向偉大的冒險家馬可波羅表達敬意，萬寶龍製作了一支全球絕無僅有的豪奢鋼筆。全筆鑲滿了暗紅色紅寶石與千邑色調的金剛鑽，用來重現讓馬可波羅心醉的東方世界。

鋼筆 / 18K金筆尖·1,300,000歐元
全球限量一支

# 高級筆記具領域之中
# 充滿魅力的當季商品

2017年春夏季高級筆記用具介紹。
讓人期待與暢銷限量系列作品與當季新作的相遇

一舉公開2017年夏秋季陸續上市的高級筆記用具資訊。
限量款式與新色彩等接連上市。讓我們找到讓自己滿意的一支佳作吧！

文字/小池昌弘（編輯部）　攝影/北鄉 仁

**限量**

*MONTBLANC*

# MONTBLANC Muses
# Marilyn Monroe

## 萬寶龍繆斯系列 瑪麗蓮夢露

繆斯系列，是以讓同年代的人產生靈感，風姿獨特又充滿魅力的女性為主題。今年的最新作品，要向代表著1950年代的美國名星瑪麗蓮夢露（Marilyn Monroe）致敬。因此，萬寶龍以鋼筆的輪廓象徵著她生前愛用的高跟鞋，用色則模仿象徵著夢露的口紅顏色。另外，筆尖、尾栓、天冠等細節也值得矚目。

鋼筆/加筆蓋約145mm・本體約125.5mm・筆桿直徑約12.5mm・重量約37g・吸卡兩用式・14K金筆尖F・含稅109,080日圓
鋼珠筆・含稅92,800日圓
原子筆/加筆蓋約137mm・筆桿直徑約11.5mm・重量約38g・旋轉式・含稅81,000日圓　預定2017年10月發售

[實物大]

鍍上一層香檳金的萬寶龍白星商標。筆夾前端鑲有珍珠。

筆尖雕刻著瑪麗蓮夢露肖像。和心型的氣孔搭配得恰到好處。

原子筆

鋼筆

同時推出特別限量筆記本。
口紅吻痕和美人痣的設計，讓人聯想到夢露的長相。
含稅8,964日圓

尾栓的圖樣靈感來自夢露的歌曲《Diamonds are a Girl's Best Friend》，浮雕著鑽石圖案，並且刻有夢露的簽名。

*MONTBLANC*

# MONTBLANC M
# Ultra Black

### 萬寶龍 M 極黑

由世界級的工業設計師馬克‧紐森經手設計的萬寶龍 M推出新色彩了。以噴沙加工塑造新的質感，並且在握位點綴著橙色，又追加能以磁石開關筆蓋的平面。而且筆蓋也可以套在筆桿尾端了。

鋼筆／14K金筆尖F、M‧含稅65,880日圓
鋼珠筆／加筆蓋約140mm‧筆記時約154mm‧筆桿直徑約14mm‧重量約28g‧含稅48,600日圓
原子筆／加筆蓋約140mm‧筆記時約153mm‧筆桿直徑約14mm‧重量約27g‧套蓋式‧含稅48,600日圓

噴沙加工，是以砂粒等研磨材料噴在物體表面的加工方式。特色是可以塑造不反光的質感。握位部分點綴的橙色，靈感來自於馬克‧紐森常用的簽名。

平面部分追加磁石功能。筆蓋套上尾栓時會顯得更穩定。

鋼珠筆

配合橙色點綴部分發行的新墨水「幸運橙色」。這是非常適合與新款搭配使用的色彩。罐裝墨水／30ml‧含稅1,944日圓。卡式墨水／8支裝‧含稅756日圓。鋼珠筆替換筆芯（M）／2支裝‧含稅2,160 日圓
原子筆替換筆芯（M）／2支裝‧含稅2,160日圓

# Montblanc Great Characters 2017 THE BEATLES Special Edition

## 萬寶龍名人系列 2017 披頭四特別款

名人系列作品2017年的主題是披頭四。筆桿的獨特條紋設計，靈感來自於唱片《比伯軍曹寂寞芳心俱樂部》（Sgt. Pepper's Lonely Hearts Club Band）封面照中，團員們身上穿的衣領顏色。筆夾尾端特別照當時團員的鬍鬚形狀追加雕塑。兩款特別限量款式也值得矚目。

鋼筆／加筆蓋約143mm・本體約126mm・筆桿直徑約14mm・重量約72g・活塞上墨式・14K金筆尖F、M・含稅108,000日圓
鋼珠筆／含稅97,200日圓
原子筆／加筆蓋約142.8mm・筆桿直徑約14mm・重量約73g・旋轉式・含稅86,400日圓

限量版1969鋼筆／18K金筆尖M・含稅366,120日圓
鋼珠筆／含稅329,400日圓
各全球限量1969支

限量版88鋼筆／30,500 歐元（時價）・全球限量88支

同時發售「迷幻紫色」特別限量彩色墨水。
50ml・含稅4,320日圓

以精緻織布製作封套的筆記本，使用同樣的條紋設計，顯得小巧可愛。外型約150W×210Hmm・含稅8,964日圓

鋼筆

原子筆

筆尖刻有模仿披頭四的商標「蘋果唱片」的雕刻圖案。

尾栓造型模仿混音器的旋鈕。

---

# Montblanc Bonheur Nuit

## 萬寶龍幸運星系列

鋼珠筆

原子筆

本系列作品的概念，是以摩登時代的外型設計，重現二十世紀初期活躍的女性那種活力充沛的生活。筆桿外觀帶有少許弧線，彷彿晚禮服一般地優美。霧黑色的質感醞釀出一種嬌豔的氣質。

筆夾仿造1920～30年代的「淚滴」造型。

鋼筆／含稅86,400日圓
鋼珠筆／加筆蓋約127mm・筆桿直徑約12.5mm・重量約32g・含稅69,120日圓
原子筆／加筆蓋約127.5mm・筆桿直徑約12.5mm・重量約31g・旋轉式・含稅57,240日圓
2018年1月發售

# 能委託修理 萬寶龍的技師現身了

### 萬寶龍修復診所「MEET THE MEISTER」

日本的鋼筆廠商提供的鋼筆診所服務，向來獲得消費者好評。萬寶龍長期以來也有提供面對面的修復服務，但是並未公開宣傳。不過在2009年，修復服務改名叫做「MEET THE MEISTER」，一直持續到2010年，在日本各地幾乎每週舉辦活動，並且巡迴在全日本各地提供服務。

萬寶龍的修復服務「MEET THE MEISTER」，可以說是萬寶龍愛好者的急診室。這一回我們訪問了負責修理工作三十多年的老手小野妙信先生。

小野先生在1977年進入當時的萬寶龍進口商「鑽石產業」，被分發到修理部門。在技術精湛的前輩老手調教之下，不斷進行工作累積維修經驗。他在2010年屆齡退休，但依舊擔任MEET THE MEISTER的修理技師。

萬寶龍的工匠謙虛的對我們說：「我們的工作必須以顧客的評價為準。能讓顧客滿意現在的調整結果，才是最棒的。」

使用者的修理需求，多半是調整墨水流量以及落筆時飛白等，與筆觸有關的問題。通常只要讓筆尖對稱就可以解決問題，但有些狀況下需要研磨。

不過只有心齋橋店備有研磨用的馬達，其他市只能代理收件。陳年老筆有許多本身已經磨耗，在修理過程中有可能破損的產品會拒絕收件。

筆尖調整講究的是速度以及準確符合客戶需求。小野先生表示「一直到最近這幾年，才敢說有把握應付任何客人的要求」。因為他已經掌握到調整筆尖時，到什麼程度該適可而止。

## 萬寶龍筆記用具的修理費用

如果攜帶著保證書，在保證期間內的產品原則上免費修理，只有交換零件時會收費。MEET THE MEISTER現場執行的是分類I的修理作業，另外還承辦筆尖彎曲校正以及墨流調整。修理僅限於萬寶龍產品。

Fountain Pen

| | Resin | Resin/Metal | Resin/Metal+Metal+Lacquer | | Oblige Generation Scenium (限分類II) | 限量款 Platinum Gold 舊產品 |
|---|---|---|---|---|---|---|
| | Meisterstück / Bohème / StarWalker Donation pen / Oblige (限鋼筆) / Generation (限鋼筆) / 舊產品(如果可在日本修理時) | Noblesse / Noblesse Doué | Meisterstück Solitaire / StarWalker Metal Rubber / StarWalker Doué / StarWalker CoolBlue / StarWalker Black Mystery / Bohème | | Oblige Generation Scenium (限分類II) | Platinum Gold 舊產品 |
| | 鋼筆·原子筆·鋼珠筆·自動鉛筆 | | | | 原子筆 鋼珠筆 自動鉛筆 | |
| 分類 I | 5,250日圓 | | | | | 德國估價修理 |
| 分類 II | 10,500日圓 | | 13,650日圓 | | 6,300日圓 | |
| 分類 III | 15,750日圓 | | 估價 | | 10,500日圓 | |
| 筆尖更換 | Meisterstück (149型) | 33,600日圓 | Meisterstück (146型) | 25,200日圓 | | |
| | Meisterstück (146/147型) | 19,950日圓 | Meisterstück (144型) | 22,050日圓 | | |
| | Meisterstück (144/145型) | 15,750日圓 | | | | |
| | Meisterstück (114型) | 15,750日圓 | Meisterstück (114型) | 22,050日圓 | | |
| | StarWalker | 14,700日圓 | | | | |
| | ※其他款式請諮詢代理商 | | ※其他款式請諮詢代理商 | | | |

分類 I  翻修及更換內部零件（※1）2個以內
分類 II  翻修及更換內部零件（※1）3個以內
　　　　握位·大冠（不包含Solitaire）·尾栓·旋轉機件·一般機件
分類 III  筆尖修理·筆蓋更換·筆桿更換·筆夾更換
　　　　天冠(Solitaire)·尾栓(Solitaire)
筆尖更換  筆尖零件費＋分類I～III其中一種之費用
　　　　購入六週以內外觀完好者免費（必須出示保證書）
　　　　超過六週但外觀完好者依照分類II更換零件
估價費  1,050日圓

下列狀況將先估價提示收費金額（不收估價費）
·Solitaire 的分類III服務
·希望更換不影響使用的外觀零件時
（※1）內部零件的定義
鋼筆：筆舌／護套／透明筆桿／握位環
氣密套／活塞／活塞桿／套環
尾栓導塊／螺帽／其他環類
原子筆：彈簧／導引套／螺帽／其他環類
自動鉛筆：夾頭／導引套／螺帽／其他環類

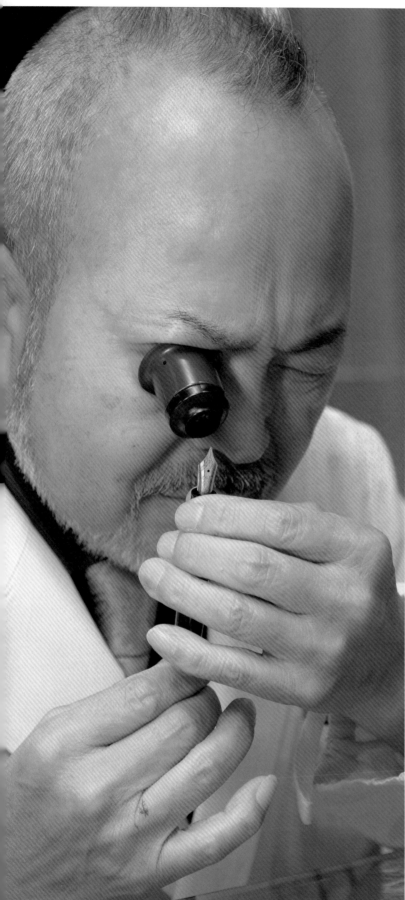

**Profile**

小野妙信
**Ono Taenobu**

1950 年出生在大阪。1977 年起
擔任萬寶龍筆記用具的維修服務。
長年下來經手修理的筆高達數十
萬支。2009 年起加入萬寶龍修理
診　所「MEET THE MEISTER」，
在全日本巡迴服務。

小野先生拿著修理筆尖專用筆尖的鉗子。修理的鋼筆種類不同，使用的
工具也必須配合更換。有些為了方便使用，甚至於自己加工打磨過。

長期使用的工具。標示著使用的對象，例如「Bohème FP 用」。

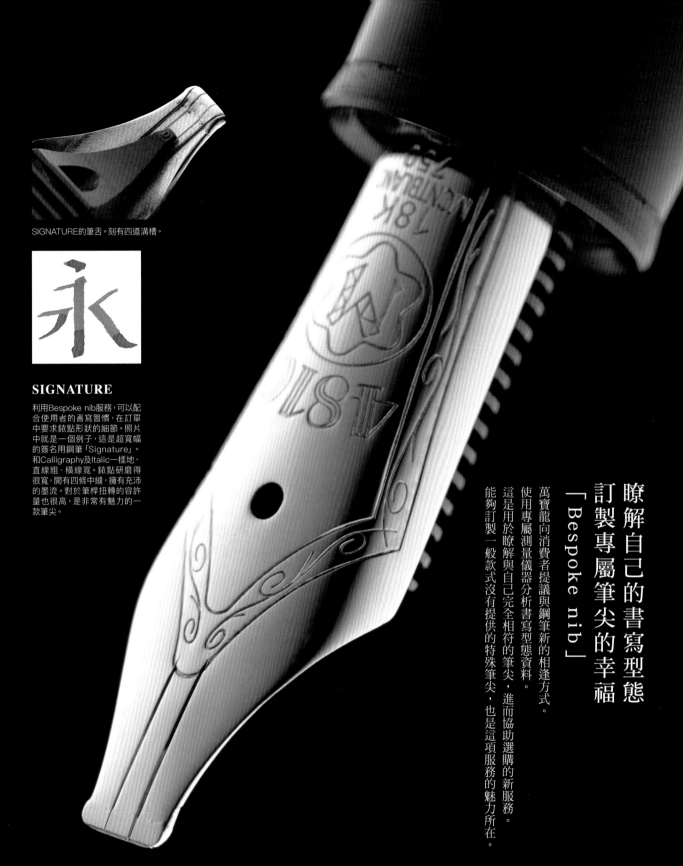

SIGNATURE的筆舌。刻有四道溝槽。

## SIGNATURE

利用Bespoke nib服務，可以配合使用者的書寫習慣，在訂單中要求銥點形狀的細節。照片中就是一個例子，這是超寬幅的簽名用鋼筆「Signature」。和Calligraphy及Italic一樣地，直線粗、橫線寬。銥點研磨得很寬，開有四條中縫，擁有充沛的墨流。對於筆桿扭轉的容許量也很高，是非常有魅力的一款筆尖。

瞭解自己的書寫型態
訂製專屬筆尖的幸福
「Bespoke nib」

萬寶龍向消費者提議與鋼筆新的相逢方式。
使用專屬測量儀器分析書寫型態資料。
這是用於瞭解與自己完全相符的筆尖，進而協助選購的新服務。
能夠訂製一般款式沒有提供的特殊筆尖，也是這項服務的魅力所在。

# MONTBLANC
# BESPOKE NIB

# 多種多樣的選擇

「Bespoke」原本是服飾業界的用語，意思是由裁縫師和顧客詳談，瞭解對服裝的細節要求。

也就是說，Bespoke nib並不只是依照分析結果挑選最佳筆尖的服務。是瞭解適合自己的筆尖類型後，再討論各人喜好的理想筆觸，設法接近理想的個人特質分析系統。

## LEFTY

這是適合左撇子使用的Lefty斜尖。慣用右手的人使用的斜尖（oblique），為了配合寫字時手掌朝內彎的人，銥點會朝左側傾斜研磨。Lefty的筆尖則是朝右側傾斜。

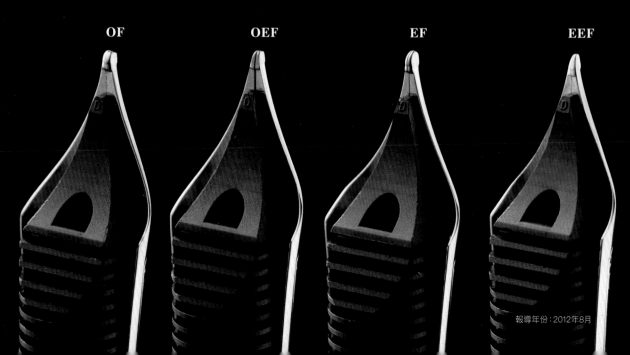

診斷後的諮詢服務會藉助左邊這套模型進行。上段是圓尖、平尖、斜尖（oblique）等筆尖的放大模型。除了可以從Meisterstück的代表款式中挑選EF、F、M、B、BB、OM、OB、OBB等八種筆幅以外，還可以嘗試Signature等特殊筆尖。筆桿是146型的Solitaire Doué Silver Barley。

## FINE POINT

細字的試寫用筆尖版本也相當豐富。右圖是以EF筆尖研磨加工銥點完成的「EEF」（超極細）。斜尖一般只有M以上的筆幅，但也可以訂製EF、F的斜尖。

| OF | OEF | EF | EEF |

# 診斷

**使用特殊寫字板瞬時分析**

2012年5月12日，我們體驗Bespoke nib服務。請來廣播作家小山薰堂先生體驗Bespoke nib服務。小山先生的筆跡長什麼樣？他會訂購什麼樣的鋼筆呢？

Bespoke nib服務的開頭，是為這項服務研發的診斷工具。使用者在專用的寫字板上，依照範例書寫完畢後，電腦會自動依照「筆壓」（力道）、「筆記速度」、「傾斜角度」、「迴轉角度」、「擺動角度」五項要素瞬間分析筆跡特徵，從EF到OBB的八種筆尖裡推薦最適合的筆尖。測試過程大約需要20分鐘。

寫字板。在框框內抄寫例文（「萬寶龍是歐洲第一高山……」），下方寫自己的名字。

書寫完畢之後，電腦畫面會依照「pressure」、「speed」、「pen angle」、「rotation」、「swing angle」五種要素，以五色折線圖顯示分析結果。

**小山薰堂**
**體驗筆尖診斷與訂製過程！**

**診斷結果可以當鑑定書帶回家**

診斷結果如下。萬寶龍會提供專用檔案夾，讓使用者帶回家當鑑定書。

我們趕緊開始診斷吧！ 輸入資料用的鋼筆安裝有感測器。如上圖，測試用的鋼筆分成左右手用的兩種。

---

*Sando Kopama* 樣

**の筆跡の特徴**

 **筆圧**
あなたの筆圧の最大値は1.01N、平均値は0.43Nです。筆圧が比較的弱いため、エレガントで繊細な筆跡です。

最大：E 2

 **筆記速度**
あなたの最大筆記速度は18.1cm/秒、平均筆記速度は4.3cm/秒です。あなたは平均以上の筆記速度で、ダイナミックで活気に満ちた筆跡です。

最大：I 2

**傾斜角度**
あなたの筆記具を持ったときの一番低い角度は44度、一番高い角度は60度で、平均角度は50度です。この数値はやや傾斜気味の角度で、リラックスして、バランスの取れた筆跡を表します。

最小：C 13　最大：L 2

 **回転角度**
あなたの回転値は低く、マイナス16度～プラス17度の範囲にあります。これは、安定した筆記位置を示していて、太字のペン先を使用するのに最適です。

最小：H 9　最大：L 14

 **振幅角度**
あなたの振幅角度は122度～158度の範囲にあります。これは筆記の際、手首の動きが安定していて、一定であることを示します。

最小：B 13　最大：N 9

 **お勧めのペン先** *between signature & BB. Soft* F
あなたの筆跡は比較的小さい文字であるため、太いペン先よりも、筆跡の特徴を最も良く引き出す細字のペン先をお勧めします。太字のペン先を使うと、文字が重なり合ってしまうことがあります。

12. May. 2012
日付　Montblanc Personal Nib Expert

---

顯示這五種要素的最大值與平均值，以此為根據提供講評。

根據左側的五種要素，推薦筆尖種類，並說明理由與對筆跡的評論。

診斷日期，診斷負責人的簽名。

在寫字板上實際書寫的例文筆跡。

## 訂製

**選擇喜好的筆尖與筆桿上的刻字**

小山先生馬上拿起推薦的F（細字）試寫。

「我會使用鋼筆寫作詞原稿或是寫信給朋友。通常筆尖是M或B。其實比起F尖，我對BB尖更有興趣……」

負責人馬上拿出各種粗筆尖給小山先生試寫。最後小山先生選擇的是「介於Signature與BB之間的粗字筆尖」。筆桿則決定使用有份量的作家系列威廉·福克納。

根據診斷結果，選擇合乎期望的筆尖與筆桿。介於兩種筆尖之間的字幅這種訂製要求也是沒問題的。每一個條件都會特別安排，就連限量款式的筆都買得到。筆尖的兩個側面最大可以雕刻25個字。訂購時會當場用電腦登錄刻印內容。

## 完成

**全世界只有一支的「薰堂款」到貨了！**

訂單內容會和診斷結果一起送到德國萬寶龍總公司，由熟練的工匠特別製作。

大約八星期後，全球只有一支的「薰堂款式」到貨了。

「能客觀瞭解自己的寫字方式，真的是讓人終生難忘的體驗。有專為自己打造的鋼筆，更是讓人愛不釋手。」

※編注：萬寶龍僅在亞洲五個城市提供Bespoke服務，分別是：台北、上海、東京、香港、新加坡。台北的據點為「Taipei 101 Mall萬寶龍專櫃」，讀者可直接洽詢店家。

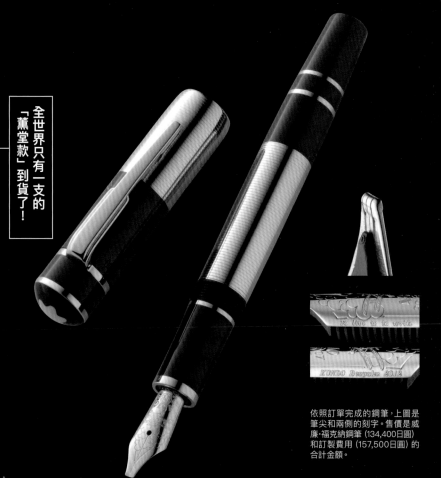

依照訂單完成的鋼筆，上圖是筆尖和兩側的刻字。售價是威廉·福克納鋼筆（134,400日圓）和訂製費用（157,500日圓）的合計金額。

| 萬寶龍台灣精品專賣店 | ★於百貨專賣店及經銷商店舖購買之產品，方可享有相關維修保固之服務。購買前請多加留意。 | |
|---|---|---|
| 萬寶龍專櫃名稱 | 地　址 | 聯絡電話 |
| Sogo 復興店 | 台北市忠孝東路三段300號1樓 | (02)8772-1355 |
| 台北新光三越A9 | 台北市松壽路9號1樓 | (02)2723-3391 |
| 微風廣場 | 台北市復興南路一段39號GF樓 | (02)2740-6569 |
| 台北新光三越天母店 | 台北市忠誠路二段200號B棟1樓 | (02)2874-6221 |
| Taipei 101 Mall | 台北市府路45號1樓11001 | (02)8101-7938 |
| 板橋大遠百 | 新北市板橋區新站路28號1樓 | (02)2961-9799 |
| 新竹大遠百 | 新竹市西大路323號1樓 | (03)523-3816 |
| 台中新光三越 | 台中市西屯區台灣大道三段301號2樓 | (04)2258-2205 |
| 台中大遠百 | 台中市西屯區台灣大道三段251號2樓 | (04)2255-6618 |
| 台南新光三越 | 台南市西門路一段658號1樓 | (06)303-1016 |
| 漢神百貨 | 高雄市成功一路266-1號3樓 | (07)272-6211 |
| 漢神巨蛋百貨 | 高雄市左營區博愛路2段777號1樓 | (07) 552-1951 |
| 統一夢時代購物中心 | 高雄市前鎮區中華五路789號1樓 | (07) 970-1630 |

| 萬寶龍台灣經銷商列表 | ★以下經銷商僅販售常態性入門款式，及部分限量書寫工具。 | |
|---|---|---|
| 公司名稱 | 地　址 | 聯絡電話 |
| 文寶房 | 台南市東區北門路一段2號1樓 | 06-228 0300 |
| 鴻鑫鐘錶 | 台中市北區西屯路一段360號1樓 | 04-2203 2690 |
| 中國鐘錶 | 台南市中正路48號 | 06-223 3057 |
| 寶島鐘錶 嘉義名店 | 嘉義市中山路531號 | 05-223 9291 |
| 寶島鐘錶 彰化名店 | 彰化縣彰化市和平路31號 | 04-723 6755 |
| 正泰鐘錶 | 高雄市鹽埕區七賢三路95號 | 07-551 5456 |
| 天文台鐘錶 | 台中市豐原區中正路202號 | 04-2525 0428 |
| 時美齋鐘錶 | 台中市美村路一段151號 | 04-2310 8981 |
| 寶島鐘錶 新堀江名店 | 高雄市新興區五福二路149號 | 07-261 4763 |
| 國豐精品 | 高雄市苓雅區五福一路143號 | 07-229 1218 |
| 金錡名品 民權門市 | 台北市民權東路三段 116號1樓 | 02-2545 4866 |
| 金錡名品 桃園遠東百貨 | 桃園市中正路20號7樓 | 03-339 2349 |
| 金錡名品 比漾廣場 | 新北市永和區中山路一段238號1樓 | 02-8231 5231 |
| 金錡名品 板橋遠東百貨 | 新北市板橋區中山路一段152號7樓 | 02-8964 1707 |
| 金錡名品 大葉高島屋 | 台北市士林區忠誠路二段55號3樓 | 02-8886 3199 |
| 金錡名品 新竹巨城 | 新竹市東區中央路239號1樓 | 03-533-2808 |
| 豪華鐘錶 | 台北市西寧南路70號1樓之1 | 02-2381 5544 |
| 九二名品 錦州門市 | 台北市中山區錦州街309號1樓 | 02-2500 0705 |
| 九二名品 延吉門市 | 台北市松山區延吉街126巷1號1樓 | 02-2778 7892 |
| 九二名品 大直美麗華 | 台北市中山區敬業三路20號1樓 | 02-85012392 |
| 順一有限公司 京站 | 台北市承德路一段1號37室 Montblanc | 02-2552 7673 |
| 順一有限公司 台北站前三越 | 台北市忠孝西路一段66號6樓 | 02-2371 0198 |
| 順一有限公司 台北南西三越 | 台北市南京西路12號5樓 | 02-2581 1285 |
| 順一有限公司 台茂購物中心 | 桃園市蘆竹區南崁路一段112號1樓 | 03-2120090 |
| 順一有限公司 中壢SOGO百貨 | 桃園市中壢區元化路357號5樓 | 03-425-5518 |
| 順一有限公司 台北遠企購物中心 | 台北市大安區敦化南路二段203號1樓 | 02-2736-3676 |
| 泰瑪思達 | 台北市松山區敦化北路100號1樓 | 02-2719 6039 |
| 箱城 | 新竹市中央路158號1樓 | 03-533 7468 |
| 保華名品 | 台北市松山區長春路331號 | 02-8712 3996 |
| 金生儀鐘錶 | 台北市忠孝東路四段 235號 | 02-2751 9866 |
| 寶儀鐘錶 | 新北市板橋區南門街51號 | 02-2968 8069 |
| 富貴鐘錶 大興店 | 桃園市大興西路一段208號 | 03-356 4558 |
| 富貴鐘錶 中正店 | 桃園市中正路90號B棟1樓 | 03-337 2173 |
| 光明堂鐘錶 | 新竹市東門街198號 | 035-229 698 |
| 總督鐘錶 | 台北市中山區長安東路二段199號1樓 | 02-2721 2276 |
| 新萬國鐘錶 | 基隆市仁愛區愛三路87號1樓 | 02-2428 5586 |
| 香港商寶時鐘錶 | 台北市松山區健康路152號2樓 | 02-7706 9880 |
| 九二鐘錶 | 台北市大同區天水路73號1樓 | 02-2556 4964 |
| 寶鴻堂鐘錶 | 台北市松山區民生東路五段143號1樓 | 02-2766 5838 |

rencontrer
邂
∞
逅
002

## MONTBLANC萬寶龍鋼筆 典藏特輯

作　　　者／《趣味的文具箱》編輯部
譯　　　者／鄭維欣、陳妍雯
編　　　輯／楊秀真
版 權 專 員／顏慧儀
行 銷 企 劃／林宜嬪
封 面 設 計／張福海
內 頁 排 版／張福海

發 行 人／何飛鵬
總 經 理／黃淑貞
總　　　監／楊秀真
法 律 顧 問／元禾法律事務所　王子文律師
出　　　版／華雲數位股份有限公司
　　　　　　台北市104民生東路二段141號7樓
　　　　　　電話：（02）2500-7008・傳真：（02）2500-7759
　　　　　　網址：www.jabook.com.tw
　　　　　　email：jabook_service@hmg.com.tw
發　　　行／英屬蓋曼群島商家庭傳媒股份有限公司城邦分公司
　　　　　　台北市中山區民生東路二段 141 號 11 樓
　　　　　　書虫客服務專線：
　　　　　　（02）2500-7718／（02）2500-7719
　　　　　　24小時傳真服務：
　　　　　　（02）2500-1990／（02）2500-1991
　　　　　　讀者服務信箱E-mail: service@readingclub.com.tw
　　　　　　服務時間：
　　　　　　週一至週五上午9:30～12:00，下午13:30～17:00
　　　　　　劃撥帳號：19863813　戶名：書虫股份有限公司
　　　　　　城邦讀書花園網址：www.cite.com.tw
香港發行所／城邦（香港）出版集團有限公司
　　　　　　E-mail:hkcite@biznetvigator.com
　　　　　　電話：（852）2508-6231・傳真：（852）2578-9337
馬新發行所／城邦（馬新）出版集團【Cite（M）Sdn.Bhd.】
　　　　　　41, Jalan Radin Anum, Bandar Baru Sri Petaling, 57000
　　　　　　Kuala Lumpur, Malaysia.
　　　　　　電話：（603）9057-8833・傳真：（603）9057-6622
印　　　刷／高典印刷有限公司
　　　　　　電話：（02）2242-3160・傳真：（02）2242-3170

出版日期：2018年（民107）12月11日
　　　　　2022年（民111）11月29日初版1.8刷
售價：1500元

ISBN 978-986-95799-0-2

Montblanc萬寶龍鋼筆典藏特輯　《趣味的文具箱》編輯部/ 作；鄭維欣, 陳
妍雯譯. -- 初版. -- 臺北市：華雲數位出版：家庭傳媒城邦分公司發行,
民107.12
　252 面；21x28.5 公分（rencontrer邂逅；2）
　譯自：趣味の文具箱バックナンバーセレクト：MONTBLANC［
モンブラン］
　ISBN 978-986-95799-0-2（精裝）

1.鋼筆

479.96　　　　　　　　　　　　　　　　106023908

本書內容來源為日本知名文具雜誌《趣味の文具箱》。《趣味の文具箱》雜誌之繁體中文精華版電子雜誌《賞味文具》，由華雲數位製作、發行。每月10日於各大電子書平台上架。